高 等 学 校 教 材

FUNDAMENTALS OF RADIOCHEMISTRY

# 放射化学基础教程

于涛 主编

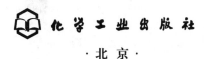
化学工业出版社
·北京·

**内容简介**

《放射化学基础教程》共 9 章，分别为绪论、核辐射基础、放射化学分离方法、放射性元素化学、核燃料化学、辐射化学基础、热原子化学、标记化合物、环境放射化学，内容精练、定位明确，在每章的最后设置有思考题，方便学生提高学习效果。除此以外，还将课程思政元素融入教材之中，这有助于培养具有核科学与技术知识的新时代建设者。

本书适合工科院校放射化学、核化工与核燃料工程、核工程与核技术、辐射防护与核安全、环境工程等专业学生用作本科教材，也可供相关专业从业人员参考。

**图书在版编目（CIP）数据**

放射化学基础教程 / 于涛主编. — 北京：化学工业出版社，2024.4

ISBN 978-7-122-45492-8

Ⅰ. ①放…　Ⅱ. ①于…　Ⅲ. ①放射化学-教材　Ⅳ. ①O615

中国国家版本馆 CIP 数据核字（2024）第 080511 号

责任编辑：李　琰　宋林青　　　　文字编辑：朱　允
责任校对：宋　夏　　　　　　　　装帧设计：韩　飞

出版发行：化学工业出版社
　　　　　（北京市东城区青年湖南街 13 号　邮政编码 100011）
印　　刷：北京云浩印刷有限责任公司
装　　订：三河市振勇印装有限公司
787mm×1092mm　1/16　印张 11¾　字数 274 千字
2024 年 8 月北京第 1 版第 1 次印刷

购书咨询：010-64518888　　　　售后服务：010-64518899
网　　址：http://www.cip.com.cn
凡购买本书，如有缺损质量问题，本社销售中心负责调换。

定　　价：39.80 元　　　　　　　　版权所有　违者必究

# 前 言

随着科学技术日新月异的发展，核科学与人们的生产、生活和健康的联系越来越紧密。作为核科学的重要组成部分、化学的重要分支、多个学科的重要交叉点，放射化学已越来越为科学界所重视，并在工农业生产、绿色能源、环境科学、生命科学等领域得到日益广泛的应用。当前，国内众多高校开始设立核科学、放射化学等相关学科和专业，培养具有核科学与技术知识的新时代建设者。

本教材是在认真总结近年来放射化学教学、科研经验的基础上，面向工科院校涉核专业而编写。在编写过程中，特别突出四个特点：一是定位明确，主要章节内容都是根据目前已开设的放射化学课程教学内容而设定的，不图大而全，不搞重复建设；二是时效性强，知识内容紧随科技进展，对教材章节进行合理布局，内容的增减、知识内容的更新紧密结合科技发展，如介绍了光催化等环境放射化学领域研究热点；三是实用性强，教材中设置有思考题，方便学生学练结合，自我检验学习状况，提高学习效果；四是将课程思政元素融入教材中，有利于更好地开展大学生思想政治工作，更好地贯彻落实"立德树人"根本任务。

本教材由于涛、耿彦霞、李阳、王芝芬等共同完成。本书编者均是具有涉核专业背景、有着丰富教学和科研经验的一线教师，对放射化学的发展历史和发展方向有着较为全面、深刻和准确的认识。全书内容较为精练，分为绪论、核辐射基础、放射化学分离方法、放射性元素化学、核燃料化学、辐射化学基础、热原子化学、标记化合物和环境放射化学等9部分。

教材编写和出版过程中，得到了东华理工大学教材建设项目和核科学与工程学院的资助及大力支持，并得到了兰州大学等高校和相关专家的热情帮助，在此一并表示衷心感谢！

限于作者水平，书中可能会有不妥之处，敬请读者提出批评、指正。

编者
2024 年 3 月

# 目　录

第 1 章

# 绪　　论

**导言：**

学习目标：了解放射化学发展历史、发展方向，理解放射化学有关概念。
重点：放射化学研究特点、研究及应用领域。

化学是研究物质变化规律的科学。作为化学的一个重要分支和核科学的重要组成部分，放射化学自创立之日起，其发展的特点和规律就具有鲜明的特色。在科技发展日新月异的今天，放射化学已融入核能和核技术应用、环境科学、生命科学等各个领域，成为新时代科技发展中不可或缺的重要组成部分。

## 1.1　放射化学及其特点

放射化学（radiochemistry）这一名称是由英国的喀麦隆（A. Cameron）在 1910 年提出的，他提出放射化学的任务是研究放射性元素及其衰变产物的化学性质和属性。这一定义反映了放射化学发展初期的研究对象和内容。

经过一百多年的发展，放射化学的主要研究内容分为两部分：一是放射性核素的制备、分离、纯化、鉴定以及它们在极低浓度时的化学状态、核转变产物的性质和行为；二是放射性核素衰变所产生的射线与物质相互作用的机制及其防护，以及放射性核素在各学科领域中的应用等。

综上所述，放射化学是研究放射性核素性质、制备及其射线探测、防护和应用的科学。

作为化学学科的一个分支，放射化学在研究内容和研究方法上与传统化学有许多相近之处，但同时也有其独特特点。

（1）研究对象的放射性和不恒定性

放射性物质的原子核能够自发地发射粒子（α、β）、光子（γ），俘获核外电子或自发裂变的现象称为放射性。具有这种性质的核素称为放射性核素。

放射性的存在使被研究的体系有着普通体系所不具备的特点。

首先，放射性使被研究对象更容易被发现和追踪，从而形成放射性示踪法。放射性示踪法是基于放射性核素不断发出射线，其运动到哪里都很容易被探测到的原理，以其作为示踪物来辨别其他物质的运动情况和变化规律的研究方法。自居里夫人（M. Curie）创立放射化学研究方法开始，在放射化学研究中就一直利用放射性测量技术，实时跟踪放射性物质的去向，测定其含量，并研究化学反应过程中各个阶段的变化。赫维西（G. C. Hevesy）创立了放射性示踪技术，其具有方法简便、灵敏度高等特点，可以鉴别出几个原子，甚至单个原子。

其次，放射性使研究体系必须考虑辐射防护的问题。放射线可能对人体产生辐射损伤。通常辐射损伤可分为外照射和内照射。对于外照射，不同射线的穿透能力及危害程度是不同的，如 $\gamma > \beta > \alpha$；对于内照射，危害程度则刚好相反，如 $\alpha > \beta > \gamma$。因此，必须考虑防御辐射的问题。对放射性活度较大的研究体系，必须在特殊的设备和专门条件下进行，且需严格遵守放射性操作的规定。同时，射线对体系本身也会产生辐射化学效应，如后处理的强放射性体系，以及常量的超铀元素研究体系。

最后，放射性核素在放出射线的同时转变成其他放射性核素或稳定核素，使研究体系的组成不断发生变化。因此在放射化学中，物质的纯度不能只用普通的分析化学中常用的化学纯、分析纯、光谱纯等来表示，而必须用放射性核纯度和放射化学纯度来衡量。

（2）研究对象的低浓度和微量性

天然放射性核素均以较低的浓度存在于自然界中。作为天然放射性核素，铀在地壳中的含量为 $3 \sim 5$ g/t，而海水中铀的含量仅为 $3.3 \times 10^{-6}$ g/L。由于制备能力的限制，人工放射性核素总量很少，因此在研究中绝大多数情况都以微量形式出现。大部分天然或人工放射性核素半衰期很短，生成概率很低。如天然铀中 $^{222}$Rn 的平衡量只有 $2.16 \times 10^{-6}$ g/t；饮用水中 $^{226}$Ra 的含量约为 $2.17 \times 10^{-3}$ Bq/L，$^{210}$Po 的含量约为 $1.4 \times 10^{-3}$ Bq/L。

低浓度或微量性对研究提出了更高的要求。处于这样微量或低浓度状态的放射性物质在实验过程中往往受到一些偶然因素的显著影响，需要加以精细控制，以避免研究结果出现异常。同时，在低浓度的情况下，一般意义上的物理化学规律也需要进一步加以验证。

（3）研究方法的特殊性

首先，研究的体系处于动态变化中。除放射性核素自身发生衰变外，核素衰变时放出的核辐射会使研究体系发生显著的化学变化，即产生辐射效应。同时，放射性核素存在的化学形式也会受到辐射分解产物的影响。如在水溶液中，辐射会产生自由基、水合电子等，使研究体系的化学状态不断发生变化。

其次，核素的定性定量分析常常有别于其他方法。由于放射性核素不断发射各类特征的射线，因此可根据射线的类型、能谱和强度对放射性核素进行定性和定量的分析。放射性测量方法的灵敏度往往要比其他化学分析方法高出好几个数量级，甚至可以测定若干原子。

最后，研究放射性核素体系时，还应注意其特殊的物理、化学现象。如放射性核素的吸附现象、易与常量物质共沉淀的现象、易形成放射性胶体现象等。

（4）研究需要考虑更高的安全性

辐射防护是放射化学研究操作过程中必须考虑的问题。放射性物质所发射的射线不仅对操作体系有辐射效应，对人体也具有不同程度的伤害作用。辐射可以使物质发生电离或激发，表现在有机体上则可以破坏正常的体细胞，影响 DNA 的复制，从而造成机体的损伤和畸形，因此研究中需要做好辐射防护。

根据射线的种类、能量和放射性物质的活度等条件，研究操作需要在不同防护级别的放射化学实验室中进行。同时，还需考虑核废物的及时处理，将研究中的放射性固体废物妥善贮存和处理，而放射性废液需固化为放射性固体废物进行处理，避免造成环境污染。

## 1.2　放射化学研究领域

根据研究的内容和特点，放射化学主要有以下五大研究领域。

（1）核化学

核化学又称为核子化学，是用化学方法或化学与物理相结合的方法研究原子核的反应、性质、结构、分离、鉴定等的一门学科。如研究不同的次原子粒子怎样共同形成一个原子核以及研究原子核中的物质究竟是如何变化的；用各种能量的轻重粒子轰击原子核引发核反应，实现原子核的转变；分离鉴定核反应的产物，并由此探讨其反应机理。目前，由重粒子引起的核反应是核化学研究的重点，现阶段核化学已经发展成为一个相对独立的核科学分支。

原子核的结构对原子核的变化起着决定性的作用。核的不稳定性有程度上的差别，表现为寿命或半衰期的长短，寿命越短，不稳定性越高，反之亦然。核反应是取得新核的主要途径，新核还可以用各类加速器所产生的不同能量的离子和电子以及由核反应所产生的次级粒子轰击各种靶核来产生。核转变过程中产生的热原子与周围介质之间所起的化学变化又是热原子化学研究的内容。

（2）放射性元素化学

放射性元素通常分为天然放射性元素和人工放射性元素。许多元素都具有不稳定的同位素，即放射性核素，而不具有任何稳定同位素的元素称为放射性元素。放射性元素化学是研究天然和人工放射性元素的制备、分离、纯化和鉴定，研究它们的结构和化学性质的一门学科。

天然放射性元素化学研究天然放射性元素（U、Th、Ra、Po 等）的化学性质，以及有关它们的提炼精制的化学工艺，重点是 U 和 Th。人工放射性元素化学主要研究人工放射性元素的化学性质和核性质，以及它们的分离、纯化和精制的化学过程，重点是 Pu 等超铀元素和主要的裂片元素，与核化工有着紧密的联系。

（3）放射分析化学

放射分析化学主要用于放射性核素及其制剂的分析测量和纯度鉴定。放射分析化学中常用的方法分为两类：一是放射性同位素作指示剂的方法，如放射分析法、放射化学分析、同位素稀释法等；二是选择适当种类和能量的入射粒子轰击样品，探测样品中放出的各种特征辐射的性质和强度的方法，如活化分析、X 射线荧光分析、穆斯堡尔谱、核磁共振谱、正电子湮没和同步辐射等。其中比较成功的分析方法是中子活化分析、带电粒子激发 X 荧光分析及其微区扫描、同位素稀释法和加速器质谱分析等。

与一般分析化学比较，放射分析化学具有分析灵敏度高（可达 $1 \times 10^{-6}$）、准确度高、分析速度快、简便可靠、取样量小等特点，甚至可做到不破坏样品结构。

（4）环境放射化学

环境放射化学是研究放射性核素在环境介质中的吸附、扩散、迁移、转移、转化、富集、载带以及与这些过程有关的热力学、动力学、氧化还原、结构变化、形态变化等行为规律的一门分支学科。针对环境中的放射性污染，重点研究与放射性废物的处理和处置有关的各种化学问题，当前在锕系元素和裂变产物的核素迁移方面进行着大量的工作。

随着核事业的发展，人们对核事故、放射性污染、放射性废物，尤其是高水平放射性废物的安全性高度关注，这就要求深入了解一些关键弱吸附性放射性核素和超铀核素在环境介质中的扩散、迁移、吸附、解吸以及在陆生植物和水生生物中的吸收、富集和载带过程，以便为核设施安全性评估提供基础参数。

（5）应用放射化学

应用放射化学研究放射性核素的生产和放射性标记化合物的合成，以及放射性核素在工业、农业、国防、医学等各个领域中的应用。

放射性同位素在工业上的应用主要有同位素监控和分析仪表、同位素电池、辐射加工等；在农业上的应用有辐射育种、食品辐照保藏及土壤肥料、植物生理及农药残毒研究等；在国防领域主要进行放射分析化学、氚化学与氚工艺、辐射化学以及核材料表面化学等的研究。

放射性核素的生产方式主要有反应堆、加速器和核素发生器等。其中反应堆生产的核素往往是丰中子核素，而加速器生产的核素多为缺中子核素。放射性标记化合物是用放射性核素取代化合物分子的一种或几种原子，使它能被识别并可用作示踪剂的化合物。它与未标记的相应化合物具有相同的化学及生物学性质，不同的是它带有放射性，因而可利用放射性探测技术来追踪。

放射性示踪技术在工农业生产、医疗卫生等方面都有广泛的应用。在农业上，可以用放射性示踪研究作物对肥料的吸收情况，观察放射性增加的速度，就能估计作物吸收磷肥的速度；在医学和生命科学的研究方面，把用放射性核素标记的物质引入动物体，经过一段时间，从排出物或组织中分离出另一化合物，其含有相当数量的上述标记核素，即可确定标记物在动物体内的转变，如研究糖在动物体内可以变成脂肪这一很重要的代谢规律；用放射性核素标记某种物质，追踪这种物质在动物体内转移和移动的速度，研究其吸收、摄取、浓集、分布、分泌、排泄以及药物作用原理等问题。

放射化学在医学领域的应用主要为诊断和治疗。其中放射性核素显像是重要的应用领域。将放射性药物引入体内后，可利用显像仪器获得脏器或病变的影像，所得影像不仅可以显示它们的位置和形态，更重要的是可以反映它们的功能状况。放射性核素显像可以帮助医生准确地判断患者的病情。

## 1.3  放射化学发展简史

1896 年，放射性现象的发现标志着放射化学的诞生。一百多年来，放射化学蓬勃发展，成为化学学科的一个重要分支。特别是在 20 世纪 40 年代以来，随着核武器的诞生和核能的大规模利用，放射化学的发展大大加速。从历史上看，放射化学的发展经历了从现象到理论，又经过理论指导实践的过程，因此可将其发展史分为两个阶段：一是 1896 年至 1943 年，是天然放射性、人工放射性发现的阶段；二是 1944 年至今，是锕系理论提出及放射化学在军事、工业、能源、医学、农业等领域大规模应用的阶段。

## 1.3.1　天然放射性和人工放射性的发现

这一阶段还可以进一步分为两个过程，即从 1896 年到 1931 年为放射化学发展的初级阶段，1932 年到 1943 年为放射化学蓬勃发展时期。

1895 年，德国物理学家伦琴（W. Röntgen）发现了 X 射线。受到此发现的影响，法国物理学家贝克勒尔（H. Becquerel）研究了铀的矿物及铀盐对照相感光底片感光的现象，证明金属铀及其化合物都具有放射性，从而发现了放射性现象。生于波兰、在法国学习的居里夫人（M. Curie）对贝克勒尔的发现十分重视，并进行了进一步的研究，发现除了铀和铀的化合物外，钍和钍的化合物也有类似的放射性现象。1898 年，居里夫妇为了寻找放射性的来源，创制了测量放射性的专门仪器，发现有些铀矿物及钍矿物的放射性比纯铀或纯钍更强，他们应用化学分析分离原理结合放射性测量的新方法，相继发现了钋和镭，并将这一现象正式称为放射性，放射化学由此诞生。

1903 年，贝克勒尔和居里夫妇因发现放射性而被授予诺贝尔物理学奖。居里夫人又因钋和镭的发现而获得 1911 年诺贝尔化学奖。放射性现象被发现后，1903 年卢瑟福（E. Rutherford）和索迪（F. Soddy）发现了放射性物质按指数关系而衰变的规律，提出了放射性衰变理论。1910 年索迪提出同位素概念，1912 年赫维西（G. C. Hevesy）创立了放射性示踪原子法，1913 年索迪、法扬斯（K. Fajans）同时发现放射性元素位移规律，应用放射化学开始得到发展。

1919 年卢瑟福实现了第一个人工核转变。他用 α 粒子去轰击氮，实现了将氮转变为氧的核反应：

$$^{14}_{7}\text{N} + ^{4}_{2}\text{He} \longrightarrow ^{17}_{8}\text{O} + ^{1}_{1}\text{H} \tag{1.1}$$

此后，他用 α 粒子轰击硼、氟、钠、铝等元素，进一步验证了人工核反应。1931—1932 年加速器装置的建成，为不依赖天然放射源而完全由人工方法进行核反应提供了可能。1932 年，查德威克（J. Chadwick）在用钋源的 α 射线轰击锂、铍等轻元素时发现了中子。

1934 年小居里夫妇（F. J. Curie，I. J. Curie）用钋的 α 粒子轰击铝，并利用化学原理及方法获得放射性 $^{30}$P，发现了人工放射性。这是人类首次利用外加影响引起原子核的变化而产生放射性，是 20 世纪最重要的发明之一。

$$^{27}_{13}\text{Al} + ^{4}_{2}\text{He} \longrightarrow ^{30}_{15}\text{P} + ^{1}_{0}\text{n} \tag{1.2}$$

人工放射性的发现，为人工制造各类放射性核素提供了更多的可能性。

在人工放射性发现后，很多科学家试图用中子等轰击其他原子核以获得新的核素，并取得了很多成果。但用中子轰击铀以获得超铀元素的思路阻碍了人们发现铀的裂变现象。

1938 年哈恩（O. Hahn）等在研究铀受中子辐照后的产物时，用化学方法发现和证明了铀核裂变现象，裂变的发现引起了核物理和放射化学研究方向的重大变化，为人类开发利用核能开辟了道路,这是放射化学对核科学技术发展的巨大贡献。

1940 年麦克米伦(E. McMillan)和西博格(G. T. Seaborg)等在加速器中得到两个超铀元素镎和钚,为合成超铀元素开辟了道路。超铀元素的制备丰富了周期表,使周期表更加完整。

## 1.3.2 锕系理论提出及放射化学的应用

这一阶段也可以进一步分为两个过程,一是 20 世纪 40 年代锕系理论提出到 20 世纪 70 年代核武库扩张和核能大开发的时期,生产和处理核燃料成为工作重心;二是 20 世纪 70 年代至今,工作重心逐步转向放射性同位素和核技术的应用,并且应用领域日益广泛。

1944 年西博格提出了锕系理论。该理论指出,锕系元素是原子序数为 89～103 的 15 种化学元素的统称,位于周期表ⅢB族,包括锕、钍、镤、铀、镎、钚、镅、锔、锫、锎、锿、镄、钔、锘、铹,它们都是放射性元素。锕系元素都是金属,与镧系元素一样,化学性质比较活泼。大多数锕系元素能形成配位化合物。α 衰变和自发裂变是锕系元素的重要核特性,随着原子序数的增大,半衰期依次缩短,$^{238}$U 的半衰期达到 44.68 亿年,而 $^{260}$Lr 的半衰期只有 3 分钟。锕系理论对于后来超铀元素的探索和超重元素的预测有着深刻的影响。

1942 年,费米(E. Fermi)等建成第一座核反应堆,第一次实现受控链式裂变核反应,核科学技术从此得到迅速发展。1945 年,核武器被正式应用于战争,显示了强大的杀伤能力。1954 年,苏联建成了世界上第一座核能发电站,掀开了人类和平利用核能的新篇章。目前,世界上已有 31 个国家和地区运行核电机组,核电成为世界能源构成的重要组成部分。核反应堆可以生产数百种放射性核素,给放射化学提供了大量的研究对象,推进了放射性核素在化学领域中的应用。

1946 年第一台同步回旋加速器在美国建成,标志着加速器成为研究核化学、放射化学的又一重要工具。加速器对于超铀元素的制备和研究具有重要意义。目前,采用加速器制备的核素已达千余种。

核能的大规模利用,使核燃料的生产和回收、裂变产物的分离等成为放射化学的研究和工作内容,同时也促进了放射化学在工业、农业、医药卫生等领域中的广泛应用,使它发展成为一门具有独特研究目的和方法的学科。

## 1.3.3 放射化学在中国的发展

放射化学在中国的发展始于 1932 年,国立北平研究院镭学研究所成立,主要研究对象为镭化学、铀镭系与铀锕系的分支比、氡和铀的制备等。1934 年,居里夫人的中国学生郑大章在法国求学 15 年之后回到了祖国。郑大章等人研究镭及铀系放射化学,初步取得了一批成果。1937 年,由于日本军国主义侵占华北,北平研究院被迫南迁,放射化学的研究工作遂告中断。1948 年,国立北平研究院又成立了原子学研究所。

1949 年后,我国放射化学得到迅速发展。1951 年,郑大章的学生杨承宗回国,创建了新中国第一个放射化学实验室,培养了我国第一批放射化学工作者。1955 年起,一些院校如北京大学、清华大学等先后设立放射化学或放射化工专业，为国家培养了大量的放射化学与放射化工的专门人才。1964 年 10 月 16 日我国第一颗原子弹爆炸成功，1967 年 6 月 17 日我国第一颗氢弹爆炸成功，我国放射化学科技人员为此作出了重要的贡献。1979 年，中国化学会核化学与放射化学专业委员会正式成立。

　　随着核能事业的发展，放射化学作为一门基础学科得到了相应的发展，特别是在核燃料的生产和回收、放射性核素的制备和应用、锕系元素化学、核化学、放射性废物的处理及其综合利用、放射分析化学以及辐射化学等领域都取得了丰硕成果。

　　表 1.1 列出了核化学、放射化学的发展历程和重要事件。

**表 1.1　核化学、放射化学大事记**

| 时间 | 事件 | 国家 | 发现、研究者 | 备注 |
|---|---|---|---|---|
| 1895 | 发现 X 射线 | 德国 | 伦琴（W. Röntgen） | 获 1901 年诺贝尔物理学奖 |
| 1896 | 发现放射性 | 法国 | 贝克勒尔（H. Becquerel） | 获 1903 年诺贝尔物理学奖 |
| 1898 | 发现钍盐放射性 | 法国<br>德国 | 居里夫人（M. Curie）<br>施密特（G. Schmidt） | |
| 1898 | 发现钋，首次采用放射化学方法 | 法国 | 居里夫妇（P. Curie, M. Curie） | 获 1903 年诺贝尔物理学奖 |
| 1898 | 发现镭 | 法国 | 居里夫妇（P. Curie, M. Curie）<br>贝蒙特（G. Bemont） | 居里夫人获 1911 年诺贝尔化学奖 |
| 1899 | 发现元素锕 | 法国<br>德国 | 德比尔纳（A. Debierne）<br>吉赛尔（F. O. Giesel） | |
| 1900 | 证实 β 射线为电子 | 法国 | 贝克勒尔（H. Becquerel） | |
| 1903 | 提出放射性衰变理论 | 英国 | 卢瑟福（E. Rutherford），索迪（F. Soddy） | 卢瑟福获 1908 年诺贝尔化学奖 |
| 1903 | 证实 α 射线为 He 离子 | 英国 | 卢瑟福（E. Rutherford） | |
| 1911 | 提出原子模型 | 英国 | 卢瑟福（E. Rutherford） | |
| 1912 | 提出放射性示踪法 | 瑞典<br>奥地利 | 赫维西（G. C. Hevesy）<br>帕内特（F. A. Paneth） | 赫维西获 1943 年诺贝尔化学奖 |
| 1913 | 发现放射性元素位移规律 | 英国<br>美国 | 索迪（F. Soddy）<br>法扬斯（K. Fajans） | 索迪获 1921 年诺贝尔化学奖 |
| 1913 | 提出同位素概念 | 英国<br>美国<br>英国 | 索迪（F. Soddy）<br>法扬斯（K. Fajans）<br>汤姆森（J. J. Thomson） | |
| 1919 | 提出人工核反应 | 英国 | 卢瑟福（E. Rutherford） | |
| 1919 | 建立实用质谱仪 | 英国 | 阿斯顿（Aston） | 获 1922 年诺贝尔化学奖 |
| 1921 | 发现同质异能素 | 德国 | 哈恩（O. Hahn） | |
| 1928 | 发明 G-M 计数器 | 德国 | 盖革（H. Geiger）<br>弥勒（W. Müller） | |
| 1931 | 发明静电起电机 | 美国 | 范德格拉夫（Van de Graaff） | |
| 1932 | 发明首台回旋加速器 | 美国 | 劳伦斯（O. Lawrence）<br>李明斯顿（M. S. Livingston） | 劳伦斯获 1939 年诺贝尔物理学奖 |
| 1932 | 发现中子 | 英国 | 查德威克（J. Chadwick） | 获 1935 年诺贝尔物理学奖 |

续表

| 时间 | 事件 | 国家 | 发现、研究者 | 备注 |
|---|---|---|---|---|
| 1932 | 发现正电子 e$^+$ 或 β$^+$ | 美国 | 安德森(C. D. Andersson) | 获 1936 年诺贝尔物理学奖 |
| 1932 | 提出同位素稀释法 | 瑞典 | 赫维西(G. C. Hevesy)<br>霍比(R. Hobbie) | |
| 1934 | 发现人工放射性 | 法国 | 小居里夫妇（F. J. Curie,<br>I. J. Curie） | 获 1935 年诺贝尔化学奖 |
| 1936 | 中子活化分析 | 瑞典<br>匈牙利 | 赫维西(G. C. Hevesy)<br>莱维(H. Levi) | |
| 1937 | 人工制备锝 | 意大利 | 佩里埃(C. Perrier)，塞格雷<br>(E. Segré) | |
| 1938 | 发现铀核裂变现象 | 德国 | 哈恩(O. Hahn)，斯特拉斯<br>曼(F. Strassmann) | 哈恩获 1944 年诺贝尔化学奖 |
| 1939 | 发现钫 | 法国 | 佩里(M. Perry) | |
| 1940 | 制备镎 | 美国 | 麦克米伦(E. McMillan)，阿<br>贝尔松(P. H. Abelson) | 麦克米伦获 1951 年诺贝尔化学奖 |
| 1940 | 制备钚 | 美国 | 西博格(G. T. Seaborg)，麦<br>克米伦(E. McMillan)等 | 西博格获 1951 年诺贝尔化学奖 |
| 1942 | 建成第一座核反应堆 | 美国 | 费米(E. Fermi) | |
| 1945 | 研制出第一颗原子弹 | 美国 | 奥本海默(J. R. Oppenheimer)<br>等 | |
| 1946 | $^{14}$C 年代测定法 | 美国 | 里比(W. F. Libby) | |
| 1947 | 制备钷 | 美国 | 马林斯基(J. A. Marinsky)，<br>格伦丹宁（L. E. Glendenin)，<br>科里尔(C. E. Coryell) | |
| 1949 | 制备锫 | 美国 | 西博格(G. T. Seaborg)，汤<br>普森(S. G. Thompson)等 | |
| 1950 | 制备锎 | 美国 | 汤普森(S. G. Thompson)，<br>西博格(G. T. Seaborg)等 | |
| 1952 | 研制出第一颗氢弹 | 美国 | | |
| 1952 | 制备锿 | 美国 | 吉奥索(A. Ghiorso)等 | |
| 1952 | 制备镄 | 美国 | 吉奥索(A. Ghiorso)等 | |
| 1954 | 建成第一座核电站 | 苏联 | | |
| 1956 | 证明了中微子的存在 | 美国 | 莱因斯（F. Reines)，柯万<br>(C. Cowan) | 莱因斯获 1995 年诺贝尔物理学奖 |
| 1958 | 发现穆斯堡尔效应 | 德国 | 穆斯堡尔(R. L. Mössbauer) | 获 1961 年诺贝尔物理学奖 |
| 1958 | 制备锘 | 美国 | 吉奥索(A. Ghiorso)等 | |
| 1958 | 钼-锝发生器 | 美国 | 特克尔（W. D. Tucker)，格<br>林(M. W. Green)等 | |
| 1961 | 制备铹 | 美国 | 吉奥索(A. Ghiorso)等 | |
| 1964 | 制备鑪 | 美国<br>苏联 | 吉奥索(A. Ghiorso)等<br>弗廖罗夫(G. N. Flyorov)等 | |

续表

| 时间 | 事件 | 国家 | 发现、研究者 | 备注 |
|---|---|---|---|---|
| 1967 | 发明 CT | 英国 | 豪斯菲尔德(G. Hounsfield) | 获 1979 年诺贝尔生理学或医学奖 |
| 1968 | 证实夸克存在 | 美国<br>美国<br>加拿大 | 弗里德曼(J. Frierdman)<br>肯德尔(H. Kendall)<br>泰勒(R. Taylor) | 获 1990 年诺贝尔物理学奖 |
| 1970 | 制备 Db(105 号元素) | 美国<br>苏联 | 吉奥索(A. Ghiorso)等<br>弗廖罗夫(G. N. Flyorov)等 | |
| 1972 | 发现加蓬奥克洛天然核反应堆 | 法国 | | |
| 1973 | 发明 PET | 美国 | 菲尔普斯(M. E. Phelps),霍夫曼(E. Hoffman),波戈希安(M. M. Ter-Pogossian) | |
| 1974 | 制备 Sg(106 号元素) | 美国<br>苏联 | 吉奥索(A. Ghiorso)等<br>弗廖罗夫(G. N. Flyorov)等 | |
| 1976<br>1981 | 制备 Bh(107 号元素) | 苏联<br>德国 | 弗廖罗夫(G. N. Flyorov)等<br>明岑贝格(G. Munzenberg)等 | |
| 1982 | 制备 Mt(109 号元素) | 德国 | 明岑贝格(G. Munzenberg)等 | |
| 1984 | 制备 Hs(108 号元素) | 德国 | 明岑贝格(G. Munzenberg)等 | |
| 1986 | 切尔诺贝利核事故 | 苏联 | | |
| 1987 | 制备 Ds(110 号元素) | 苏联 | 弗廖罗夫(G. N. Flyorov)等 | |
| 1994 | 制备 Rg(111 号元素) | 德国 | 霍夫曼(S. Hoffmann)等 | |
| 1996 | 制备 Cn(112 号元素) | 德国 | 霍夫曼(S. Hoffmann)等 | |
| 2000 | 制备 Fl(114 号元素) | 俄罗斯<br>美国 | 弗廖罗夫核反应实验室<br>劳伦斯利弗莫尔国家实验室 | |
| 2003 | 制备 Mc(115 号元素) | 俄罗斯 | 奥加涅相(Y. Oganessian ) | |
| 2004 | 制备 Nh(113 号元素) | 日本 | 森田浩介 | |
| 2004 | 制备 Lv(116 号元素) | 美国 | 劳伦斯利弗莫尔国家实验室 | |
| 2006 | 制备 Og(118 号元素) | 美国 | 劳伦斯利弗莫尔国家实验室 | |
| 2010 | 制备 Ts(117 号元素) | 美国 | 橡树岭国家实验室 | |
| 2011 | 福岛核事故 | 日本 | | |

## 1.4　放射化学发展展望

随着元素周期表中 118 个元素被合成、鉴定和命名,之后新的元素、核素的制备变得更加困难,放射化学工作的重心向医学、生物、环境、分析等领域转变。

放射化学在医学领域的应用主要体现在核医学显像和放射性治疗,这也将是放射化学未来在医学领域发展的方向。更加精确、精细的解剖技术、功能性显像与仪器开发，精准、副作用小的靶向治疗与放射性药物开发将成为研究的主攻方向。采用放射性示踪方法进行深层次的病理研究也将是重点方向之一。随着核医学、放射性治疗等的普及与发展，医学辐射防护的要求也日益提高，对相关研究和人员培训也提出新的要求。

在环境领域的应用是放射化学研究的另一个关注点。在核能大规模利用的背景下，控制核电安全稳定运行、杜绝放射性污染，以及产生的核废料的处置问题成为公众关注的焦点。我国高放废物处置库将于本世纪中叶建成，核素迁移相关研究还将继续。乏燃料后处理中分离利用部分核素、分离-嬗变高毒性核素等工作，也将成为研究热点。

放射性分析因其固有的特点，也成为分析化学领域中重要的分支。中子活化分析因其灵敏度和准确度高、非破坏、抗干扰性强等特点，成为最有前景的分析手段之一；加速器质谱方法是加速器和质谱两大技术相结合的产物，在测量痕量物质、长寿命放射性核素时有独特的优势；X射线荧光分析、核反应分析因自身分析的特点，也在一定使用范围内有其不可替代性；环境中的放射性分析，环境中放射性核素的种态、分布及生物效应，将成为有前景的研究领域之一。

放射化学在航天、工业、农业等领域也有广阔的应用前景，在国防领域也将发挥不可替代的作用。

## 参考文献

王祥云，刘元方. 核化学与放射化学［M］. 北京：北京大学出版社，2007.

## 思考题

1-1　放射化学的概念是什么？

1-2　放射化学研究内容及领域有哪些？

1-3　放射化学取得的成就有哪些？

## 第 2 章

# 核辐射基础

**导言:**

**学习目标:** 了解原子核的结构和性质以及放射性的来源，理解放射性衰变规律，掌握典型衰变类型的表达方式和辐射防护领域的重要概念、基本原则。

**重点:** 放射性概念，放射性衰变类型、规律，核素的概念，辐射防护的基本知识。

1897 年，汤姆森（J. J. Thomson）发现电子之后，提出了"枣糕式"的原子模型（也称汤姆森模型、"葡萄干布丁"模型）。他认为正电荷均匀地排布在原子内部，如同整个糕点，而电子则会随机镶嵌其中，如同枣一般（如图 2.1 所示）。1911 年卢瑟福（E. Rutherford）在观察天然放射性物质发出的 α 射线穿透铝箔时，发现大部分 α 射线均可以直接穿过铝箔，有一小部分被大角度散射到了其他方向，更有个别粒子竟然像撞击到了硬物，被原路弹了回来，这就是著名的卢瑟福 α 粒子散射实验。根据以上现象的分析，卢瑟福认为被弹回或者散射的 α 粒子是撞上了一个质量很大并且带有正电的东西，也就是原子的核心（即原子核），整个原子的正电荷和 99.9% 以上的质量集中在直径为 $10^{-15} \sim 10^{-14}$ m 的原子核上，他还据此提出了原子是由原子核和电子组成的核式结构模型。

1913 年，玻尔（N. Bohr）将量子学说应用于原子的有核结构，进一步指出原子模型应该由带正电的原子核与带负电的轨道电子所组成，并且这些带负电的电子在各自不同的轨道上面做着高速运动，就好比太阳系的模型（如图 2.2）。

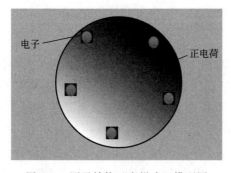

图 2.1　原子结构"枣糕式"模型图

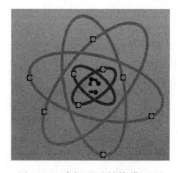

图 2.2　玻尔原子结构模型图

## 2.1 原子与原子核

地球孕育了千姿百态的各类物质，它们虽然种类繁多，形貌各异，但归结起来都是由存在于自然界中的 90 多种元素的原子所组成。各类不同原子具有十分类似的原子结构，但质量和性质却大有不同。

### 2.1.1 原子核的组成

当人们认识的基本粒子只有电子和质子时，自然以为原子核可能由电子和质子组成。当然这种猜想很快被推翻，因为已知 β 粒子的最大能量不超过 3 MeV，其德布罗意波长 $\geqslant 3.5 \times 10^{-13}$ m，这个尺寸远超过原子核的直径。因此，原子核一定是由其他物质所组成。直到 1932 年，查德威克成功发现了中子。不久，海森伯（W. Heisenberg）便提出了原子核由质子和中子所组成的假设，这一假设得到大量实验事实的支持。

（1）质子和中子

原子核是由质子（p）和中子（n）组成的，质子就是氢原子核，质子带正电荷，中子不带电荷且质量与质子相近，将质子和中子统称为核子。自由中子是不稳定的，它会自发地衰变为质子。质子、中子和电子的主要性质见表 2.1。

由无限多等量中子和质子组成的、密度均匀的物质称为核物质，核物质有两个主要特点：

① 每个核子的平均结合能与核子的数目无关；

② 核物质的密度与核子的数目无关。

有时泛指由核子组成的，密度与原子核相似的物质为核物质。

**表 2.1 质子、中子以及电子的主要性质**

| 性质 | 质子 | 中子 | 电子 |
|---|---|---|---|
| 质量/u | 1.007276 | 1.008665 | $0.5486 \times 10^{-3}$ |
| 半径/m | $0.82 \times 10^{-15}$ | $0.76 \times 10^{-15}$ | $2.82 \times 10^{-15}$ |
| 电荷/C | $1.602 \times 10^{-19}$ | 0 | $-1.602 \times 10^{-19}$ |
| 平均寿命 | 稳定 | 14.79 min | 稳定 |

（2）核力

原子核中核子之间存在核力，这是一种质子与质子、质子与中子以及中子与中子之间的强相互作用力，也正是由于核力的作用，让核子紧密地结合在了一起。在原子核内，质子与质子之间还存在静电斥力，与核力共同维持着原子核的稳定。由于核力的力程很短，仅有 $10^{-15}$ m，因此核子只能与邻近的核子相吸引，而静电斥力是一种长程力，核内所有的质子间都可以产生静电斥力。因此，随着原子序数的增大，静电斥力的增强要快于核力的增强。斥力与质子之间的成键数 $Z(Z-1)/2$ 成正比，可知，斥力近似与质子数的平方成正比，而核力则与电荷无关，核子之间的核力都是相等的。核力具有交换性，核内两个核子的交换过程 n→p、p→n 都是以 π 介子为媒介完成的，π 介子的发射与接收是同时发生的。

## 2.1.2　原子核的半径

实验表明，原子核是接近球形的。因此，通常用核的半径来间接描述原子核的大小。由于从宏观尺度上分析，核半径是非常小的（$10^{-13} \sim 10^{-12}$ cm），无法实现直接测量，因此只能采用间接实验的方法来定义核的半径。主要有以下两种形式。

（1）核力的作用半径

当足够能量的 α 粒子与原子核发生相互作用时，除了我们熟悉的相互斥力之外，还可以在一定作用范围内发生上述的核力作用。由于核力的作用范围有限，在作用半径之外核力为零，因此，定义这种核半径为核力作用的半径。

实际过程中，中子、质子与其他原子核与核之间的作用所测得的核半径就是核力的作用半径，并且该作用与质量数 A 有关系，可以用经验公式（2.1）进行表达：

$$R \approx r_0 A^{\frac{1}{3}} \text{（其中 } r_0 = 1.4 \times 10^{-15} \sim 1.5 \times 10^{-15} \text{ m）} \tag{2.1}$$

（2）电荷分布半径

核内电荷的贡献主要来自质子，因此，电荷的分布半径也就是质子的分布半径。实验中可以通过高能电子对核表面的散射，与质子发生相互作用，从而准确测定质子的分布半径。为保证测试的准确性，电子的波长必须要小于核半径，一般电子的动能越大，波长就越短。高能电子在核上的散射角度分布就是核内电荷的分布函数，电子的能量越大时，角分布曲线就会越准确，用这种方法测出的核半径 $R \approx 1.1 \times A^{\frac{1}{3}}$。比较两种不同实验方法可以看出，核的电荷分布半径要小于核力作用半径。但是，无论怎样，都可以看出核的半径近似地正比于 $A^{1/3}$，也就是说，原子核的体积也是正比于 A 的。

$$V = \frac{4}{3}\pi R^3 \approx \frac{4}{3}\pi r_0^3 A \propto A \tag{2.2}$$

即每个核子所占的体积近似为一个常量，单位体积内的核子数目（核子密度）$n$ 大致是相同的，$n = A/V \approx 10^{38}$ cm$^{-3}$，以每个核子的质量大致为 $1.66 \times 10^{-24}$ g 计算密度，则 $\rho \approx 1.66 \times 10^{14}$ g/cm$^3$，可以看出每立方厘米的核物质是非常重的，也就是说核物质的密度是常数且非常大。

## 2.1.3　原子核质量与质量亏损

原子核的质量很小，通常都小于 $10^{-21}$ g，显然用 kg 和 g 作单位不方便使用。因此，选择用 $^{12}$C 原子质量的 1/12 作为原子质量单位，符号为 u，规定 $1u = \frac{12}{L} \times \frac{1}{12} = \frac{1}{6.02 \times 10^{23}} = 1.66 \times 10^{-24}$（g），如果忽略原子核与核外电子之间的结合能，那么原子核的质量 $m$ 便是整个原子的质量 $M$ 减去核外电子的质量 $m_e$。

氢原子的质量 $m_H$ 为 1.007825 u，电子的质量 $m_e$ 为 0.000549 u，质子的质量 $m_p$ 为

1.007276 u，中子的质量 $m_n$ 为 1.008665 u。理论可知原子核的质量应为所有核子的质量之和，即 $m = Z \times m_p + N \times m_n$，因 $m_p$ 和 $m_n$ 都非常接近 1 u，因此在使用过程中，如果用 $A$ 来表示原子核的质量，便有了 $A = Z + N$，并称之为质量数。

不难得出原子核虽然由质子和中子组成，但原子核的质量并不完全等于所有核子质量的总和。这种原子核质量与其组成核子质量总和之间的差别称为原子核的质量亏损 $\Delta m$ $(Z，A)$。值得一提的是，质量亏损对于所有原子核而言，应均为正值。

由于自由核子在形成原子核时必然会产生质量亏损 $\Delta m$，也就会相应地产生能量的变化，根据爱因斯坦的质能方程，$\Delta E = \Delta m \cdot C^2$，称之为原子核的结合能 $B$。将结合能 $B$ 除以质量数 $A$ 所得的商 $\varepsilon$ 称为该原子核的比结合能或者平均结合能。比结合能是描述原子核性质的重要物理量，比结合能越大时，原子核结合得越紧密，原子核的稳定性越高。比结合能曲线见图 2.3。

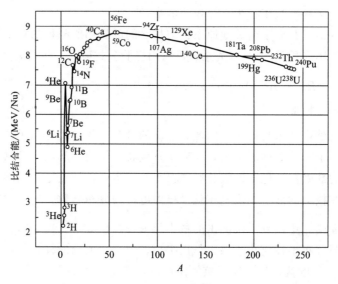

图 2.3　比结合能曲线

## 2.1.4　核素

核素，是指具有一定数目质子和一定数目中子，寿命可测的一种原子。原子核中的质子数用 $Z$ 表示，它等于该元素的原子序数，也等于核外的电子数，由于原子核所带的电荷量全部来源于质子，因此 $Z$ 也叫作原子核的电荷数，简称核电荷数。原子核所含的中子数用 $N$ 表示。整个核素可以用符号 ${}^A_Z X_N$ 表示，此处 X 为元素符号。例如 ${}^{238}_{92} U_{146}$ 表示 $Z = 92$，$N = 146$，$A = 238$ 的核素。通常情况下 $Z$ 和 $N$ 也可以省略。核素 ${}^{238}_{92} U_{146}$ 可略写为 ${}^{238} U$，或者写作铀-238。

质子数 $Z$ 相同而中子数 $N$ 不同的两个或多个核素称为同位素。例如：${}^1_1 H$（氕）、${}^2_1 H$（氘，${}^2 D$）和 ${}^3_1 H$（氚，${}^3 T$）以及 ${}^{238}_{92} U$、${}^{235}_{92} U$、${}^{234}_{92} U$ 和 ${}^{233}_{92} U$。质量数 $A$ 相同而质子数 $Z$ 不同的核素称为同质异位素，也称同量素。例如：${}^{13} C$ 和 ${}^{13} N$。中子数 $N$ 相同而质子数 $Z$ 不同的核素称为同中子异荷素，或同中子异位素。例如：${}^{89}_{39} Y$、${}^{90}_{40} Zr$ 和 ${}^{91}_{41} Nb$。属同一种原子

核但处于不同的能量状态且其寿命可以用仪器测量的核素，称为同质异能素，其中典型的代表有 $^{99}\text{Tc}^{\text{m}}$（或者表示为 $^{99\text{m}}\text{Tc}$）和 $^{99}\text{Tc}$，上标 m 表示处于能量更高的激发态。当激发态能级不止一个时，可以进一步用 $^{\text{Am1}}\text{X}$、$^{\text{Am2}}\text{X}$ 等加以区分。还有一类特殊的核素，它们的质子数和中子数恰好相互颠倒，即存在 $Z_1 = N_2$、$Z_2 = N_1$、$A_1 = A_2$ 的关系，称为镜像核。例如：$^{7}_{3}\text{Li}_4$ 和 $^{7}_{4}\text{Be}_3$，$^{39}_{19}\text{K}_{20}$ 和 $^{39}_{20}\text{Ca}_{19}$ 等。

## 2.1.5　核素图

自然界有 81 种元素有稳定同位素，它们位于元素周期表中的 1～83 号中，除去 43 和 61 号两个人工合成元素。自然界中能够稳定存在的原子核仅有 254 种，其他已经发现 3000 余种都是具有放射性的核素，根据核理论预言，存在 7000 余种不同的原子核。因此，发现和寻找出核素图上未知的原子核是研究的前沿课题。

若将所有核素排列在一张以中子数为横坐标、以质子数为纵坐标的图——核素图（图 2.4）上，可以将所有稳定核素全部划归在位于中间的一条光滑曲线上或曲线的两侧，将这条曲线称为 β 稳定线。其余约 2710 种不稳定核素分布在 β 稳定线的上下两边，那些尚未被发现的核素可能分布在离 β 稳定线更远的区域。位于 β 稳定线上侧的是缺中子核素，这类核素原子核内的质子数均大于中子数，其边界称为质子滴线（此处质子开始泄漏），容易发生 β$^+$ 衰变。位于 β 稳定线下侧的是丰中子核素，这类核素原子核内的中子数一般大于质子数，其边界称为中子滴线（此处中子开始泄漏），容易发生 β$^-$ 衰变。

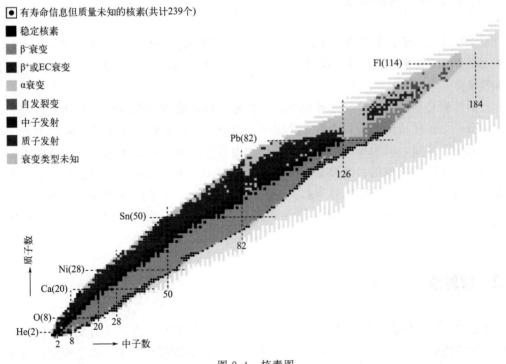

图 2.4　核素图

β 稳定线表示原子核中的核子有中子、质子对称相处的趋势，即中子数 $N$ 和质子数 $Z$ 相等的核素，具有较为明显的稳定性。这种效应在轻核中比较明显，重核中质子数的增加，导致了库仑斥力增强，如需要构成稳定的原子核，就需要有更多的中子来抵消库仑斥力的排斥作用。但是，也并非中子数越多的核素就会越稳定。

对于 250 余种稳定的核素，可以按照质子数和中子数的奇偶进行分类，奇数用 o 表示，偶数用 e 表示，见表 2.2。

**表 2.2　稳定核素奇偶分类表**

| Z　N | 名　称 | 稳定核素数目 |
|---|---|---|
| e　e | 偶偶核 | 156 |
| e　o | 偶奇核 | 48 |
| o　e | 奇偶核 | 50 |
| o　o | 奇奇核 | 5 |
| 合计 | | 259 |

从表 2.2 中可以看出，稳定的核素中大部分都是偶偶核，奇奇核仅有 5 种，分别为 $^2$H、$^6$Li、$^{10}$B、$^{14}$N 以及丰度较小的 $^{180m}$Ta。奇 A 核为核子数为奇数的核，又具体分为质子数为奇数和中子数为奇数两大类，两类的数量差不多，均介于偶偶核与奇奇核之间，这说明质子数与中子数各自成对时，原子核具有较大的稳定性，也说明了质子、中子具有各自配对的趋势。

## 2.1.6　原子核的液滴模型

原子核是由质子、中子组成的，由于对核子之间的相互作用还不是很清楚，因此，常常使用模型的方法来进行研究。模型法作为研究原子核的重要方法，在原子核物理、核化学等领域都广为应用。

液滴模型是早期的一种原子核模型，它将原子核比喻为一个液滴，将核子比喻为液滴中的分子，这样比喻的依据来源于：①从比结合能曲线来看，原子核平均每个核子的结合能几乎是常量，说明核子之间的相互作用力具有饱和性，这种饱和性与液体中分子力具有的饱和性是类似的；②原子核中核物质的密度几乎是常量，说明了原子核是不可压缩的，这与液体的不可压缩性类似。由于质子带正电，原子核的液体模型把原子核当作了正电荷的液滴。本书仅简单介绍液滴模型，由液滴模型所展开的计算不进行详细描述。

## 2.2　放射性

不稳定的原子核通过自发地发射 α、β、γ 等射线、俘获核外电子或自发裂变转化为稳定原子核的性质，称为放射性。具有这种性质的核素称为放射性核素。原子核发射出粒子后转变为另一种原子核的过程，称为放射性衰变，也称为核衰变。放射性衰变是一个随机过程，各个原子的衰变彼此独立，在一定的时间间隔内，放射性事件发生时间和发生次数都是无法预知的，即放射性事件具有统计涨落性。

## 2.2.1　放射性衰变规律

放射性发现不久，卢瑟福把 $RaCl_2$ 密封在一个容器中，过一段时间后发现容器中出现了很多氦原子且原子数量逐渐增多，在 30 天后氦的数量基本保持不变。他将氦气全部抽出密封在另一个容器中进一步观察：4 天后（现代精确值为 3.823 天）氦气减少到原来的 1/2，又过了 4 天，氦气减少到原来的 1/4，当第三个 4 天后，发现氦气竟然减少到原来的 1/8，之后如此继续减少。不难发现，放射性衰变和时间有着某种联系。

结合以上实验，如果已知某种原子核，在时间间隔为 $dt$ 内发生衰变的概率为 $\lambda \cdot dt$，则该核素的衰变规律可以写作

$$-\frac{dN}{N}=\lambda \cdot dt \tag{2.3}$$

式中，$N$ 表示 $t$ 时刻，该核素本身具有的原子核数目；$dN$ 表示从 $t$ 时刻到 $t+dt$ 时刻，发生衰变的原子核数目；$\lambda$ 为一个常数，称为衰变常数，单位为 $s^{-1}$；由于衰变过程造成原子核数目的减少，因此在式中加入负号。

设 $t=0$ 时，有 $N_0$ 个原子，到任意时刻 $t$ 时，依然存在 $N$ 个原子核，则衰变满足下式

$$-\int_{N_0}^{N}\frac{dN}{N}=\int_{0}^{t}\lambda \cdot dt \tag{2.4}$$

可得
$$\ln N_0 - \ln N=\lambda t \tag{2.5}$$

改写为指数形式则有

$$N=N_0 e^{-\lambda t} \tag{2.6}$$

从式(2.6)可以看出，衰变过程服从指数衰减规律。

对于式(2.6)中的 $N$ 对 $t$ 求导，可得

$$-\frac{dN/N}{dt}=\lambda \tag{2.7}$$

衰变常数 $\lambda$［式(2.7)］被定义为特定能态的放射性核素在时间间隔 $dt$ 内发生自发核跃迁的概率。$\lambda$ 是从统计观点描述了特定能态的放射性核素的每一个原子核在单位时间内发生衰变的概率，是放射性核素的重要特征值，也反映了放射性核素衰变的速率。$\lambda$ 越大，则衰变速率越快，反之则速率越慢。衰变速率不受一般物理作用的影响，不同的核素具有特定的 $\lambda$ 值。

放射性原子核的数目衰减到一半所需要的时间称为放射性核素的半衰期，用 $t_{1/2}$ 来表示，常用单位为秒（s）或年（a）。根据其定义可以写出半衰期与衰变常数之间的关系，即

$$N_0/2=N_0 e^{-\lambda t_{1/2}} \tag{2.8}$$

则
$$t_{1/2}=\frac{\ln 2}{\lambda}\approx\frac{0.693}{\lambda} \tag{2.9}$$

① $t_{1/2}>10^{-14}$ s 的核，其半衰期是可以进行测量的；

② $t_{1/2}<10^{-14}$ s 的核，其衰变称为瞬发衰变；

③ $t_{1/2} > 10^{15}$ a 的核，属于稳定核。

不同核素的半衰期差别可以很大，目前可以测得最长的半衰期达到 $10^{15}$ a 量级，而最短的半衰期却只有 $10^{-11}$ s 量级。有时候，人们也用平均寿命来表示放射性核素衰变的快慢。处于特定能态的一定量的放射性核素平均生存的时间，称为该放射性核素的平均寿命 $\tau$。假设某种核素起始原子核的数目为 $N_0$，到时间为 $t$ 时刻时还存在 $N$ 个原子核，从 $t$ 时刻到 $t+\mathrm{d}t$ 时刻有 $-\mathrm{d}N$ 个原子核发生了衰变，这 $-\mathrm{d}N$ 个原子核的寿命均为 $t$，总的寿命为 $t \cdot \mathrm{d}N$，由式（2.8）可知：

$$t \cdot (-\mathrm{d}N) = t \cdot (\lambda N \mathrm{d}t) \tag{2.10}$$

具体到某一个原子核时，其寿命大不相同，在时间为 $[0, \infty]$ 的范围内，总的寿命可以表示为

$$\int_{N_0}^{0} t \cdot (-\mathrm{d}N) = \int_{0}^{\infty} t \cdot (\lambda N \mathrm{d}t) = \int_{0}^{\infty} t \cdot (\lambda N_0 \mathrm{e}^{-\lambda t} \cdot \mathrm{d}t) \tag{2.11}$$

$N_0$ 个原子的平均寿命 $\tau$ 为

$$\tau = \frac{1}{N_0} \int_{0}^{\infty} t \cdot (\lambda N_0 \mathrm{e}^{-\lambda t} \cdot \mathrm{d}t) = \frac{1}{\lambda} \tag{2.12}$$

因此，衰变常数、半衰期以及平均寿命都可以用于描述放射性核素衰变速率，它们的关系是

$$\tau = 1/\lambda = t_{1/2}/0.693 = 1.44 \cdot t_{1/2} \tag{2.13}$$

通常人们还关心放射性核素在单位时间内衰变的原子核的数目，称为放射性活度，简称活度，用 $A$ 来表示

$$A = -\frac{\mathrm{d}N}{\mathrm{d}t} = \lambda N \tag{2.14}$$

将式（2.6）代入式（2.14），当 $t=0$ 时，活度为 $A_0$，则

$$A = A_0 \mathrm{e}^{-\lambda t} \tag{2.15}$$

放射性活度依然符合指数衰减规律。放射性活度的单位为贝克勒尔，简称贝克，用 Bq 来表示，1 Bq 表示一秒钟衰变一次；早期也用居里作为放射性活度的单位（1 g 纯镭的放射性活度），简称居，记作 Ci

$$1 \text{ Ci} = 3.7 \times 10^{10} \text{ Bq} = 37 \text{ GBq}$$

$$1 \text{ Ci} = 10^3 \text{ mCi} = 10^6 \text{ } \mu\text{Ci}$$

比活度指的是单位质量的放射性物质的放射性活度的高低，即

$$As = A/m \tag{2.16}$$

比活度的常用单位为 Bq/kg。对于液体和气体样品，通常也会使用到放射性浓度 $C_A$ 的概念，指的是单位体积内放射性物质的放射性活度，常用单位为 Bq/L 或 Bq/m$^3$。

## 2.2.2　分支衰变

某些放射性核素可以通过多种方式同时完成衰变，以 $^{213}$Bi 为例，可以同时通过 $\alpha$ 和 $\beta^-$ 两种方式进行衰变。

$$^{213}\text{Bi} \quad \begin{matrix} \xrightarrow{\beta^-} {}^{213}\text{Po}(98\%) \\ \xrightarrow{\alpha} {}^{209}\text{Tl}(2\%) \end{matrix}$$

这种现象称为分支衰变，在一次衰变中，每种衰变方式的概率为这种衰变的分支比 ($b$)，分支比可以是非常近似的，也可以相差很大，但所有衰变的分支比之和应该为 1，即

$$\sum_i b_i = 1 \tag{2.17}$$

## 2.2.3 递次衰变

当放射性核素衰变所产生的子核同样为放射性核素，并继续衰变产生新的子代，依此类推，直到形成稳定的子代为止，此类衰变类型称为递次衰变或连续衰变。母核与子核形成的一个连续核素的系列，称为衰变链或放射系。以 $^{232}$Th 为例，它经过 6 次 α 和 4 次 β$^-$ 衰变后可以结束于稳定核的铅同位素 $^{208}$Pb（图 2.5），这就形成了一个放射系，由于母体是天然长半衰期核素，该放射系也称为天然放射系。

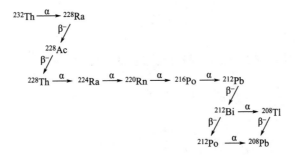

图 2.5 钍系图

## 2.2.4 放射性平衡

根据母子体的半衰期相对大小关系，可以分 3 种情况来讨论。

（1）长期平衡

当 $t_{1/2,1} \gg t_{1/2,2}$ 时，则 $\lambda_1 \ll \lambda_2$，由于 $\lambda_1$ 非常小，因此可忽略不计，所以 $\lambda_2 - \lambda_1 = \lambda_2$，$e^{-\lambda_1 t} \approx 1$，

$$N_2 = \frac{\lambda_1}{\lambda_2} N_{1,0} (1 - e^{-\lambda_2 t}) \tag{2.18}$$

$$A_2 = \lambda_2 \cdot N_2 = \lambda_1 \cdot N_{1,0} (1 - e^{-\lambda_2 t}) = A_{1,0} (1 - e^{-\lambda_2 t}) \tag{2.19}$$

经历五个半衰期之后，$\lambda_2 t$ 很大，则 $e^{-\lambda_2 t} \approx 0$，所以 $A_2 = A_{1,0} = A_1$，这时，母子体放射性达到了平衡，母体的放射性活度基本维持不变，因此这种平衡是长期的，称为长期平衡。

图 2.6 显示了母核 N 和子核 n 之间处于长期平衡时的生长-衰变曲线，图中 $a$ 代表实验测得的母子体总的放射性活度。将其外推到 $t = 0$ 时，作曲线 $a$ 的直线部分的平行线，得到直线 $b$，它表示在母子体共存条件下母体 N 的衰变。用曲线 $a$ 减去直线 $b$，可以得到

曲线 $c$，它表示母子体共存条件下的子体的衰变情况，将其直线部分向 $t=0$ 方向进行延伸，从所得直线中再减去 $c$，即得到直线 $d$，它表示子体单独存在时的衰变曲线。

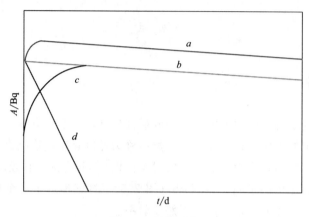

图 2.6  长期平衡

（2）暂时平衡

当 $t_{1/2,1} > t_{1/2,2}$ 时，则 $\lambda_1 < \lambda_2$，经过足够长的时间后，$e^{-\lambda_2 t} \approx 0$，则

$$A_2 = \frac{\lambda_2}{\lambda_2 - \lambda_1} A_{1,0}(e^{-\lambda_1 t} - e^{-\lambda_2 t}) = \frac{\lambda_2}{\lambda_2 - \lambda_1} A_{1,0} \cdot e^{-\lambda_1 t} = \frac{\lambda_2 A_1}{\lambda_2 - \lambda_1} \qquad (2.20)$$

$$\frac{A_2}{A_1} = \frac{\lambda_2}{\lambda_2 - \lambda_1} = C（常数） \qquad (2.21)$$

当母体的衰变不再被忽略，母体与子体达到的放射性活度在一定时间内处于平衡，最后二者先后衰变为 0，平衡将不再存在，这时称为暂时平衡。

图 2.7 显示了母核 N 和子核 n 之间处于暂时平衡时的生长-衰变曲线，图中 $a$ 代表实验测得的母子体总的放射性活度。将其外推到 $t=0$ 时，作曲线 $a$ 的直线部分的平行线，得到直线 $b$，它表示在母子体共存条件下母体 N 的衰变。用曲线 $a$ 减去直线 $b$，可以得到曲线 $c$，它表示母子体共存条件下的子体的衰变情况，将其直线部分向 $t=0$ 方向进行延伸，从所得直线中再减去 $c$，即得到直线 $d$，它表示母子体间已经达到了放射性平衡而将子体 n 分离出来，子体 n 单独存在时的衰变曲线。

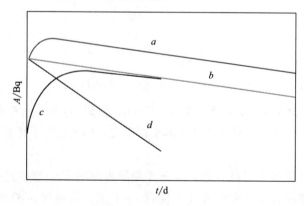

图 2.7  暂时平衡

（3）不成平衡

当 $t_{1/2,2} \gg t_{1/2,1}$ 时，此时为不成平衡。当时间相当长时，总放射性活度等于子体的放射性活度，母体全部衰变不参与平衡，子体完全以自身的半衰期进行衰变。大多数裂变产物的第一代或者前代都是半衰期很短的核素，而子体是半衰期相对较长的核素，此类均属于不成平衡。不成平衡的其余内容在本书中不做探讨。

## 2.3　放射性衰变类型

迄今为止，已经发现的放射性衰变过程中发射的粒子或者辐射有多种，如 α 粒子、β 粒子、γ 光子、中微子、裂变碎片、中子、质子等（图 2.8）。有些时候仅发射一种粒子，有些时候发射的粒子则不止一种。本节将重点对其中的 α 衰变、β 衰变和 γ 衰变进行讨论。

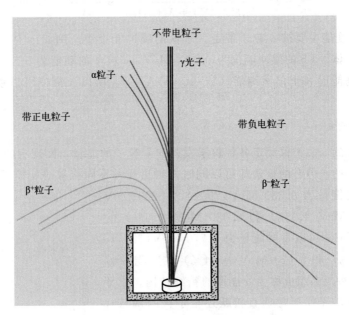

图 2.8　衰变发射的粒子在磁场中的偏转

### 2.3.1　α 衰变

放射性核素自发地发射 α 粒子的衰变称为 α 衰变，可以用如下公式表示：

$$_{Z}^{A}X \longrightarrow _{Z-2}^{A-4}Y + \alpha + Q \tag{2.22}$$

其中 $_{Z}^{A}X$ 为母核，$_{Z-2}^{A-4}Y$ 为子核，发生 α 衰变时，核素的核子数减少 4，质子数减少 2，同时生成 $_{2}^{4}He$（α 粒子），产生的能量称为衰变能。式（2.22）可以简写为 $^{A}X(\alpha)^{A-4}Y$ 或者 $^{A}X(\alpha, Q)^{A-4}Y$。例如，镭就可以发生 α 衰变产生氡，表示为：$^{226}Ra \longrightarrow ^{222}Rn + \alpha + Q$。

（1）衰变能 Q

根据能量守恒定律，核衰变前后体系的总能量不变，可以得出如下公式：

$$Q = \{[m(Z,A)+Zm_e] - [m(Z-2,A-4)+(Z-2)m_e] - [m(2,4)+2m_e]\} C^2$$
$$= [M(Z,A) - M(Z-2,A-4) - M_{He}]C^2$$

$$(2.23)$$

式中，$m$ 和 $M$ 分别代表原子核质量和原子质量，$m_e$ 为电子的静质量，电子结合能的贡献可以忽略。当母核能自发地进行 α 衰变，衰变能 $Q$ 必须大于零，所以：

$$M(Z,A) > M(Z-2,A-4) + M_{He} \qquad (2.24)$$

α 衰变释放的能量 $Q$ 以动能形式在子核与 α 粒子之间分配。根据动量守恒定律可计算出子核的反冲能 $T_Y$ 和 α 粒子的动能 $T_\alpha$。

$$T_Y = \frac{M(^4_2He)}{M(^{A-4}_{Z-2}Y)+M(^4_2He)} \approx \frac{4}{A} \qquad (2.25)$$

$$T_\alpha = \frac{M(^{A-4}_{Z-2}Y)}{M(^{A-4}_{Z-2}Y)+M(^4_2He)} \approx \frac{A-4}{A} \qquad (2.26)$$

α 衰变的衰变能主要被 α 粒子带走，子核的反冲能很小。例如：$^{210}$Po 的 α 衰变能为 5.408 MeV，子体$^{206}$Pb 的反冲能仅为 0.103 MeV，α 粒子的动能为 5.305 MeV。核反冲能和 α 粒子的动能远大于化学键能（1～10 eV 左右），所以 α 衰变可以引起很大的化学效应。

（2）α 能谱

用高分辨率的 α 能谱仪测定各种核素发射的 α 粒子的能量，发现有的核素发射出的 α 粒子能量是单一的，但有的核素却可以同时发射出几种不同能量的 α 粒子。例如$^{226}$Th 的 α 衰变可以发射能量为 6.330 MeV(79%)、6.220 MeV (19%)、6.095 MeV(1.7%) 和 6.020 MeV(0.6%) 的四组 α 粒子，$^{240}$Cm 可以发射能量为 5.770 MeV(72%)、5.704 MeV(28%) 和 5.623 MeV(0.04%) 的三组 α 粒子。α 能谱的这种复杂组成称为 α 能谱的精细结构。能量最高的那一组 α 粒子是当母核直接跃迁至子核的基态时发射出来的，当母核跃迁到子核的各个激发态时，则分别发射能量较低的各个对应组的 α 粒子。子核由激发态退激至基态时发射 γ 光子。因此，发射复杂能谱的 α 衰变必然伴随 γ 射线发射。图 2.9 为 α 衰变的能谱图。

α 粒子是带电粒子，在核中生成以后，从核内到核外需要穿越一个势能很高的区域，该区域称为库仑势垒区。势能来自原子核的库仑场，势能最大值称为势垒高度。

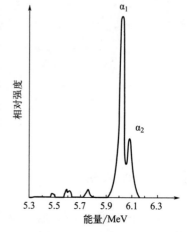

图 2.9　α 衰变的能谱图

按照经典物理学，能量远低于库仑势垒的 α 粒子是不可能穿透势垒发射而出的。然而，按照量子力学，则有一定的概率穿透势垒，这种穿越势垒的机制称为隧道效应。图 2.10 为量子隧道效应图。

（3）α 衰变纲图

通过图像反映衰变链中每一个成员能级以及衰变途径的图称为衰变纲图。图 2.11 展

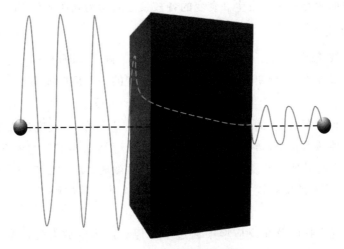

图 2.10　量子隧道效应图

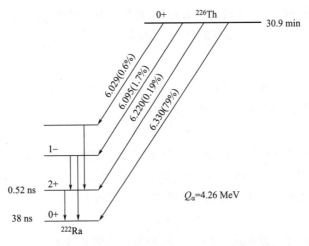

图 2.11　$^{226}$Th 的衰变纲图

示了 $^{226}$Th 的衰变纲图。图中最上方的水平线代表了母核的静止能，同时标明了半衰期、核自旋等信息，最下方的水平线代表了子核 $^{222}$Ra 的静止能以及半衰期等信息。两条线中间的各条水平线分别代表了子核各个激发态的能级，对应的能量标注在横线的右侧，自旋等信息标注在横线的左侧。由母核出发，向左指向的箭头代表了该过程发生 α 衰变，可以理解为生成的子核质子数目减少了 2，子核的原子序数在周期表中应该排在母核的前面两个位置。每一条斜线中的信息包含了 α 粒子能量以及分支比。中间各个横线上的垂直箭头代表了子核发生 γ 衰变向低能态跃迁的过程。

## 2.3.2　β 衰变

β 衰变是指原子核自发地放射出 β 粒子或俘获一个轨道电子而发生的转变。放出电子的衰变过程称为 β$^-$ 衰变（或 β 衰变）；放出正电子的衰变过程称为 β$^+$ 衰变；原子核从核外电子壳层中俘获一个轨道电子的衰变过程称为轨道电子俘获（EC）。通过 β 衰变可以实现核内核子之间的相互转化，发生 β 衰变的各核素之间均为同质异位素。

**（1）β⁻ 衰变**

中子过剩（缺质子）的原子核自发发射出一个 β⁻ 粒子（即电子），会生成一个质子数加 1 的子核，该过程为 β⁻ 衰变。原子核进行 β⁻ 衰变的一般反应式为：

$$_Z^A X \longrightarrow _{Z+1}^A Y + \beta^- + \bar{\nu} + Q \tag{2.27}$$

式中，β⁻ 也可以写成 e⁻ 的形式；$\bar{\nu}$ 是反中微子，它是在 β⁻ 衰变过程中伴随着 β⁻ 粒子而释放出来的一种基本粒子，它的反粒子为中微子，记作 $\nu$，$\bar{\nu}$ 和 $\nu$ 均为不带电粒子，静质量基本为零，它们与其他物质发生的相互作用也非常微弱，因此二者的穿透能力极强。

可以看出 β⁻ 衰变的实质就是一个中子转化为一个质子的过程。

$$n \longrightarrow P + e + \bar{\nu} \tag{2.28}$$

几乎所有裂变产物以及在反应堆中通过中子俘获产生的放射性核素都进行 β⁻ 衰变。β⁻ 衰变的衰变能可以根据母核的静质量和子核、电子、反中微子的质量之差求出。

$$Q = [M(Z,A) - M(Z+1,A)]C^2 \tag{2.29}$$

母核进行 β⁻ 衰变时，释放的衰变能 $Q$ 必须大于零，因此有：

$$M(Z,A) > M(Z+1,A) \tag{2.30}$$

**（2）β⁺ 衰变**

中子不足的原子核自发发射出一个 β⁺ 粒子（即正电子），生成一个质子数减 1 的子核，该过程为 β⁺ 衰变，可以用以下通式表达：

$$_Z^A X \longrightarrow _{Z-1}^A Y + \beta^+ + \nu + Q \tag{2.31}$$

1932 年，安德森发现了 β⁺ 衰变，β⁺ 粒子是电子的反粒子，β⁺ 衰变也称为正电子辐射。一般情况下，正电子在辐射防护中的辐射效应没有电子显著。不难发现，β⁺ 衰变的实质是一个质子转化为一个中子的过程，因此可以表示为：

$$P \longrightarrow n + \beta^+ + \nu \tag{2.32}$$

根据质量守恒定律可以知道，β⁺ 衰变所释放出来的衰变能：

$$Q = [M(Z,A) - M(Z-1,A) - 2m_e]C^2 \tag{2.33}$$

式中，$M$ 代表原子质量，$m_e$ 为电子的静质量，电子结合能的贡献可以忽略。当母核要发生 β⁺ 衰变时，释放的衰变能必须大于零，因此可以知道：

$$M(Z,A) > M(Z-1,A) + 2m_e \tag{2.34}$$

式（2.34）说明，仅当母核的质量比子核的质量高出两个电子的静质量（1.02 MeV）时才可以发生 β⁺ 衰变。对比可以看出 β⁺ 衰变比 β⁻ 衰变的母核需要更大的原子质量。

**（3）轨道电子俘获**

当母核的质量大于子核，但是又没有多出 $2m_e$ 时，此时 β⁺ 衰变不能发生，而电子俘获（EC）就成了 β 衰变的另一种形式。电子俘获是原子核俘获某一个轨道电子，使核发生跃迁的过程。因为 K 层的电子距离原子核最近，俘获 K 层电子的概率最大，常称为 K 俘获（$\varepsilon_K$），发生电子俘获的概率是 K 层≫L 层≫M 层。电子俘获过程一般反应式为

$$_Z^A X + _{-1}^0 e \longrightarrow _{Z-1}^A Y + \nu + Q \tag{2.35}$$

即一个质子转化为中子并释放出中微子的过程：

$$P + _{-1}^{0}e \longrightarrow n + \nu \tag{2.36}$$

能发生 $\beta^+$ 衰变的场合，有可能发生 EC 与之相竞争。随着原子序数的增加，在 $\beta^+$ 衰变中 EC 的分支比增大。例如，$^{87}Zr(Q=3.50\ MeV)$ 的 EC 占 $17\%$，$^{170}Lu(Q=3.41\ MeV)$ 的 EC 占 $99.81\%$。EC 的衰变能绝大部分被中微子带走，子核受到反冲，因此 EC 发射的中微子和反冲核都是单能的。

当第 $i$ 层电子被俘获后，在第 $i$ 层就会少了一个电子而留下一个空位，外层电子将填充该空位，并辐射出能量等于两能级差 $\Delta E$ 的 X 射线，即产生特征 X 射线，由 K 俘获所产生的 X 射线也称为 KX 射线。

$$\Delta E = h\nu = E_{i+n} - E_i \tag{2.37}$$

额外的能量也可能不辐射 X 射线，而将这些能量交给某层的电子，从而使得该电子成为自由电子被发射，该电子称为俄歇（Auger）电子，因其发现者 Pierre-Victor Auger（1925 年）而得名，该过程则称为俄歇效应。俄歇电子的能量等于 $\Delta E - W_j$，也是分立的。KX 射线、俄歇效应示意图见图 2.12。

俄歇电子被发射出来后，在它原先所在的层也留下一个空位，同样可以继续发射 X 射线或发射俄歇电子来实现退激，若是后者，则称为俄歇串级；其结果是空穴越来越多，因此也称为空穴串级。俄歇串级导致原子高度电离，激发原子发射俄歇电子的概率称为俄歇产额，随原子序数的增加而减小。在 $Z=30(Zn)$ 时，发射 X 射线和发射俄歇电子的概率相等（图 2.13）。

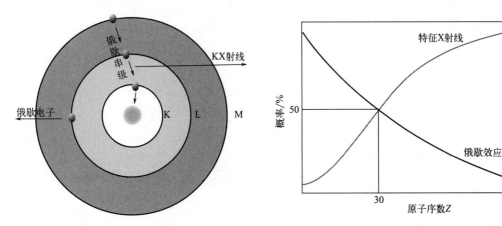

图 2.12　KX 射线、俄歇效应示意图　　　　图 2.13　X 射线和发射俄歇电子概率图

$\beta^-$ 衰变产生的三个生成物分别是子核、电子以及反中微子；$\beta^+$ 衰变产生的三个生成物分别是子核、正电子以及中微子，因此衰变能由这三种粒子共同携带。由于子核的质量远远大于电子和中微子，根据能量守恒的原理可知，衰变能主要由电子和中微子带走，因此电子和中微子的能量都是各自连续的。

由图 2.14 可以看出，$\beta$ 粒子的能量分布是连续的，存在着一个确定的最大能量，同时当能量位于最大能量的约 1/3 处，粒子的数量最多，动能很大和很小的粒子数量都很少，因此认为粒子的平均能量为最大能量的 1/3，即

$$\overline{E_\beta} = \frac{1}{3}E_{max} \tag{2.38}$$

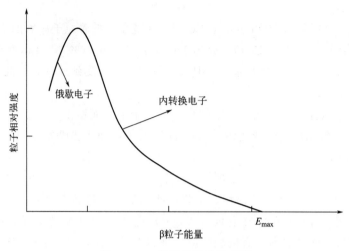

图 2.14 β粒子的能量示意图

（4）β 衰变纲图

同 α 衰变一样，也可以用图来表示 β 衰变（图 2.15）。各条线所表示的物理意义与 α 衰变纲图一致，只是在进行 β⁻ 衰变时，产生的子核质子数会加 1，因此子核原子序数增加，应该位于元素周期表母核后面一位，衰变时箭头应该向右画。β⁺ 衰变的情况比较复杂，额外需要通过垂直于母核的直线来表达 $2m_ec^2$ 的静止能，之后再向左方画一箭头至子体水平横线，以 β⁺ 表示衰变。

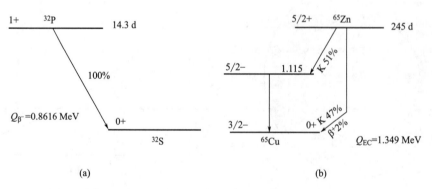

图 2.15 β⁻ 衰变纲图（a）以及 β⁺ 衰变和 EC 衰变纲图（b）

## 2.3.3 γ 衰变

α、β 衰变所生成的子核往往处于激发态。激发态核不稳定，通过发射 γ 射线跃迁到基态。γ 衰变时由光子按照波的方式传播能量流，属于这类辐射的还有无线电波、微波等。γ 射线与 X 射线本质上相同，都是电磁波，X 射线是原子的壳层电子由外层向内层空穴跃迁时发射的，而 γ 射线来自核内，是激发态原子核退激到基态时发射的。γ 射线又称为 γ 光子，光子不带电，在磁场中不发生偏转，γ 衰变是波长很短的光子流，因此具有很强的穿透物质的能力。

（1）同质异能跃迁

激发态原子核的寿命一般很短，但也有寿命较长的。寿命长到现代技术可以测量出来的激发态原子核称为亚稳态原子核。按目前的技术水平，寿命短于 $10^{-11}$ s 时，实验上尚无法测量。$^{166m}$Ho 是迄今发现的寿命最长的亚稳态原子核，$t_{1/2}=1.2\times10^3$ 年。$\gamma$ 跃迁是由能量较高的同质异能态跃迁到能量较低的同质异能态的过程，故又称为同质异能跃迁。同质异能跃迁的一般表达式为

$$^{Am}_{Z}X \longrightarrow ^{A}_{Z}X+\gamma+Q \tag{2.39}$$

例如，同质异能跃迁$^{60~m}_{27}$Co$\longrightarrow^{60}_{27}$Co$+\gamma$ 可以放出能量分别为 1.33 MeV 和 1.17 MeV 的 $\gamma$ 光子。当衰变前后的核能级差为 $Q_\gamma$，则 $\gamma$ 衰变能可由 $\gamma$ 光子辐射能 $E_\gamma$ 和核反冲能 $E_x$ 求得，即

$$Q_\gamma=E_\gamma+E_x \tag{2.40}$$

由于核反冲能很小，核能级差几乎全部被 $\gamma$ 光子带走，因此 $\gamma$ 光子的能量是单色的，对于给定的原子核是特征性的，故可用于核素的鉴定。

（2）内转换

当激发态的原子核在退激时，能量不以射线的形式发射出来，而是把能量给予核外某一轨道电子，获得能量的电子将摆脱原子核的束缚成为自由电子发射出去。这种电子称为内转换电子。同样可以理解，内转换过程的电子主要是由 K 层所发射出去的，其发射的能量也可以表达为

$$E_e=\Delta E-E_i \tag{2.41}$$

式中，$\Delta E$ 为核激发态和基态之间的能级差；$E_i$ 为第 $i$ 层的电子结合能。由于核能级是不连续的，因此内转换电子的能量是单一的，这与 $\beta$ 衰变而产生的电子有明显的区别。当内转换电子被发射出去后，同样可以在原有位置上留下一个空穴，外层轨道电子同样可以填补空位，其后依然可以发出特征 X 射线或者放出俄歇电子，这点与电子俘获过程类似。

## 2.4 辐射防护

从事电离辐射相关工作时，若防护措施不当或违反操作规程，人体可能会受到照射，照射的剂量超过一定限度，则会发生有害作用。由此，为了保护从事放射性工作的人员以及公众的健康与安全、保护环境、促进原子能事业的发展，专门建立了辐射防护这门综合性学科。辐射防护研究的主要内容包括辐射剂量学、辐射防护标准、辐射防护技术、辐射防护评价和辐射防护管理等。结合本课程，我们主要介绍辐射剂量、辐射来源、照射防护、辐射的生物学效应以及辐射防护的原则等基础内容。

### 2.4.1 辐射剂量

（1）吸收剂量

吸收剂量是指单位质量的物质所吸收的辐射能量，它适用于任何种类、任何能量的电

离辐射，同时被照射的物质也可以是任何物质。吸收剂量用 $D$ 来表示：

$$D = \frac{\mathrm{d}\bar{\varepsilon}}{\mathrm{d}m} \tag{2.42}$$

$D$ 的单位为 J/kg，单位的专门名称为戈瑞（Gy），则有 1 J/kg＝1 Gy，实际工作中也多用到毫戈瑞（mGy）、微戈瑞（$\mu$Gy）。

单位时间内吸收剂量的变化量，称为吸收剂量率$\dot{D}$，则

$$\dot{D} = \frac{\mathrm{d}D}{\mathrm{d}t} \tag{2.43}$$

单位为 Gy/s 或 Gy/h。通常情况下，没有特殊说明时"剂量"均指吸收剂量。

（2）当量剂量

由辐射所引起某一生物效应的发生率，不仅与受照射的剂量多少有关，也和辐射的类型有着紧密的关系，受照射剂量大小相等，但辐射的种类和能量不同，所诱发的癌或遗传变异的概率也不同。例如全身均匀照射条件下，分别接受 1 mGy 能量为 0.25 MeV 的 X 射线和 4.5 MeV 的快中子的照射时，快中子照射诱发某种生物效应的概率约比 X 射线诱发同种生物效应的发生概率大 10 倍。为了在共同的基础上比较不同辐射类型所致生物效应的大小，提出了当量剂量（$H$）的概念。根据辐射场的性质以及放射性核素在体内沉积和发射射线的特点，引入了辐射权重因子 $W_R$，体内的当量剂量为吸收剂量与辐射权重因子的乘积，即

$$H = W_R \cdot D \tag{2.44}$$

$H$ 的单位同吸收剂量的单位相同，亦为 J/kg，但为了与吸收剂量单位的名称进行区分，其单位的专门名称为西弗（Sv），同样有 1 J/kg＝1 Sv，为了方便实际使用，更多地用到毫西弗（mSv）和微西弗（$\mu$Sv）。辐射场为混合辐射场时，当量剂量等于各个辐射场中的当量剂量之和。

$$H = \sum (W_R \cdot D) \tag{2.45}$$

不同辐射类型以及能量的辐射权重因子可以查表 2.3。

表 2.3　辐射权重因子

| 辐射类型 | 能　量 | 辐射权重因子 |
| --- | --- | --- |
| 电子 | 所有能量 | 1 |
| 光子 | 所有能量 | 1 |
| 中子 | <10 keV | 5 |
| | 10～100 keV | 10 |
| | 0.1～2 MeV | 20 |
| α 粒子 | | 20 |
| 质子 | >2 MeV | 5 |

（3）有效剂量

生命体区别于普通物质，是由多个器官集合在一起的统一整体。不同器官的分工不同，重要性也有差异。当多个器官受到辐射时，带来的危害程度自然也更大。辐射所诱发的随机效应，不仅与当量剂量有关，而且与受辐射的器官或部位也有重要的关系。即使是

受到当量剂量相同的辐射，所诱发的随机效应也会因为部位的区别而具有不同的发生概率，为了充分考虑到单个器官或组织受辐射与全身均匀辐射所产生的随机效应之间的关系，特别引入了新的权重因子，称为组织权重因子，用 $W_T$ 来表示，全身各个器官总的权重因子之和应该为 1。有效剂量（$E$）就是人体所有器官加权后的当量剂量之和。

$$E = \sum (W_T \cdot H) \tag{2.46}$$

有效剂量是我国现行的辐射防护基本标准中的法定使用量，也是国际通用量。不同的组织权重因子见表 2.4。

**表 2.4　组织权重因子**

| 组织器官 | 组织权重因子 | 组织器官 | 组织权重因子 |
| --- | --- | --- | --- |
| 性腺 | 0.2 | 肝脏 | 0.05 |
| 红骨髓 | 0.12 | 食管 | 0.05 |
| 结肠 | 0.12 | 膀胱 | 0.05 |
| 肺 | 0.12 | 皮肤 | 0.01 |
| 胃部 | 0.12 | 骨表面 | 0.01 |
| 甲状腺 | 0.05 | 其余 | 0.05 |
| 乳腺 | 0.05 | | |

## 2.4.2　辐射来源

人们生活的环境中处处都存在辐射，这部分辐射是无法避免的，它们可以来自宇宙射线、地质矿物、空气等，但环境中本身具有的辐射剂量一般是不会对人体造成伤害的，称之为天然本底辐射。

（1）天然辐射来源

① 宇宙射线。宇宙射线可以分为初级宇宙射线和次级宇宙射线。初级宇宙射线是指直接来自银河系等外太空的带电高能次原子粒子，它们能量很高，主要是由原子、$\alpha$ 粒子和电子等高速粒子流构成。当初级宇宙射线接触到地球大气，与大气中的氮、氧等元素发生核反应会产生新的原子、中子等，从而构成新的射线流，称为次级宇宙射线。一般初级宇宙射线的能量比较高，但大多都被地球大气层、电离层所阻挡，使人体免受伤害，但当初级宇宙射线的能量达到 $10^{12} \sim 10^{13}$ MeV 时，会产生数目庞大的粒子流，当到达地面时就会使人体受到直接照射。宇宙射线的强度会随着海拔高度的增加而增加，生活在高原地区的人就要比平原地区的人接收到的宇宙辐射多一些，因此在乘坐飞机时，宇宙射线对人体的影响是不可忽略的。

② 宇生放射性核素。宇宙射线与大气层和地球表面的原子核相互作用后产生的放射性核素称作宇生放射性核素。大气层、岩石、生物圈内现已发现的放射性核素大约 20 余种，其中以 $^3$H、$^{14}$C 最为熟知。

③ 原生放射性核素。自地球诞生以来就存在于地壳中的放射性核素称为原生放射性核素。它们一般都具有较长的半衰期，可以作为母体构成天然放射系，产生新的天然放射

性核素，典型的代表是$^{235}$U、$^{238}$U、$^{232}$Th。还有一些天然放射性核素虽然不会构成天然放射系，但是广泛存在于生态圈，例如$^{40}$K、$^{87}$Rb 等在海水中的浓度约为 11 Bq/L，可由食物进入人体而产生内照射，$^{40}$K 在土壤以及岩石中也具有较高的比活度。

（2）人工辐射来源

人类除了受到天然放射性核素的本底辐射外，还会受到一些人工活动而产生的辐照。常见的人工辐射源有医疗照射、核反应堆以及核爆炸等（图 2.16），其中医疗照射已经成为最主要的人工辐射来源。

① 医疗照射中最常见的就是放射诊断，X 射线是使用较多的一种诊断方式，同时也是使用最早的一种人工辐射源。根据 X 射线照射的部位、照射时间、照射剂量的不同，辐射强度有较大的差别，一般情况下，X 射线诊断相当于天然本底辐射的年剂量当量的几倍到几十倍不等。

② 核反应堆，又称为原子能反应堆，是能维持可控自持链式核裂变反应，以实现核能利用的装置。一般情况下的核反应堆大多为裂变堆。核反应堆可以作为动力堆，主要用于核潜艇、核航空母舰和核破冰船。由于核能的能量密度大、只需要少量核燃料就能运行很长时间，尤其是核裂变过程不需要氧气，故核潜艇可在水下长时间航行，这在军事上有很大优势。反应堆也可以用来大量生产各种放射性同位素。而放射性同位素在工业、农业、医学上的广泛应用已经是尽人皆知的了。

③ 核武器爆炸，不仅释放的能量巨大，而且核反应过程非常迅速，微秒级的时间内即可完成。因此，在核武器爆炸周围不大的范围内形成极高的温度，加热并压缩周围空气使之急速膨胀，产生高压冲击波。核爆炸产生的放射性落下灰会对环境产生巨大的威胁。落下灰中的放射性核素可以达到 200 余种，其中$^{137}$Cs 和$^{90}$Sr 的半衰期比较长，对环境产生较长远的影响。

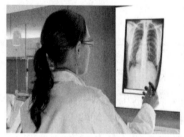  

图 2.16　人工辐射源来源

## 2.4.3　内、外照射防护

外照射是核辐射的一种形式。放射性核素在生物体外，使生物受到来自外部的射线照射称为外照射。外照射的一般防护方法为：距离防护、时间防护、设置屏蔽。

（1）距离防护

增大与辐射源的距离，可以降低受照剂量。对于点源，受照剂量与距离的平方成反比，距离增大一倍，剂量率可减少至原有的四分之一。在实际操作中，常用远距离操作工具，如长柄钳子、机械手、远距离自动控制装置等，但应注意的是与距离的平方成反比的关系仅适用于点源。

（2）时间防护

减少受照射的时间，避免一切不必要的照射，将受照剂量降低到尽可能低的水平，这是进行辐射防护的出发点。累积剂量和受照时间有关，受照时间愈短，接受的剂量愈少。在普通的放射性操作中，必须熟练、迅速、准确。在正式操作前应进行空白操作练习（"冷实验"），以最短的时间完成操作，尽量少地接受照射。

（3）设置屏蔽

控制受照时间、增加与辐射源的距离，仅在一定的条件下适用。在有些条件下，例如利用大型$^{60}$Co辐射源进行辐照的情况下，在辐射源的附近停留数秒钟也是危险的。由于辐照室的空间有限，这时增大与辐射源的距离，剂量率仍然很大，必须采用屏蔽防护。屏蔽防护就是在人和辐射源之间加一层适当厚的屏蔽物，将人所受的照射减少到尽可能低的水平。屏蔽防护是实际应用中最有效的方法。

根据防护的要求不同，屏蔽可以是固定式的，也可以是移动式的。属于固定式的屏蔽物是指防护墙、防护门、观察窗等；属于移动式的如储源容器、各种结构的手套箱、防护屏及铅砖等。对于不同的辐射，应分别选用不同的屏蔽材料。例如对β射线和高能电子束，则应采用原子序数低加高的组合形式进行屏蔽。第一层屏蔽物采用低原子序数的材料吸收电子，第二层采用高原子序数的材料，如铅等吸收韧致辐射；对于一般放射化学中用的$10^4 \sim 10^7$Bq级γ源的防护，可选用铅玻璃屏蔽或在手套箱中操作。

放射性核素进入生物体，使生物受到来自内部的射线照射称为内照射。通常对γ放射物质来说，其射线的穿透能力强，因此与外照射并无多大差别，但对α射线、β射线而言，二者的差别就比较大了。放射性核素进入人体的途径主要有吸入、食入、皮下渗透三种方式。存在于空气中的气溶胶或者放射性核素直接吸入人体，重点在呼吸系统进行富集，ICRP30模型主要将呼吸模型分为两个部分：沉积模型和滞留模型。食入方式进入人体的放射性核素则可以通过胃肠模型描述其富集和排出情况。

内照射主要有以下特点：

① 持续性照射。放射性核素进入人体后，对机体就会产生连续性照射，该过程一直持续到放射性核素完全衰变至稳定核素或彻底排出体外。

② 选择性照射。放射性核素在人体内的分布往往是不均匀的，按核素或化合物的化学性质被组织和器官选择性地吸收、分布和蓄积，分布情况见表2.5。

表 2.5　放射性核素在人体内的分布

| 沉积部位 | 放射性核素 |
| --- | --- |
| 骨骼 | 钙、锶、钡、镭 |
| 肾脏 | 铀、锌、钌、铋、汞 |
| 甲状腺 | 碘 |
| 红细胞 | 铁、钴 |
| 网状内皮细胞 | 钋、钚、钍、镉、铈 |
| 全身均匀分布 | 氚、钠、钾、铯 |

内照射防护的主要方法是：隔离和稀释。隔离就是把放射性物质和操作人员隔离开。稀释就是将空气或水溶液中的放射性浓度降低到允许水平之下。同时建立内照射监测系统，应对工作环境和周围环境中的空气、水源等进行长期常规监测，以便及时发现操作中的问题，改进防护措施。在必要的情况下，应对某些作业人员的排泄物进行定期检查或全身计数器进行检查，以便及时发现体内污染情况。

## 2.4.4　辐射的生物学效应

自 1895 年伦琴发现 X 射线后不久，便发现了 X 射线对人体的损伤作用。1898 年居里夫妇发现镭以后，发现 γ 射线对人体也有类似的损伤作用，这就引起了人们对辐射危害的重视。后来随着反应堆和核武器及核技术在工业、农业、医学、科学研究等相关领域的发展，人们对辐射的生物效应的研究也随之深入。现在辐射损伤（即辐射）的生物效应已由细胞水平的研究进入到分子水平的研究，更深刻揭示了辐射损伤的机制。

（1）随机性效应

随机性效应是指在正常细胞中由电离辐射产生的变化而引起的效应。电离辐射在任何物质中的能量沉积都是随机的，因此，即使小的剂量照射于机体组织或器官，也有可能在某一单个体细胞中沉积足够的能量，使细胞中 DNA 受损而导致细胞的变异。由于引起这种细胞变异的辐射能量沉积事件是随机的，因而称由这种电离辐射事件所引起的生物效应为随机性效应。随机性效应的特点是其发生的概率没有剂量的阈值，效应的发生概率与剂量成正比（图 2.17），小的剂量照射时，随机性效应也可能发生，只不过是发生的概率随剂量的减少而降低，效应的严重程度与受照剂量的大小无关。随机性效应包括辐射所致的癌和遗传疾病。

（2）确定性效应

当被电离辐射照射时，组织或器官中有足够多的细胞被杀死或不能繁殖和发挥正常的功能，而这些细胞又不能由活细胞的增殖来补充，这样的效应称为确定性效应（以前称为非随机性效应）。确定性效应可使受照组织或器官产生临床上可检出的症状，这种效应的特点是效应的发生存在着阈值，只有受照剂量超过某一值时才能发生，其严重程度与受照剂量成正比，低于该剂量时，因细胞丢失不多，不会引起组织或器官可检查到的功能性损伤（图 2.17）。

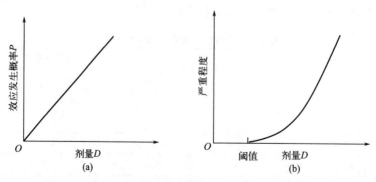

图 2.17　(a) 随机性效应的发生概率与剂量图；(b) 确定性效应的严重程度与剂量图

（3）影响辐射生物效应的因素

① 辐射敏感性。辐射敏感性是指细胞、组织、器官、机体或任何有生命的物质对辐射的敏感程度。一般来说，新生而又分裂迅速的细胞（如血细胞）辐射敏感性高，肌肉及神经细胞的辐射敏感性最低。

② 剂量和剂量率。剂量和效应是一种复杂的关系，现在所观察的剂量-效应关系，大都是大剂量及高剂量率下由动物实验得到的。在大多数生物系统内，在大剂量高剂量率下，剂量响应曲线可能呈线性二次形状，而多次小剂量的照射可以使得响应效果大大降低。

③ 受照条件。受照条件包括照射方式、照射部位及照射面积等。照射方式分为外照射和内照射，在外照射的情况下，当人体受穿透力强的辐射（X、γ、中子射线）照射一定剂量时，可造成深部组织和器官的辐射损伤，放射性核素进入体内能造成内照射危害。内照射剂量的大小与进入体内的核素性质、进入途径及在器官中的沉积量有关。在相同的剂量照射下，受照面积愈大，产生的损伤愈大。根据随机性效应的线性无阈假设，即使在剂量很低的情况下也存在着一定的辐射损伤的危险，因此，一切不必要的照射都应该避免。

## 2.4.5　辐射防护的原则

（1）辐射实践的正当性

任何伴随有辐射危害的实践都要进行代价与利益的分析。只有当社会和人从中获得的利益超过所付出的代价（包括防护费用的代价和健康损害的代价）时，才能进行该项实践。辐射实践的正当性又称为合理化判断。

（2）辐射防护的最优化

只要一项实践被判断为正当的，并已给予采纳，就需要考虑如何最好地使用资源来降低对个人与公众的辐射危害。辐射防护的最优化就是在考虑了经济和社会因素后，保证个人剂量的大小、受照射人数及不一定受到但可能遭受的照射，全部保持在可以合理做到的尽量低的水平。

（3）个人剂量限值

在实施上述两项原则时，要同时保证个人所受的当量剂量不超过规定的相应限值，也就是把职业性照射 20 mSv/a 和公众的 1 mSv/a 的限值（表 2.6）作为最优化的剂量约束值。

以上三原则，构成一体，不可分割。

表 2.6　ICRP 建议的剂量限值

| 应用 | 剂量限值 | |
| --- | --- | --- |
| | 职业 | 公众 |
| 连续 5 年的有效剂量 | 20 mSv/a | 1 mSv/a |
| 连续 5 年的当量剂量 | | |

续表

| 应 用 | 剂量限值 | |
|---|---|---|
| | 职业 | 公众 |
| 眼晶状体 | 150 mSv | 15 mSv |
| 皮肤 | 500 mSv | 50 mSv |
| 手足 | 500 mSv | |

## 参考文献

[1] 李星洪. 辐射防护基础 [M]. 北京: 原子能出版社, 1982.

[2] 汤彬, 葛良全, 方方. 核辐射测量原理 [M]. 2版. 哈尔滨: 哈尔滨工程大学出版社, 2022.

[3] 卢希庭. 原子核物理 (修订版) [M]. 北京: 原子能出版社, 2000.

[4] 王炎森, 史福庭. 原子核物理学 [M]. 北京: 原子能出版社, 1998.

## 思考题

2-1　为什么原子核具有自旋？ 如何正确理解原子核的自旋概念？

2-2　什么是原子光谱？

2-3　1 g 天然 K 每分钟衰变多少个 $^{40}K$ 的原子？ 已知 $t_{1/2} = 1.28 \times 10^9$ a，自然界的丰度为 $1.18 \times 10^{-4}$。

2-4　从 1 t 40% 的沥青铀矿（$U_3O_8$）中可以分离出多少克镭？

2-5　已知 $^{224}Ra$ 的半衰期为 3.66 天，一天和十天分别衰变了多少份额？ 若开始有 1 mg，分别衰变了多少个原子？

2-6　已知 $^{222}Rn$ 的半衰期为 3.842 d，1 μCi 和 $10^3$ Bq 的 $^{222}Rn$ 的质量分别是多少？

2-7　已知 $^{210}Po$ 的半衰期为 138.4 d，1 μg 的 $^{210}Po$ 放射性活度为多少 Bq？

2-8　中子束照射 $^{197}Au$ 生成 $^{198}Au$，已知的半衰期为 2.696 d，照射多久才能达到饱和放射性活度的 95%？

2-9　试由质量亏损求出下列核素的结合能与比结合能：$^2H$、$^{40}Ca$、$^{197}Au$ 和 $^{252}Cf$。

2-10　任何递次衰变系列在时间足够长以后，将按照什么规律进行衰变？

2-11　为什么在三个天然放射系中，没有 $\beta^+$ 放射性和 EC 放射性？

2-12　为什么能量低于 2 MeV 的 α 粒子放射性很难被探测到？

2-13　利用核素质量，计算 $^3H \longrightarrow ^3He$ 的 β 谱的最大能量 $E_m$。

2-14　如何理解能谱的硬化？

2-15　沿墙壁露出一段长度为 1.2 m，截面积为 5 $cm^2$ 的直行管道，其中有浓度为 $1.1 \times 10^7$ $Bq/cm^3$ 的 $^{60}Co$ 溶液流动着，试求出与管轴线中点垂直距离为 2 m 处的照射量率。 已知 $\Gamma = 2.503 \times 10^{-18}$ C·$m^2$/(kg·s)。

# 第 3 章

# 放射化学分离方法

## 导言：

学习目标：理解放射化学分离有关概念；掌握沉淀分离法的原理；掌握萃取剂的分类及其特点；掌握离子交换剂的分类及其特点；掌握吸附原理及其模型。

重点：常用的放射化学分离方法，熟悉其原理并掌握相关概念。

放射化学分离是放射化学的一个重要分支和核科学的重要组成部分，是研究放射性元素的基本方法。放射性核素分为天然放射性核素和人工放射性核素。放射性核素需要在较高浓度时测量，然而，放射性核素又常常与非放射性核素共存，其浓度往往还很低。因此，研究人员在研究某一种放射性核素前，需要对放射性核素进行分离和富集。

放射化学分离是指将样品中需要的组分与其他不需要的组分分开。研究人员希望两相中一相仅含有所需组分，另一相中仅含有不需要组分。然而，这是不可能做到的。纯度再高的物质中也总会有杂质，只是杂质的多少不同。分离的原理有平衡分离过程和速率控制分离过程两类。前者通过在两相平衡时含量不同来分离，后者通过传递速率不同来分离。由于需要分离的放射性物质含量大都很低，体系也复杂，这就对分离方法提出了特殊的要求。随着现代科学技术的发展，分离手段也越来越先进，当前已建立了很多高效、快捷、简便的新方法，但目前被广泛采用的仍然是沉淀法、溶剂萃取法、离子交换法、吸附法等分离方法。

## 3.1 放射化学分离的特点

### 3.1.1 表征分离的参数

（1）分离因数

分离因数是表征两相中所需组分 A 与不需要组分 B 含量比差别的系数，可以用 $\alpha$ 表示：

$$\alpha_{A/B} = \frac{[A]_1/[B]_1}{[A]_2/[B]_2} \tag{3.1}$$

式中，$[A]_1$ 和 $[A]_2$ 表示 A 在相（1）和相（2）中的平衡浓度。$[B]_1$ 和 $[B]_2$ 表示 B 在相（1）和相（2）中的平衡浓度。从式(3.1) 中可以看出，若 $\alpha=1$，则两种物质无法分离。$\alpha$ 越大于 1 或越小于 1，分离效果越好。

（2）回收率

回收率表示样品经过分离后，回收某组分的完全程度，可以用 $R'$ 表示：

$$R'_i = \frac{Q_i}{Q_i^0} \tag{3.2}$$

式中，$Q_i^0$ 为样品中该组分的总量；$Q_i$ 为分离后得到的组分的量。

（3）富集系数

富集系数表示所需组分和不需要组分的回收率之比，用 $S$ 表示：

$$S_{A/B} = \frac{Q_A/Q_A^0}{Q_B/Q_B^0} \tag{3.3}$$

（4）净化系数

净化系数也称为去污系数，表示分离对某种放射性杂质的去除程度，数值上等于富集系数，可用下式表示：

$$DF = \frac{Q_B^0/Q_A^0}{Q_B/Q_A} \tag{3.4}$$

去污系数愈高，则测定的欲分离核素放射性活度值就愈可靠。一般要求 $DF$ 高于 $10^3$。

## 3.1.2 放射性物质的纯度以及鉴定

在放射化学中，研究人员关心的是分离后放射性物质的纯度，是通过测量放射性活度来分析的。所以在放射化学中引入了以下概念。

（1）放射性核素纯度

放射性核素纯度是指含有某种核素的放射性活度与物质中总放射性活度的比值。

（2）放射化学纯度

放射化学纯度简称放化纯度，指某种特定的化学形态的放射性核素占总放射性核素的比例（%）。

显然，放射性核素纯度和放射性物质与非放射性杂质的相对量无关。因此，除了测量放射性杂质所占比例外，还需要对样品中所需放射性核素与稳定核素之间的相对含量有所要求，因此，引入以下放射性比活度和放射性浓度。

（3）放射性比活度

放射性比活度是指单位质量样品中或每摩尔某化合物中所含某核素的放射性活度，常用单位有 Bq/g、Bq/mg、Bq/moL、Bq/mmoL 等。

（4）放射性浓度

针对液体放射性样品来说，利用放射性浓度（$C$）表示其放射性比活度。即放射性浓度是指单位体积样品中所含某核素的放射性活度。

$$C = A/V \tag{3.5}$$

式中，$A$ 为放射性活度；$V$ 为体积。$C$ 单位为 Bq/L 或 Bq/mL。

### 3.1.3　载体和反载体

在放射化学中，载体是指通过某些常量元素载带某种微量放射性核素共同参与某化学或物理过程。广义地说，凡能从溶液中载带微量放射性核素的常量物质都可称为载体。载体有两类：一是放射性核素的稳定同位素（如 $^{127}I$ 对放射性的 $^{131}I$），称为同位素载体；二是放射性核素的化学类似物（如 Ba 对放射性的 Ra），称为非同位素载体。

在放射化学分离体系中，除了需要被分离的放射性核素外，还同时存在其他放射性杂质核素。为了减少分离过程对这些杂质核素的载带，除了加入载体之外，还必须加入这些杂质核素的稳定同位素或化学类似物，以减少它们对被分离核素和器皿的污染，即起反载带作用，这类稳定同位素或化学类似物称为反载体或抑制载体。例如，在用 $MnO_2$ 从 $^{95}Zr$-$^{95}Nb$ 体系中吸附分离 $^{95}Nb$ 时，先往溶液中加入少量稳定的锆盐，可减少 $^{95}Zr$ 的污染，这里所加入的锆盐就是反载体。

## 3.2　共沉淀法

共沉淀法对放射化学的发展起到十分重要的作用，居里夫妇就用这种方法分离得到了钋和镭。共沉淀法存在以下缺点：分离效率差、废液量大、化学收率低、操作烦琐等。这些缺点导致共沉淀法难以在工业规模投入生产，逐渐被溶剂萃取和色谱等方法取代。但是，共沉淀法也具有以下优点：操作方法和设备简单、对微量物质浓集系数高、可用于直接制源等。因此，其在环境样品和生物样品等的放射化学分析、放射性废水处理中有着广泛的应用。

### 3.2.1　沉淀分离法原理

沉淀分离法是向待分离的溶液中加入沉淀剂，使其中某一组分以一定组分的固相析出的方法。

沉淀的溶解度与环境条件有关。溶解度会因为共同离子的过量存在而减小，当溶液中加入过量的其他离子时，溶解度却会增加。如果加入能和沉淀形成配合物的配位剂，沉淀的溶解度增大，甚至已经形成的沉淀还会溶解。若在水溶液中加入乙醇、丙酮等有机溶剂，通常会降低无机盐的溶解度。这是因为金属离子对有机溶剂的溶剂化作用小，以及有机溶剂的介电常数低。

沉淀法的优点是方法简单、费用少，缺点是多数金属不是非常有效、需时较长。在放射化学中，放射性物质通常含量很少，不能单独形成沉淀，为此，常常通过共沉淀法得到放射性组分。

### 3.2.2 共沉淀法概述

共沉淀法是利用微量物质随常量物质一起生成沉淀来进行分离、富集和纯化微量物质的一种方法。共沉淀过程示意图如图 3.1 所示，$Pd^{2+}$ 附着在 $CaCO_3$ 沉淀的表面，形成共沉淀。

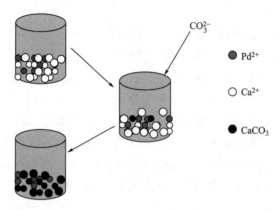

图 3.1 共沉淀过程示意图

形成混晶的例子是 $BaSO_4$-$RaSO_4$，微量组分在常量组分中的分配符合均匀分配定律

$$\frac{x}{y} = D\frac{a-x}{b-y} \tag{3.6}$$

也可以服从对数分配定律

$$\ln\frac{a-x}{x} = \lambda\ln\frac{b-y}{y} \tag{3.7}$$

式中，$x$ 和 $y$ 分别为微量和常量组分在析出晶体中的量；$a$ 和 $b$ 分别为微量和常量组分在原始溶液中的量；$D$ 和 $\lambda$ 为常数，$D$ 为均匀分配系数，$\lambda$ 为对数分配系数。

实现均匀分配是比较困难的，这是因为沉淀过程需要很缓慢，从而使整个固液两相达到热力学平衡。而实现非均匀分配是使每一层晶体和溶液达到平衡，但是整个体系还没有达到平衡。图 3.2 为不同 $\lambda$ 和 $D$ 值时的共沉淀图，由图可知：对于均匀分配定律来说，$D$

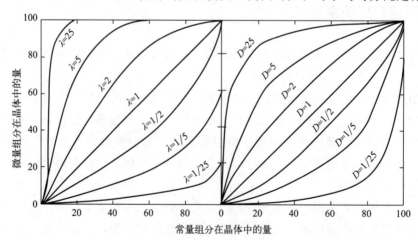

图 3.2 不同 $\lambda$ 和 $D$ 值时的共沉淀

＞1 时，微量组分在晶体中得到富集，当 $D<1$ 时，微量组分在溶液中得到富集；对于对数分配定律，$\lambda>1$ 时，微量组分主要在沉淀初期析出，而 $\lambda<1$ 时，微量组分主要在沉淀后期析出。

这说明以下两个问题：

① 只要结晶系数足够大，部分常量组分的析出可载带绝大部分的微量组分；

② 同样的结晶系数，对数分配时的浓集效果要比均匀分配时大。

共沉淀法可分为无机共沉淀法和有机共沉淀法两类。共沉淀的机制主要是形成混晶、表面吸附及生成化合物等。

无机共沉淀法分为结晶共沉淀法和表面吸附共沉淀法。无机共沉淀剂的类型和优缺点如表 3.1 所示。沉淀剂的选择性与许多因素有关：①与微量组分所形成的化合物的溶解度有关，溶解度愈大，愈难被载带；②与吸附剂表面所带电荷符号及数量有关，当微量组分所带电荷符号与沉淀的相反时，载带量大，因此，pH 值及其他电解质的存在将有明显影响；③与无定形沉淀表面积的大小有关，表面积愈大，载带量愈大。

表 3.1　无机共沉淀剂

| 共沉淀方式 | 共沉淀载体 | 沉淀剂 | 优缺点 |
|---|---|---|---|
| 表面吸附共沉淀法 | 氢氧化物 | $Fe(OH)_3$、$Al(OH)_3$、$La(OH)_3$、$Zr(OH)_3$ 等 | 选择性较差，吸附多种放射性物质，价格低廉，广泛用于放射性废水和污染饮水的净化 |
| | 硫化物 | PbS、CdS 和 $SnS_2$ 等 | |
| | 磷酸盐 | 磷酸钛、磷酸钙、磷酸镧等 | |
| | 其他盐类 | 硫酸盐、草酸盐 | |
| 结晶共沉淀法 | | $CaCO_3$、$BaCO_3$ 等 | 选择性较高、分离效果较好，用于微量放射性核素的分离 |

有机共沉淀法分为形成离子缔合物、惰性共沉淀和胶体的凝聚。有机共沉淀法是把溶液中的无机离子转化为疏水性的离子或化合物，然后再选择适当的有机化合物作载体将它们载带下来。有机共沉淀剂如表 3.2 所示。

表 3.2　有机共沉淀剂

| 共沉淀方式 | 载体 | 共沉淀的离子或化合物 |
|---|---|---|
| 离子缔合物 | 甲基紫(甲基橙、酚酞)卤离子、$NH_4SCN$ 溶液 | $Zn^{2+}$、$Co^{2+}$、$Hg^{2+}$、$Cd^{2+}$、$Mo(Ⅵ)$ |
| 惰性共沉淀 | 二苯硫腙＋酚酞 1-亚硝基-2-萘酚＋萘酚 | $Ag^+$、$Co^{2+}$、$Cd^{2+}$、$Ni^{2+}$、$Cu^{2+}$、$Zn^{2+}$ |
| 胶体的凝聚 | 动物胶、辛可宁、鞣质 | 钨酸、铌酸、钽酸 |

## 3.2.3　共沉淀法的应用

共沉淀法是目前分离富集微量放射性物质的常用方法之一，它主要应用在以下几个方面：

（1）环境和生物样品中放射性核素的监测

共沉淀法广泛应用于环境和生物样品的放射化学分析。例如：测定环境和生物样品中的 $^{60}Co$ 含量时，研究人员首先利用稳定钴作载体，亚硝酸钾作沉淀剂，生成亚硝酸钴钾沉淀；然后将亚硝酸钴钾沉淀进一步纯化；最后测定 $^{60}$Co 的 β 放射性，即求得样品中的 $^{60}$Co 的比活度。

（2）核燃料的生产和放射性核素的分离

共沉淀法广泛应用于核燃料生产和放射性核素的分离工艺。例如：放射性核素 $^{140}$Ba-$^{140}$La 的分离，研究人员首先利用 $Fe^{3+}$ 作载体，稳定钡作反载体，加入氨水，生成 $Fe(OH)_3$ 沉淀，$^{140}$La 被沉淀载带下来；然后将沉淀溶解，再次进行沉淀，从而去除第一次沉淀所吸附的 $^{140}Ba^{2+}$；最后用乙醚萃取 $Fe^{3+}$，使之与 $La^{3+}$ 进行分离，即可得到无载体的 $^{140}$La。

（3）放射性废液的处理

共沉淀法是清除放射性废液中的放射性物质的常用方法。通过共沉淀法使废液中放射性物质的含量达到国家所规定的容许排放范围之内。共沉淀法是处理大体积低放射性废水的有效方法，广泛应用于涉核企业所产生的低放射性废液。这些废液的成分往往比较复杂，体积很大。例如：$Al(OH)_3$ 和 $Fe(OH)_3$ 吸附共沉淀法就是常用的放射性废水化学处理法。这种方法是先往废水中加入铝盐或铁盐，再加入 $CaO$、$Na_2CO_3$ 或 $NaOH$ 等提高溶液的 pH 值，从而生成 $Al(OH)_3$ 和 $Fe(OH)_3$ 沉淀。这种沉淀呈疏松的絮状，有很大的比表面积，除了对碱金属和某些情况下的碱土金属吸附效果较差外，对废水中的多种放射性核素的吸附效果都比较好，净化效果较好。

共沉淀法也可以应用于饮用水中的放射性物质的净化。常常利用铝、铁和氢氧化物或磷酸盐的吸附共沉淀除去污染物。例如：将白陶土 1 g、高锰酸钾 64 mg、硫酸亚铁 200 mg、漂白粉（按有效氯记）100 mg，加到 1 L 被放射性核素污染的饮水中，搅拌 5 min，静止 3～5 min，再加一片饮水消毒片处理，沉淀分离后的水即可饮用。

此外，有些促排药物也是根据共沉淀原理来消除体内放射性核素的，如用亚铁氰化盐与放射性铯形成共沉淀来促排体内的 $^{137}$Cs 等。

## 3.2.4　晶核的生成和生长

不溶物从溶液中析出时，主要包括 2 个过程：晶核的生成和生长过程。沉淀颗粒的大小与晶核的生成速率和生长速率有关。若前者较大，沉淀由大量的小颗粒组成；反之，沉淀是由颗粒数较少的完好晶体组成。

关于晶核生成的动力学，一般认为任何固体溶液在某一溶剂的过饱和溶液中，都不是完全均匀的，在溶液中不同部位、不同时间都会有离子聚集体形成。假如硫酸钡是强电解质，其过饱和溶液完全溶解，硫酸钡聚集体的形成过程如下式所示：

（a）$Ba^{2+} + SO_4^{2-} \Longleftrightarrow \{BaSO_4\}$ 二聚体

（b）$BaSO_4 + SO_4^{2-} \Longleftrightarrow [Ba(SO_4)_2]^{2-}$ （三聚体）

（c）$BaSO_4 + Ba^{2+} \Longleftrightarrow (Ba_2SO_4)^{2+}$ （三聚体）

（d）$(Ba_2SO_4)^{2+} + SO_4^{2-} \Longleftrightarrow Ba_2(SO_4)_2$ （四聚体）

（e）$[Ba(SO_4)_2]^{2-} + Ba^{2+} \Longleftrightarrow Ba_2(SO_4)_2$ （四聚体）

（f）$Ba_2(SO_4)_2 + Ba^{2+} \Longleftrightarrow Ba_3(SO_4)_2^{2+}$ （五聚体）

一个晶核是一个一定大小的聚集体，这是晶体的初胚。晶核的形成过程包括均相成核和异相成核。一般情况下都是异相成核，这是因为晶核内无可避免地混有不同数量的固体微粒或者微溶性杂质。异相成核就是指这些外来粒子起晶种的作用，使晶核能在过饱和中生成。而且，异相成核过程几乎是不可避免的。

## 3.3　溶剂萃取法

溶剂萃取法又称液-液萃取法，是分离微量物质的一种方法。溶剂萃取法分离微量物质具有方法简便、分离迅速、选择性好、回收率高、分离效果佳、设备简单、操作简便等优点。但溶剂萃取法也具有易挥发、易燃、有毒、价格较贵、回收困难等缺点。因此，溶剂萃取法适用于短寿命放射性核素的分离、制备无载体放射性物质以及从大量杂质中有效地分离微量放射性核素，在工业生产中易实现连续操作和远距离自动控制。

### 3.3.1　萃取机制

萃取是指被萃取物在两相中的溶解度不同，使物质从一种溶剂内转移到另外一种溶剂中。萃取机制如图3.3所示。研究人员主要研究萃取剂与被萃取物间相互作用的机制以及萃取过程的规律。在萃取过程中，大多数被萃取物由亲水性转为疏水性可萃取物（萃合物）。例如，用磷酸三丁酯（TBP）萃取铀（Ⅵ）时，亲水性的 $UO_2^{2+}$ 将转化为疏水性的 $UO_2(NO_3)_2 \cdot 2TBP$ 进入有机相。

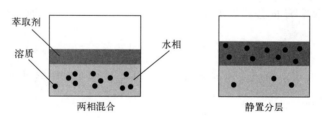

图 3.3　萃取机制示意图

### 3.3.2　萃取基本概念

（1）萃取剂

能与被萃取物生成可溶于有机相的化合物的组分叫作萃取剂。

（2）稀释剂

为了改善萃取剂的某些物理性质而加入的有机溶剂叫稀释剂，其是能与萃取剂完全互溶的惰性溶剂，在萃取过程中不参与反应。

（3）反萃取、反萃取剂、污溶剂

反萃取是萃取过程的逆过程。通常是指使被萃取的物质从有机相返回水相的过程。使被萃取物质从有机相返回水相（溶于水相或沉淀出来）的试剂称为反萃取剂。反萃取后的有机相叫作污溶剂。污溶剂经过适当处理后又可当作萃取剂使用。

（4）洗涤

在萃取过程中，一些杂质会被一起萃取。为了提高去污效果，用一定组成的水溶液对萃取液进行洗涤，把杂质部分或全部反萃到水相中去，能萃取杂质，而又基本不使被萃取物反萃下来的水溶液叫作洗涤剂。

（5）相比

在萃取过程中，在某一萃取单元内（萃取、反萃取、洗涤等），将有机相与水相的体积比称为相比，通常用 $R$ 表示。

（6）萃取率

萃取率（$E$）是指经萃取而进入有机相的被萃取物的量占总量（即原始料液中被萃取物的量）的比例，可用下式表示：

$$E = \frac{被萃取到有机相中的萃取物的量}{两相中被萃取物的总量} \times 100\% \qquad (3.8)$$

萃取率表示萃取的程度大小。当达到萃取平衡时，$E$ 与分配系数 $D_{萃}$ 有如下关系：

$$E = \frac{D_{萃} R}{D_{萃} R + 1} \times 100\% \qquad (3.9)$$

式中，$R$ 为相比。

由式（3.9）可知，相比 $R$ 增大，萃取率即可提高，但随着 $D_{萃}$ 的增大，$R$ 的影响相应减小；当相比一定时，只要知道 $D_{萃}$ 的值，即可计算萃取率。

$R = 1$ 时，萃取率 $E$ 的公式如下所示：

$$E = \frac{D_{萃}}{D_{萃} + 1} \times 100\% \qquad (3.10)$$

此外，增加萃取次数和相比均可提高萃取率。萃取率和分配系数、相比之间的关系可通过如下公式来计算：

$$E = \left(1 - \frac{1}{D_{萃} R + 1}\right) \times 100\% \qquad (3.11)$$

则一次萃取的萃取率为 $E_1$，水相中残留被萃取物的比例 $r$ 为：

$$r = 1 - E_1 = \left(1 - \frac{D_{萃} R}{D_{萃} R + 1}\right) \times 100\% = \frac{1}{D_{萃} R + 1} \times 100\% \qquad (3.12)$$

经 $x$ 次萃取后，被萃取物的 $E_{x,总}$ 及在水相中的残留比例 $r_x$ 为：

$$E_{x,总} = \left[1 - \left(\frac{1}{D_{萃} R + 1}\right)^x\right] \times 100\% \qquad (3.13)$$

$$r_x = \left(\frac{1}{D_{萃} R + 1}\right)^x \times 100\% \qquad (3.14)$$

有机溶剂的总用量一定时，分多次萃取的总萃取率比用总量一次萃取的要高。但是，并非萃取次数越多越好，随着萃取次数的增加，杂质的萃取量也增加，净化系数和产品的纯度就会下降。因此，需要根据实际情况决定有机溶剂总用量和萃取次数。

### 3.3.3　萃取剂的种类

根据萃取机制的不同，萃取剂的种类可大致归纳如图 3.4 所示。

① 惰性萃取剂是指不和被萃取物发生任何化学反应的萃取剂。被萃取物在两相中均以中性分子形式存在，并按溶解度大小进行分配，它是一种简单的物理分配过程。常见的有四氯化碳、氯仿、己烷、煤油、苯等。

② 中性含氧萃取剂是指在较高酸度下与水合氢离子结合，生成𨦬离子，再与水相中的金属络阴离子发生离子缔合反应，生成易溶于有机相的𨦬盐络合物而被萃取。酮类、醚类、醇类、醛类、羧酸类和酯类等具有一定极性的含氧有机化合物均属此类，常见的有甲基异丁基酮、乙醚、乙酸乙酯等。这类萃取剂称为𨦬盐萃取，其总反应式如下：

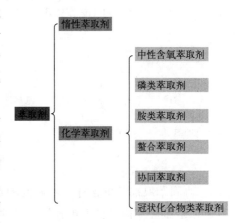

图 3.4　萃取剂的分类

$$MX_{n水相} + HX_{水相} + R_2O_{有机相} \rightleftharpoons \left[ (R_2O \cdot H)^+ (MX_{n+1})^-_{有机相} \right] \tag{3.15}$$

式中，M 为 $n$ 价阳离子，X 为一价阴离子。

中性含氧萃取剂的优点是选择性较高，价廉易得；缺点是易挥发，易燃，萃取能力较弱，水相酸度要求高。因此中性含氧萃取剂在应用中受到了限制。

③ 磷类萃取剂是指 $(OH)_3PO$ 中羟基被取代的过程。其中，磷酸分子中的三个羟基全被烷基酯化或取代所生成的化合物是中性磷类萃取剂，一个或两个羟基被烷基酯化或取代所生成的化合物是酸性磷类萃取剂。磷酸三烷基酯 $(RO)_3PO$（如 TBP）和三烷基氧化膦 $R_3PO$ ［如三辛基氧化膦（TRPO）］最为常用。这类萃取剂由于能与金属离子或分子生成难溶于水而易溶于有机相的中性配合物而被萃取，因而称之为中性配合物萃取剂。中性萃取剂的优点是选择性高、萃取能力较强、挥发性小、化学稳定性和耐辐射性能均较好，但萃取时要求水相有较高的酸度和适宜的酸类。这类萃取剂在核燃料生产以及环境和生物样品放射性核素分析等方面常被采用。此外，还有一类含磷酰基和酰氨基的双配位基中性磷类萃取剂，它在三价或更高价态的锕系、镧系元素富集及环境和生物样品分析等方面显示了很大的优越性。酸性磷类萃取剂在微量放射性核素的分离以及环境放射性监测中常被采用，其优点是萃取率高、分离系数大、挥发性小、耐辐照、价格较便宜，但对水相介质酸度控制要求严格。

④ 胺类萃取剂是指氨分子 $NH_3$ 中三个氢原子部分或全部为烷基取代后生成的伯胺、仲胺、叔胺以及季铵盐，其中最常用的有高分子量的叔胺如三正辛胺（TNOA 或 TOA）、三异辛胺（TIOA）、三月桂胺（TLA）、混合三脂肪胺（N-235）和季铵盐如混合季铵盐（N-263）等。胺类萃取剂由于能与无机酸形成铵盐，这些铵盐中的阴离子可与水相中的金属配阴离子发生交换，生成铵盐配合物（离子缔合物），使之进入有机相，因而称之为铵盐萃取或阴离子交换萃取。胺类萃取剂的选择性较高，常用于复杂体系以及性质相近的放

射性核素的分离。

⑤ 螯合萃取剂能与水相中的金属阳离子结合成疏水的电中性环状螯合物，因而被称为螯合萃取。常见的有 β-二酮、8-羟基喹啉及其衍生物、双硫腙类、萘酚类等。优点是选择性高，分离效果好。缺点是萃取容量较小，价格昂贵，萃取速率慢，对水相介质 pH 值要求严格，反萃取比较困难等。图 3.5 为螯合萃取剂萃取 Am 的过程。

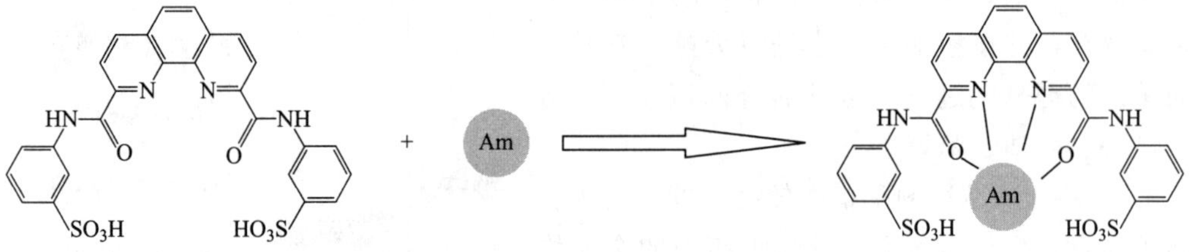

图 3.5　螯合萃取剂萃取 Am

⑥ 协同萃取剂是指含有两种或两种以上的萃取剂，使被萃取物的分配系数显著大于每一种萃取剂在相同条件下单独使用时的分配系数之和，即协萃系数 $SF>1$，则这种现象称为协同萃取效应。具有协同萃取效应的萃取剂称为协同萃取剂。协同萃取剂之所以能提高被萃取物的分配系数，主要是它们能与金属离子生成一种配位数饱和、疏水性更强的电中性协萃络合物。协同萃取剂特别适用于单一萃取剂萃取率不佳的体系。

⑦ 冠状化合物类萃取剂是一类大环聚醚，主要包括冠醚和穴醚。冠醚是由三个以上（$CH_2—O—CH_2$）单元组成的单环聚醚；穴醚是在醚环上有两个氧原子被氮原子取代并连接起来的二环聚醚。

这类萃取剂的主要优点是有较高的选择性，特别是对碱性金属离子。其缺点是合成困难、价格昂贵、有毒性。冠状化合物是一种新型萃取剂，目前它不仅已成功地用于碱金属和碱土金属的分离，而且在同位素分离方面的应用也受到重视。

### 3.3.4　影响萃取效果的因素

影响萃取分离效果的因素有很多，例如萃取剂和稀释剂的性质及比例，水相介质的组成、温度、相比、萃取时间和次数、洗涤剂和反萃取剂的性质与使用条件等。下面分别讨论这些影响因素。

（1）萃取剂和稀释剂的选择

萃取剂是核燃料后处理工艺流程中的核心问题之一。溶剂的性能直接影响到萃取分离过程的金属收率、净化效果及过程的操作性能。因此，对萃取剂主要有如下要求：

①对于被萃取物有良好的选择性，反应速率快，能有效地分离铀、钚和裂变产物；②萃取能力强，又有利于反萃取，从而提高铀、钚的回收率；③黏度小，相分离和流动性能好，不易形成第三相或发生乳化；④具有较高的热稳定性、化学稳定性和辐照稳定性；⑤闪点高、沸点高、挥发性小、无毒或毒性低，便于安全操作；⑥与水不互溶，以减少铀、钚和萃取剂的损失以及缓解废液处理的困难；⑦溶剂易于净化和再生，以便回收使用；⑧价格低廉，易于回收；⑨溶剂在萃残液中的溶解度很低。

当然，要完全满足上述条件是困难的，通常只能根据实际情况加以选择。

稀释剂的作用主要是改善萃取剂的物理化学性能。因此对稀释剂主要要求如下：黏度小，与水的相对密度差别大，挥发性低，与水溶液的互溶性小，且有利于萃合物进入有机相等。

（2）水相的选择

水相的主要作用是对被萃取物的萃取率高，而对杂质的分配系数要小，从而达到较高的萃取率和净化系数。水相组成对结果的影响较大，因此，对水相组成的选择主要有如下方面：

① 酸度和酸类：水相酸度对分配系数的影响很大。一般来说，对放射性物质的萃取在酸度较高时较为有利，随着水相酸度上升，分配系数下降。在实验中，萃取剂适宜的水相酸度，可以通过实验来求得。此外，水相中的酸类不同，也会影响萃取剂的萃取能力。在放射化学分离中，常用的是硝酸和盐酸体系。

② 掩蔽剂：一种能够防止性质相近的元素或者某些共存干扰元素的萃取的物质称为掩蔽剂。例如，在用分光光度法测定环境水中的微量铀时，水中的锆等杂质离子会干扰测定。因此，在用 TBP 萃取分离铀（Ⅵ）时，可以加入 EDTA 作掩蔽剂，使之与锆等杂质离子络合，生成稳定的亲水性络合物而不被萃取，但它并不影响铀（Ⅵ）的萃取。

③ 盐析剂：既不会被萃取，又不与被萃取物发生反应，但可提高被萃取物的萃取率的盐类称为盐析剂，这种作用称为盐析作用。盐析剂常用于含氧类、中性磷类、胺类及冠状化合物等萃取剂的萃取分离中。

④ 被萃取物的价态：萃取时的分配系数随着萃取物的价态改变而变化。因此，可以通过控制水相中各种物质的价态来实现分离。

（3）萃取次数和相比的选择

萃取次数和相比大小可以通过实验来确定。在确定萃取次数和相比时，需要考虑萃取率、分离系数和分离操作。在实验操作时，相比以 0.5～2 为宜，萃取次数以 1～3 次为宜。这是因为若相比选择过小，则难以实现有机相和水相的充分混合，导致萃取率大大下降；若萃取次数过多，则操作麻烦。相反，如果相比过大，则有机相体积过大，被萃取物在有机相中的浓度会大大下降，而且还增加了有机试剂的消耗量。

（4）洗涤液和洗涤次数的选择

洗涤的目的是除去萃入有机相中的杂质。通常，采用与萃取条件大致相同的水相或对杂质选择性强的络合剂来洗涤。另外，洗涤次数也影响净化效果，洗涤次数增多，去污效果提高，但回收率会有所下降。因此，洗涤次数的选择须兼顾净化效果和回收率。

（5）反萃取剂的选择

反萃过程是使萃合物由疏水性物质转变成亲水性物质的过程。因此，最理想的反萃取剂是能将被萃取物全部反萃到水相，而杂质保留在有机相，这样可以兼顾回收率和净化效果。

在实验中，常常用水作反萃取剂。但对易水解的金属离子，则需要控制适宜的酸度，以防止水解；对于稳定性极高的萃合物，可以在反萃取剂中加入某些氧化还原剂，从而改变被萃取物的价态，提高反萃效果。

（6）萃取设备的选择

在放射化学实验室中，溶剂萃取设备比较简单，例如离心萃取管和分液漏斗。操作方式是将一定体积的溶液和有机溶剂置于离心萃取管或分液漏斗中剧烈振荡至萃取达到平衡为止，然后离心或静置分相，但这种单级萃取的分离效果较差。近年来发展了在色谱柱、纸和薄层上进行操作的反相萃取色谱法，可提高萃取分离效果。

在工业生产中，常采用脉冲萃取塔、混合澄清槽和离心萃取器等多级逆流连续萃取装置。由于这些萃取设备能使两相得到充分接触，大大提高了萃取分离效果。

## 3.4　离子交换法

### 3.4.1　基本原理

离子交换法是利用某些固体物质中的可交换离子与溶液中的离子之间发生交换反应来进行分离的一种方法。具有这种交换能力的固体物质称为离子交换剂，这种交换反应称为离子交换反应，其原理见图 3.6。

例如，高价阳离子 $M^{n+}$ 与氢型阳离子交换树脂 RH 之间，可发生如下交换反应：

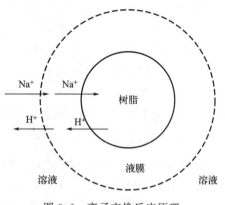

$$RH_{(固)} + \frac{1}{n}M^{n+}_{(液)} \Longrightarrow \frac{1}{n}R_n M_{(固)} + H^+_{(液)}$$

$$(3.16)$$

影响离子交换亲和力的因素很多，主要是离子的电荷数 $Z$ 和离子的水化离子半径 $r_{水}$。电荷数 $Z$ 越大，水化离子半径 $r_{水}$ 越小，则亲和力越大。在常温和低浓度的水溶液中，离子交换亲和力随被交换离子电荷数 $Z$ 的增大而增大。

图 3.6　离子交换反应原理

### 3.4.2　离子交换基本概念

#### 3.4.2.1　交联剂和交联度

交联剂是指能将有机分子单体连接起来，形成离子交换树脂聚合物的物质。交联剂在单体总量中所占的质量分数称为交联度，在普通商用离子交换树脂的牌号上都标有交联度，交联度一般在 4～12 之间。

#### 3.4.2.2　交换容量

离子交换树脂的交换容量是树脂最重要的性能指标。由于树脂的交换容量与离子交换反应条件有关，因此有几种不同的交换容量概念。

（1）理论交换容量（总交换容量）

理论交换容量指单位量（质量或体积）离子交换树脂中能进行离子交换反应的交换基团的总数（mmol），它实际是树脂交换容量的理论值或最大值。树脂的单位量用 1 g 表示，称为质量理论交换容量。树脂的单位量用 1 mL 表示，称为体积理论交换容量。

（2）工作交换容量

工作交换容量是指在一定的工作条件下，离子交换树脂对离子的交换吸附能力。在柱式操作中，被吸附离子在流出液中的浓度达到规定的穿透浓度时，树脂所达到的交换容量即为工作交换容量。饱和交换容量是动力学意义上的工作交换容量，它与具体的操作条件和离子交换反应速度有关。

（3）穿透交换容量

穿透交换容量不仅与具体的操作条件和离子交换反应速率有关，而且与穿透浓度的规定值有关。在柱式操作中，被吸附离子在流出液中的浓度与流入液中的浓度相等时，树脂所达到的交换容量即为穿透交换容量。

（4）再生交换容量

再生交换容量指在指定的再生剂（或解吸剂）用量相同条件下测定的树脂交换容量。再生交换容量与再生剂的用量有关，在实际使用时，从经济原因考虑一般不要求树脂达到完全再生（或解吸）。

## 3.4.3 离子交换剂的种类

离子交换剂种类很多，大致可分为无机离子交换剂和有机离子交换剂，它们又各自有天然和人工合成两种。任何离子交换剂，按化学结构而言，都是由两部分组成，一部分称为骨架或基体，另一部分是连接在骨架上的能发生离子交换反应的官能团。

目前，应用最广泛的是人工合成有机离子交换剂，即离子交换树脂。根据树脂上官能团的类别可将离子交换树脂分为：强酸性阳离子交换树脂（$-SO_3H$）、弱酸性阳离子交换树脂（$-COOH$，$-PO_3H_2$）、强碱性阴离子交换树脂 $[-CH_2-N^+(CH_3)_3Cl，-CH_2-N^+(CH_3)_2(CH_2-CH_2OH)Cl^-]$、弱碱性阴离子交换树脂（$-NH_2$，$-NRH$，$-NR_2$），见图 3.7。根据离子交换树脂的骨架可将树脂分为苯乙烯系、丙烯酸系、酚醛系、环氧系、乙烯吡啶系、脲醛系及氯乙烯系。树脂上的官能团如果是具有螯合能力的胺羧基 $[-N(CH_2COOH)_2]$，这种树脂就称为螯合树脂。如果树脂既有弱酸性又有弱碱性官能团，则称为两性树脂。

树脂的预处理包括研磨、筛分、用去离子水浸泡、漂洗，然后按酸-水-碱（对阴离子交换树脂）或碱-水-酸（对阳离子交换树脂）的程序进行浸泡和洗涤，最后用水洗至中性备用。

在实际工作中，应根据欲分离物质的性质和分离要求来选择树脂的类型及特性（如粒度、交联度等），以获得较好的选择性和较快的交换速率。对于低价金属阳离子，一般选用强酸性阳离子交换树脂；对一些能与阴离子生成金属配阴离子的高价阳离子，则可选用

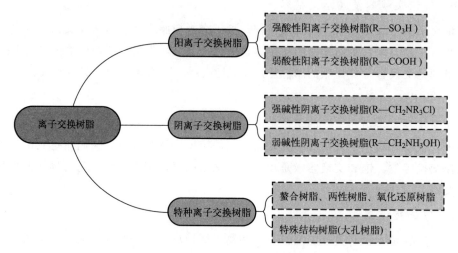

图 3.7　离子交换树脂的分类

强碱性阴离子交换树脂。树脂粒度对离子交换动力学和流体力学均有影响。一般来说，树脂粒度小，则离子交换速率快，柱效率高；但如果粒度过小，则流体力学阻力过大，难以用于常压操作。一般情况下，选用 $0.125\sim0.25$ mm 的树脂粒径为宜。

此外，树脂交联度选择也要适宜。交联度是指树脂中所含交联剂的质量分数。例如，在合成强酸性苯乙烯型阳离子交换树脂时，就是采用二乙烯苯作为交联剂将苯乙烯单体聚合起来的。在国产的树脂型号中，有 $001\times7$ 和 $201\times4$ 型，则分别表示 001 和 201 型树脂的交联度分别为 $7\%$ 和 $4\%$。

## 3.4.4　离子交换法的特点

离子交换法具有许多优点：①选择性高，分离效果好，特别是对相似元素的分离可取得满意的分离效果；②回收率高，这对富集和提取微量元素具有特别重要的意义；③离子交换剂容易制备，种类很多，便于选用，可再生重复使用；④设备简单，操作方便，便于远距离操作和防护。但是该方法也存在一些缺点：①流速较慢，分离时间较长；②离子交换剂的交换容量较小；③有些离子交换剂的热稳定性和辐照稳定性较差，使其应用受到了一定限制。

对离子交换树脂的基本要求：

① 不溶于水，也不会因为被水溶剂化而分解。

② 离子交换树脂的高聚物骨架上应有足够数量的交换基团。在树脂被水溶剂化的条件下，交换基团能电离，生成能自由移动的反离子。

③ 在溶剂化的条件下，树脂内部应当有足够的空间，反离子与外部溶液中相同电荷的离子可以不受阻碍地自由扩散，进行交换。

④ 具有化学稳定性，不溶于无机酸、碱、盐的水溶液，也不溶于各种有机溶剂。

⑤ 具有物理稳定性，有足够的机械强度和使用寿命，能够耐热和耐辐照。

## 3.4.5　离子交换的实验操作

（1）装柱与转型

离子交换柱是用玻璃管或透明塑料管加工制成的，管子下端填塞少许玻璃纤维或装上烧结玻璃滤片以支撑吸附剂。也可利用一定规格的酸式滴定管作交换柱。装柱的方法可分为干法和湿法两种：干法是直接将吸附剂用漏斗慢慢加入柱中，使之填实，再用适宜的溶剂洗涤，并将柱中气泡全部除尽；湿法是先在柱内装入一定体积的水，再打开下部活塞，同时把预处理过的吸附剂和水的匀浆注入柱内，让吸附剂自由沉降，直至达到所需吸附剂床层高度为止。湿法装柱吸附剂填充均匀，气泡少，因此常用此法。

转型即根据分离要求的不同，应将树脂中的可交换离子转换成所需的形式。阳离子交换树脂可转成 $H^+$、$NH_4^+$、$Na^+$ 和 $Cu^{2+}$ 型等，阴离子交换树脂可转成 $OH^-$、$NO_3^-$、$Cl^-$ 和 $SO_4^{2-}$ 型等。例如，若需要将 $H^+$ 型阳离子交换树脂转换成 $NH_4^+$ 型，只要将一定浓度的醋酸铵溶液缓慢地通过树脂层，当柱子进出口溶液中的醋酸铵浓度（或 pH 值）一致时，则表示树脂已基本上转换成 $NH_4^+$ 型（通常用相当于柱内树脂总交换容量 10 倍左右的 $1\sim4$ mol/L $NH_4Ac$ 溶液即可），再用水洗至中性即可使用。

（2）分离操作

离子交换法的分离操作，按动力学过程的不同可分为前沿法、淋洗法和排代法等，其中应用较多的是后两种方法。

前沿法（也称迎头法、前流法）是将料液连续地通过离子交换柱，交换能力弱的离子最先流出柱子，其次是弱的和较弱的离子混合液，以此类推。此法除第一组分外，其余均为混合物，因而很少采用。

淋洗法（又称洗脱法、洗提法）是先将料液加入柱中进行吸附，然后再用淋洗剂进行解吸。由于不同的离子对树脂具有不同的亲和力，因而被淋洗剂解吸下来的次序也不同，从而得到分离。对于淋洗法的分离操作，主要有吸附、洗涤、淋洗、树脂再生等。

排代法：选择一种与淋洗剂组成的配合物稳定性介于离子-淋洗剂配合物稳定性之间的离子，称之为阻滞离子，将阻滞离子预先吸着于树脂柱中，当离子-淋洗剂配合物流经树脂柱时，阻滞离子可将离子自配合物中排挤出而吸附于树脂上。

树脂在使用过程中常常会牢固地吸附一些不易解吸的杂质离子；树脂孔隙也会被不溶性微粒堵塞；硅酸、难溶性磷酸盐、硫化物等还会在树脂表面或内部沉积；强氧化剂或强辐射会引起树脂的分解，使分离效果变差，这就是树脂的中毒。如果通过树脂再生处理，分离效果仍无明显改善，则必须更换树脂。

## 3.4.6　离子交换法的应用

离子交换法在分离和提纯微量物质方面具有许多优点，特别是随着各种新型离子交换剂的出现，离子交换法在湿法冶金、医药、化工、核工业和分析化学等领域中得到越来越广泛的应用。目前，离子交换法在核科学领域中的应用主要有以下几个方面：

（1）核燃料生产

在铀的水法冶金工艺中，离子交换法是目前广泛采用的一种方法。由于铀矿石浸出液中铀浓度很低，一般每升仅含几百毫克铀，而杂质如铁、铝、锰、钒、钙、镁、硅、钼等的浓度却很高，因此分离比较困难。但利用铀在硫酸溶液中能生成 $[UO_2(SO_4)_2]^{2-}$ 及 $[UO_2(SO_4)_3]^{4-}$ 配阴离子的特性，用强碱性阴离子交换树脂柱进行分离，就能有效地富集和纯化矿石浸出液中的低浓度铀。在核燃料后处理工艺中，钚最终产品也可采用阴离子交换法来进行精制。此外，反应堆中用作冷却剂和减速剂的普通水和重水，也常用离子交换来进行纯化。

（2）放射性核素的分离

离子交换法的分离效果好，因此已成为分离性质相近的元素，如超铀元素、放射性稀土元素等的重要分离方法。例如，对放射性稀土元素的分离，由于稀土元素在溶液中大都以三价离子的形式存在，故可采用阳离子交换树脂进行吸附，然后利用 EDTA 或 NTA、柠檬酸、$\alpha$-羟基异丁酸等配体与各个稀土元素离子的配位能力不同，将它们逐个淋洗下来，达到稀土元素彼此分离的目的。又如，在用中子照射 $^{237}$Np 靶来生产 $^{238}$Pu 时，可用强碱性阴离子交换树脂吸附镎和钚，再用还原淋洗剂淋洗钚，从而达到镎、钚分离和纯化的目的。

（3）放射性废液的处理

采用离子交换法处理含盐量少的低放废水，有净化效果好、浓集系数高、操作简便等优点，因而受到重视。对于组成复杂的废水，可先用过滤或氢氧化铁絮凝沉淀等方法进行预处理，以除去溶液中可能存在的非电解质、胶体及悬浮固体，然后调节废水的pH 值，并使废水通过强酸性阳离子交换树脂床和强碱性阴离子交换树脂床，或者直接通过混合树脂床，即可获得较高的净化系数。通过预处理，还可延长离子交换树脂床的使用周期。

近十几年来，由于无机离子交换剂具有价廉易得、耐辐射、耐高温、对某些放射性核素具有选择性吸附等优点，因此在放射性废水处理中的应用日益增多。这方面研究和应用最多的是黏土矿和沸石，其次是多价金属的氧化物、氢氧化物以及不溶性盐如磷酸锆等。此外，核爆炸后被污染的水源也可用无机离子交换剂来进行净化。另外，离子交换法在环境和生物样品的放射性核素监测中也有广泛应用。

## 3.5 吸附法

### 3.5.1 基本原理

吸附分离是利用某些多孔固体有选择地吸附流体中的一个或几个组分，从而使混合物分离的方法，它是分离和纯净气体和液体混合物的重要单元操作之一。

根据吸附剂和吸附质之间的相互作用的类型进行区分，吸附材料对重金属离子的吸附可分为物理吸附和化学吸附，其中化学吸附又称为反应吸附。物理吸附主要分为静电吸引、扩散作用、范德华力作用；化学吸附分为配位作用、化学键作用、酸碱相互作用。吸附剂对吸附质的吸附容量往往取决于物理吸附和化学吸附作用的强度，其吸附机制如图 3.8 所示。

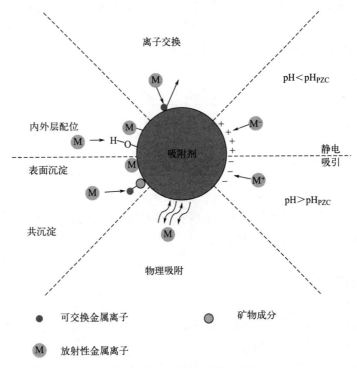

图 3.8　吸附剂的吸附机制

（1）物理吸附

静电吸引：带电荷的材料很容易与带相反电荷的吸附质相互作用，这种现象称为静电相互作用。

扩散作用：扩散也影响吸附过程，动力学模式可以通过颗粒内扩散模型来表示。

范德华力：是一种通用的吸附机制，其吸附机制主要依赖于材料的比表面积和孔隙率，几乎可应用于所有吸附质。

（2）化学吸附

配位作用：一般来说，是指吸附剂和吸附质配位作用，往往发生在金属离子同各种官能团［如氨基（—NH$_2$）、羧基（—COOH）和巯基（—SH）］之间。

化学键作用：吸附剂和吸附质之间会产生新的化学键，这也是吸附反应中常见的吸附机制，新产生的化学键可以通过傅里叶变换红外光谱检测。

酸碱相互作用：根据 HSAB 理论，当所有其他因素相同时，软酸易与软碱反应，而硬酸易与硬碱反应。

### 3.5.2　基本概念

吸附剂：有吸附能力的固体物质，常指具有高比表面的多孔固体。

吸附质：被吸附的放射性物质。

吸附：固体或液体表面对气体或溶质的吸着现象。当液体或气体混合物与吸附剂长时间充分接触后，系统达到平衡，吸附质的平衡吸附量（单位质量吸附剂在达到吸附平衡时所吸附的吸附质的量），首先取决于吸附剂的化学组成和物理结构，同时与系统的温度和压力以及该组分和其他组分的浓度或分压有关。

吸附材料的性能通过吸附量（$q_e$）、去除率（$\eta$）和分配系数（$K_d$）表示，分别由以下三个公式计算得到：

$$q_e = \frac{(c_0 - c_e)V}{m} \tag{3.17}$$

$$\eta = \frac{c_0 - c_e}{c_0} \times 100\% \tag{3.18}$$

$$K_d = \frac{(c_0 - c_e)V}{mc_e} \tag{3.19}$$

式中，$c_0$、$c_e$ 分别为吸附质的初始浓度和吸附达到平衡时的浓度，mg/L；$V$ 为吸附溶液的体积，L；$m$ 为吸附剂的用量，g。

## 3.5.3　常用吸附剂

吸附剂常指多孔材料，是一种由相互贯通或封闭的孔洞构成网络结构的材料，其分类通常由它们的孔的直径大小来判断。

目前，常用于吸附金属离子和放射性核素的吸附剂有氧化物、黏土矿物、土壤、花岗岩以及天然植物和微生物等，如表 3.3 所示。

**表 3.3　常用的吸附剂**

| 分类 | 吸附剂 |
| --- | --- |
| 氧化物 | $SiO_2$、$Al_2O_3$、$TiO_2$、铁的氧化物、$MnO_2$ |
| 黏土矿物 | 高岭土、蒙脱石、凹凸棒土、膨润土、白云母、黑云母 |
| 土壤、花岗岩 | 太湖沉积物、石灰石土壤、北山花岗岩 |
| 天然植物和微生物 | 细菌、丝状真菌、藻类、工农业生物废弃物、生物提取的多糖物质 |

除了常见的吸附剂外，研究人员通过化学合成、辐照合成和生物化学技术等方法得到一些新型吸附剂。新型吸附剂主要包括金属有机骨架材料、共价有机骨架材料、多孔有机聚合物材料和离子/分子印迹聚合物材料等。

（1）金属有机骨架材料

金属有机骨架材料（MOFs）是一类由有机配体和金属离子/簇通过配位键杂化形成的网络结构，也称为结晶多孔配位聚合物。相较于其他吸附剂，MOFs 具有以下特点：丰富的孔径，大表面积，易于功能化改性，能够赋予材料特定的性能。MOFs 的框架结构可以通过选择金属簇类型和有机构件，调整它们的连接方式来对其进行精细控制和设计，如图 3.9 所示。用于构建 MOFs 的金属离子包括碱土金属离子（$Ca^{2+}$、$Mg^{2+}$）、过渡金属离子（$Co^{2+}$、$Ni^{2+}$、$Cu^{2+}$、$Cr^{2+}$、$Fe^{3+}$）以及其他金属离子。这些金属离子可以采取不同的配位方式同有机配体进行配位，从而得到几何构型（线形、四边形、四面体、八面体等）不同的 MOFs 材料。有机配体主要包括含氮配体和含羧酸配体等，它们可以根据不同金属离子的配位方式改变配位模式，从而获得不同构型的 MOFs。由此可见，MOFs 的空间构型及相关物理化学性质是能够改变的。

（2）共价有机骨架材料

共价有机骨架材料（COFs）具有构筑拓扑结构可控性、孔径可控性、功能化可修饰性、高比表面积和高稳定性等独特优势，在样品前处理方法中展现出良好的应用潜力。纯COFs 由于其重复单元多为碳元素而被研究者视为一类特殊的掺杂碳材料，可参考缺陷/杂原子掺杂碳材料电催化剂对 COFs 进行结构设计，如图 3.10 所示。通过杂原子的掺入，达到对催化剂本身电子效应和几何效应的调控。对于不同几何形状（如五边形、七边形、八边形等）的缺陷，石墨碳内引入的五边形缺陷被认为是催化活性中心。此外，不同电负性的杂原子使催化剂本身的电子重新分布，提高电催化效率，可以促使更多活性位点上的电荷转移。亦如含氮结构——吡啶型氮和季氮（$NR_4^+$）等，其中氮原子的高电负性对两个相邻边缘型碳原子产生吸电子效应，从而让相邻碳原子带正电，更容易对 $O_2$ 进行化学吸附。因此，将纯 COFs 作为电催化剂进行结构设计时，通常选用含氮、硫的单体。

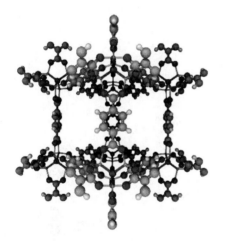

图 3.9　金属有机骨架材料（MOFs）

图 3.10　共价有机骨架材料（COFs）

（3）多孔有机聚合物材料

多孔有机聚合物材料（POPs）是由有机结构单元通过共价键作用而形成的具有多孔结构的新型聚合物材料（图 3.11）。POPs 材料内部呈微孔-介孔多级孔结构，并可根据实际需求改变有机单元的长度、官能团、拓扑结构而获得特定功能材料。这些材料具有结构和功能可调、比表面积大、物理化学性质稳定等优点，近年来在吸附、分离、催化、化学传感和光电器件等领域得到了广泛的应用。目前，POPs 可大致分为两类；一类是晶型的POPs，如 COFs 等；另一类是无定形的 POPs，如自具微孔聚合物（polymer of intrinsic microporosity，PIMs）、共轭微孔聚合物（conjugated microporous polymers，CMPs）、超交联聚合物（hyper-crosslinked polymers，HCPs）、多孔芳香骨架等。通常情况下，这些多孔聚合物是由多位点结构单元通过逐步增长或链增长的方式，使聚合链不断交联形成三维网络结构。

图 3.11　多孔有机聚合物材料

（4）离子/分子印迹聚合物材料

离子印迹聚合物材料制备过程（图 3.12）：以特定离子为模板离子，与功能单体通过静电、配位等作用力，在交联剂的作用下聚合形成功能材料，最后再洗脱模板离子，从而得到具有稳定结构的离子印迹聚合物。这种材料具有稳定的空穴及结合位点，对目标离子的识别具有很高的选择性。表面离子印迹介孔 $SiO_2$ 材料可在强酸及放射性介质中实现铀的分离。

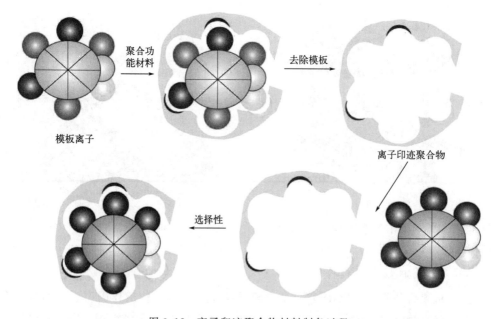

图 3.12　离子印迹聚合物材料制备过程

分子印迹聚合物与离子印迹聚合物相似，分子印迹技术是合成对特定分子具有专一识别性的聚合物以实现分离的一门仿生学技术。分子印迹聚合物具有与模板分子在大小、尺寸和活性官能团上能够完美匹配的印迹腔体，分子印迹聚合物对模板分子具有高亲和力和高选择性。

（5）生物蛋白材料

利用生物化学技术设计具有特殊性质的基因工程蛋白，是一种全新的方法，有可能为海水提取铀功能材料带来新的突破。图 3.13 为超级铀酰结合蛋白纤维（SSUP）提取海水中的铀示意图。根据铀酰离子配位模型筛选出超铀配位蛋白，从蛋白质数据库（protein data bank）中筛选所有含有 60～200 个氨基酸链长的支架蛋白（共 12173 个），对其所有含氧基团和含氢基团建立数据库，采用 URANTEIN 计算方法根据含氧基团和含氢基团数据库筛选铀配位点，最后得到结构稳定性和对铀酰离子具有良好选择性的生物材料。

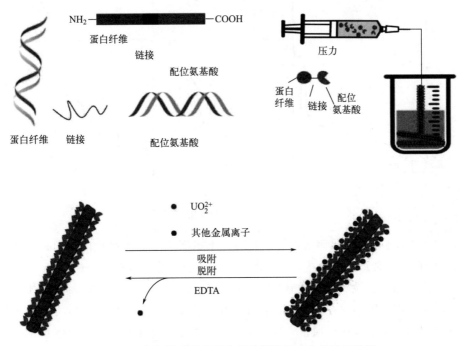

图 3.13　超级铀酰结合蛋白纤维提取海水中的铀示意图

## 3.5.4　吸附模型

吸附材料对金属离子的吸附过程主要通过吸附等温线和吸附动力学模型进行表征。

### 3.5.4.1　吸附等温线

吸附等温线是指在一定温度下，溶质分子在两相界面上发生吸附，当吸附达到平衡时它们在两相中浓度的关系曲线。吸附等温线是对吸附现象以及固体的表面与孔进行研究的基本数据，可从中研究表面与孔的性质，计算出比表面积与孔径分布。

覆盖度 $\theta$ 定义为被吸附物占有位点的数量与可用于吸附的位点数量的比值。

$$\theta = V/V_\infty$$

式中，$V$ 为被吸附物的体积；$V_\infty$ 为吸附剂完全吸附一层吸附物时，被吸附物的体积。吸附/脱附速率（$d\theta/dt$）为盖度随着时间的变化率。

当温度不变时，覆盖度的变化是压力的函数，称为吸附等温线。描述吸附量和压力的关系有不同的理论，对应不同的公式，图形如图 3.14 所示。

Ⅰ型吸附等温线在较低的相对压力下吸附量迅速上升，达到一定相对压力后吸附出现

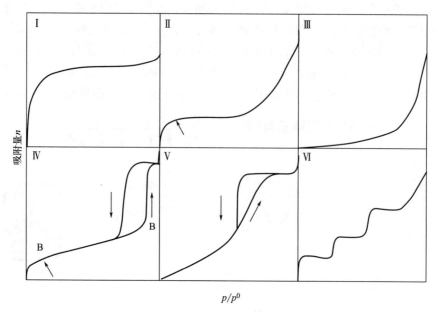

图 3.14 不同类型的吸附等温线

饱和值，似于 Langmuir 型吸附等温线。一般，Ⅰ型吸附等温线往往反映的是微孔吸附剂（分子筛、微孔活性炭）上的微孔填充现象，饱和吸附值等于微孔的填充体积。

Ⅱ型吸附等温线反映非孔性或者大孔吸附剂的典型物理吸附过程，这是 BET 公式最常适用的对象。由于吸附质在表面存在较强的相互作用，在较低的相对压力下吸附量迅速上升，曲线上凸。等温线拐点通常出现于单层吸附附近，随相对压力的继续增加，多层吸附逐步形成，达到饱和蒸气压时，吸附层无穷多，导致实验难以测定准确的极限平衡吸附值。

Ⅲ型吸附等温线十分少见。吸附等温线下凹，且没有拐点。吸附气体量随组分分压增加而上升。曲线下凹是因为吸附质分子间的相互作用比吸附质与吸附剂之间的相互作用强，第一层的吸附热比吸附质的液化热小，以致吸附初期吸附质较难于吸附，而随吸附过程的进行，吸附出现自加速现象，吸附层数也不受限制。BET 公式 $C$ 值（$C$ 为常数，与吸附剂、吸附质之间相互作用力有关）小于 2 时，可以归为Ⅲ型等温线。

Ⅳ型吸附等温线与Ⅱ型吸附等温线类似，但曲线后一段再次凸起，且中间段可能出现吸附回滞环，其对应的是多孔吸附剂出现毛细凝聚的体系。在中等的相对压力，由于毛细凝聚的发生，Ⅳ型吸附等温线较Ⅱ型吸附等温线上升得更快。中孔毛细凝聚填满后，如果吸附剂还有大孔径的孔或者吸附质分子相互作用强，可能继续吸附形成多分子层，吸附等温线继续上升。但在大多数情况下毛细凝聚结束后，出现一吸附终止平台，并不发生进一步的多分子层吸附。

Ⅴ型吸附等温线与Ⅲ型吸附等温线类似，但达到饱和蒸气压时吸附层数有限，吸附量趋于一极限值。同时由于毛细凝聚的发生，在中等的相对压力等温线上升较快，并伴有回滞环。

Ⅵ型吸附等温线是一种特殊类型的吸附等温线，反映的是无孔均匀固体表面多层吸附的结果（如洁净的金属或石墨表面）。实际固体表面大都是不均匀的，因此这种情况非常少见。

图 3.15 为单分子层和多分子层吸附示意图。

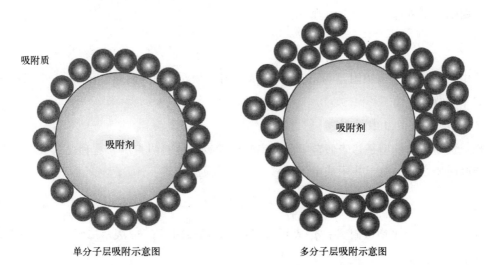

单分子层吸附示意图　　　　　　　多分子层吸附示意图

图 3.15　单分子层和多分子层吸附示意图

下面主要介绍朗缪尔（Langmuir）吸附等温线和 Freundlich 吸附等温线。

朗缪尔（Langmuir）吸附等温线基于以下假设：

① 吸附是单层的，没有其他的分子覆盖层；

② 被吸附物占据所有吸附位点的可能性是一样的；

③ 吸附剂的表面是完全一致的；

④ 一个分子被吸附在一个位点上的可能性与相邻空间是否已经被其他分子占据无关。

Langmuir 吸附等温线的线性关系式表示为：

$$c_e/q_e = 1/(k_a \cdot q_m) + c_e/q_m \tag{3.20}$$

式中，$q_e$ 和 $q_m$ 分别为平衡时和最大吸附量时的吸附量，mg/g；$c_e$ 是处于平衡状态下的浓度，mg/L；$k_a$ 为 Langmuir 常数。其中，$c_e/q_e$ 设为 $Y$，$c_e$ 设为 $X$，这些数据都已知，就可以得到一一对应的 $X$ 和 $Y$ 值，用 Origin 作图。

Freundlich 等温式是另外一种吸附等温式，是不均匀表面能的特殊例子，它基本上属于经验公式，常被用来解释实验结果、描述数据、进行各个实验结果的比较，一般用于浓度不高的情况。其表达式为：

$$q = kc^{\frac{1}{n}} \tag{3.21}$$

式中，$q$ 为吸附量；$c$ 为吸附质平均浓度；g/L；$k$、$n$ 为常数。

通常情况下，将上式写为对数式，可得到一条近似直线。

### 3.5.4.2　吸附动力学模型

动力学常用于研究各种因素对化学反应速率影响的规律；研究化学反应过程经历的具体步骤，即反应机理；探索将热力学计算得到的可能性变为现实；将实验测定的化学反应系统宏观变量间的关系通过经验公式关联起来。

（1）准一级动力学模型

基于固体吸附量的拉格尔格伦（Lagergren）一级速率方程是最为常见的，应用于液相的吸附动力学方程，模型公式如下：

$$\lg(q_e - q_t) = \lg q_e - \frac{k_f}{2.303}t \tag{3.22}$$

式中，$q_e$ 表示平衡吸附量，$mg/g$；$q_t$ 表示时间为 $t$ 时的吸附量，$mg/g$；$k_f$ 表示一级吸附速率常数。

（2）准二级动力学模型

准二级动力学模型是基于假定吸附速率受化学吸附机制的控制，这种化学吸附涉及吸附剂与吸附质之间的电子共用或电子转移。动力学模型公式：

$$\frac{t}{q_t} = \frac{1}{k_s q_e^2} + \frac{1}{q_e}t \tag{3.23}$$

式中，$q_e$ 表示平衡吸附量；$q_t$ 表示时间为 $t$ 时的吸附量；$k_s$ 表示二级吸附速率常数。

（3）Weber-Morris 模型

Weber-Morris 模型常用来分析反应中的控制步骤，求出吸附剂的颗粒内扩散速率常数。

$$q_t = k_{ip} t^{1/2} + C \tag{3.24}$$

式中，$C$ 是涉及厚度、边界层的常数；$k_{ip}$ 是内扩散率常数。$q_t$ 对 $t^{1/2}$ 作图得一过原点的直线，说明内扩散由单一速率控制。

## 3.5.5　吸附法的应用

吸附法在分离和提纯微量物质方面具有许多优点，特别是随着各种新型吸附剂的出现，吸附法在湿法冶金、医药、化工、核工业和分析化学等领域中得到越来越广泛的应用。目前，吸附法在核科学领域中的应用主要有以下几个方面。

（1）海水提铀

在铀的水法冶金工艺中，吸附法是实验室广泛采用的一种方法。由于铀在海水中的浓度很低，而杂质如钙、镁、硅等的浓度却很高，因此分离比较困难。当前吸附法还在实验室阶段，实验中的吸附量较高。

（2）放射性核素的分离

吸附法的选择性好，吸附量高，因此成为分离性质相近的元素，如超铀元素、放射性稀土元素等的重要方法。如在水体中，利用无机纳米材料对放射性 I 的除去；在废气中，利用纳米吸附剂 MOF 对 Xe/Kr 进行选择性吸附等。

## 3.6　光催化分离方法

光催化技术是近几十年来发展起来的一种高效、环保、节能的新技术，它以半导体材料为催化剂，能够有效地利用太阳光催化氧化有毒污染物质，是一种有效治理污染、保护环境的方法。目前，国内外许多研究机构对该技术做了大量的研究工作，并对新型光催化剂进行了深入研究。

## 3.6.1　光催化材料

二氧化钛（$TiO_2$）是一种白色、无毒的氧化物，分子量为 79.9，1791 年被英国矿物学家发现并提取出来，1795 年经实验得到分析验证，1918 年在挪威、美国得到商业化生产。$TiO_2$ 因光催化活性良好、耐腐蚀、无毒、价格低廉以及抗紫外线能力较强等优势被广泛应用于催化材料、涂料、化妆品等领域。$TiO_2$ 有 3 种常见晶型，分别是锐钛矿相、板钛矿相和金红石相。这 3 种晶型因各自的晶体结构不同，性质也存在巨大差异，其中锐钛矿相和金红石相晶体具有光催化活性。

$TiO_2$ 为半导体，其所有的价电子均处于价带中，当有高于其带隙值的光辐射到 $TiO_2$ 半导体上时，$TiO_2$ 半导体的价电子被激发，越过禁带进入能量更高的空带，当空带中存在电子后便成为导电的能带即导带，而空穴却被滞留在价带上。$TiO_2$ 通过发生带间跃迁过程形成光生电子（$e^-$）和空穴（$H^+$），随后具有氧化性的 $H^+$ 和具有还原性的 $e^-$ 与吸附在 $TiO_2$ 表面的 $H_2O$、$O_2$ 等发生氧化还原反应生成·$OH$、·$O_2$ 等具有极强氧化还原能力的高活性自由基，这些自由基可被用于降解有机物、消毒杀菌等。

对以 $TiO_2$ 为代表的半导体光催化剂研究最多，最为成熟，它有效地利用紫外线降解绝大多数有机污染物、细菌和部分无机物，降解最终产物为 $H_2O$、$CO_2$ 和无害的盐类，产物清洁，能达到净化环境的目的。也可以对 $TiO_2$ 进行改性以改善催化效果：主要是通过贵金属沉积、掺杂过渡金属离子、引入杂质或缺陷，从而改善 $TiO_2$ 的光吸收，提高量子效率和光催化反应速率。

核-壳型纳米粒子就是在尺寸为微米至纳米级的球形颗粒表面包覆一层或数层均匀纳米薄膜而形成的一种复合结构材料，其中核与壳之间通过物理或化学作用相互连接。目前，主要以无机氧化物和磁性氧化物为核，同时通过控制核与壳的厚度来实现复合性能的调控。核-壳型复合光催化剂往往可以利用其核或壳组分的优异性能来达到提高光催化性能的目的。例如：$SiO_2$ 具有良好的吸附性，不需要进行表面修饰即可使 Ti 源在其表面成核，所以被广泛应用于核-壳复合光催化剂的制备。此外，$Fe_3O_4$ 与 $CoFe_2O_4$ 具有较好的磁性，把光催化剂包覆在其表面，就可以很好地实现光催化剂的回收利用，即在外加磁场作用下快速、高效地回收光催化剂。除了以磁性氧化物、无机氧化物为核外，其他物质，包括有机物、单质同样能作为核进行复合光催化剂的制备，此方面的研究工作相对较少。

$SnO_2$ 光催化剂由于具有可见光透光性好、紫外吸收系数大、电阻率低、化学性能稳定以及室温下抗酸碱能力强等优点，作为光催化材料具有很大的潜力。同时，纳米 $SnO_2$ 作为新型功能材料，在光催化、光学玻璃、吸波材料等方面也有着广泛的应用。

新型材料 $Co_3O_4@TiO_2@CdS@Au$ 对放射性元素铀的光催化机理如图 3.16 所示。该材料为具有空间分离氧化还原中心的双层纳米笼，通过在 Z 型异质结（$TiO_2@CdS$）的内表面和外表面上负载 $Co_3O_4$ 和 Au-NP 助催化剂来合成。在模拟条件下，新型材料对 U(Ⅵ) 的还原速率常数达到 $0.218\ min^{-1}$。全光谱光催化材料可以同时去除 98.8% 的 U(Ⅵ) 和近

90％的五种有机污染物。并且，$Co_3O_4$ 充当"纳米加热器"，进一步增强了电荷转移并加速了表面反应动力学。同时，光生电子和超氧化物自由基将吸附的 U(Ⅵ) 还原为不溶性固体 $(UO_2)O_2 \cdot 2H_2O$。光催化新型材料从铀矿山废水中高效回收铀（Ⅵ），为解决环境污染问题提供了良好的方案。

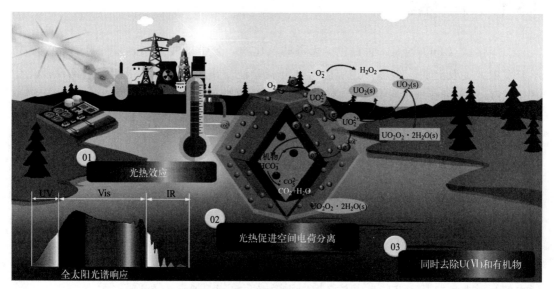

图 3.16　新型 $Co_3O_4@TiO_2@CdS@Au$ 对铀的光催化机理

## 3.6.2　光催化方法的应用

从环境污染治理所需与光催化技术的发展可以看出，光催化剂在人类生活中扮演着重要角色。$TiO_2$ 由于具有稳定、无毒等特性，被广泛认为是一种理想的光催化剂，但由于其催化效率偏低，光响应范围较窄，其改性研究将会是今后研究的主要方向。核-壳结构光催化剂的出现，弥补了原催化剂性能单一的缺陷，使其具备了许多新性能，包括磁性、发光性等。$SnO_2$ 具有可见光透光性好、紫外吸收系数大、电阻率低、化学性能稳定以及室温下抗酸碱能力强等优点，目前备受关注，许多研究人员通过各种方法已成功获得性能良好的 $SnO_2$ 纳米粒子，而其复合结构与改性研究将会是今后的发展方向。

海洋中铀储量约 45 亿吨，从海水中提取铀资源有利于核能的可持续发展。同时，核工业活动中产生的含铀废水对环境构成潜在威胁。光催化法能够将 U(Ⅵ) 还原为 U(Ⅳ)，进而实现水体中铀的高效分离和提取。因此，不论从战略资源回收，还是生态环境安全角度出发，光催化提铀都是一种稳定、高效、绿色的提铀技术。

## 参考文献

［1］王祥云，刘元方. 核化学与放射化学［M］. 北京：北京大学出版社，2007.

［2］汪小琳，文君. 海水提铀［M］. 北京：科学出版社，2020.

［3］Dong Z, Meng C, Li Z, et al. Novel $Co_3O_4@TiO_2@CdS@Au$ double-shelled nanocage for high-efficient photocatalysis removal of U（VI）: roles of spatial charges separation and photothermal effect［J］.J Hazard Material, 2023, 452: 13124.

## 思考题

3-1　计算 1 g 下列放射性核素的比活度 $S_0$［单位：Bq/g。］，已知$^{226}$Ra、$^{238}$U、$^{222}$Rn、$^{220}$Rn 的半衰期分别为

$^{238}$U: $t_{1/2}=$ 4.468$\times 10^9$ a;

$^{226}$Ra: $t_{1/2}=$ 1602 a;

$^{220}$Rn: $t_{1/2}=$ 55.6 s;

$^{222}$Rn: $t_{1/2}=$ 3.82 d。

3-2　配制 1000 mL 浓度为 10 Bq/mL 标准铀溶液，需分析纯 $U_3O_8$ 多少克？（已知：$^{238}$U、$^{235}$U、$^{234}$U 的丰度分别为 99.275%、0.720%、0.0054%；比活度 $S_0$ 分别为 12.4 Bq/mg、79.4 Bq/mg、2.3$\times 10^5$Bq/mg；U 的平均原子量为 237.98，O 的平均原子量为 16。）

3-3　从铀矿分离提取$^{227}$Ac，$^{235}$U 活度为 1000 Bq，经测定，分离得到的$^{227}$Ac 活度为 754 Bq，求其化学收率。

3-4　在 Purex 流程中，已知后处理铀溶液初始活度为 5.5 Ci，其中钚的活度为 4.2$\times 10^6$ Bq，铀溶液去钚后，活度为 5.487 Ci，钚的活度为 1.2$\times 10^3$Bq，求去污系数。

3-5　有一个$^{226}$Ra 放射源，该源的放射性物质为 Ba（$^{226}$Ra）$CO_3$，活度为 3700 Bq，质量为 1.0 g。该源的放射性核素的质量为多少？稳定物质的质量为多少？

3-6　在 0 ℃时，氯化钡和氯化镭从溶液中共结晶共沉淀，并服从均匀分配定律，分配系数 $D=$ 5.21。求常量组分氯化钡析出 6.49% 时微量组分氯化镭析出的百分数。

3-7　有含某放射性元素 A 的稀溶液 50 mL，用氯仿萃取 A，设分配比为 19∶1。试问用每份 5 mL 和每份 10 mL 新鲜氯仿进行萃取，各需萃取多少次才能达到 99.8% 的回收率。

3-8　某浓度的 8-羟基喹啉氯仿溶液在 pH= 1.0 时，可萃取元素 A 1.0%，元素 B 0.1%；在 pH= 5.0 时，可萃取 A 98%，B 0.9%。在 pH= 5.0 时萃取，pH= 1.0 时反萃取，需进行多少次才能使 A、B 两元素的浓度比为起始值的 1.0$\times 10^4$ 倍？经这样萃取后，A 的回收因数为多少？

3-9　用 2 mL 的萃取剂萃取 20 mL 的放射性废水中的$^{235}$U，已知其萃取分配系数为 74.8，求一次萃取的萃取率。如果要求$^{235}$U 的总萃取率达到 99.9%，试计算萃取次数。

3-10　请简述萃取剂的分类。

3-11　请简述离子交换容量的定义和分类。

第 4 章

# 放射性元素化学

## 导言：

**学习目标**：了解放射性元素相关概念，理解元素、放射性元素、核素的区别与联系，掌握三大天然放射系及人工放射系相关内容，掌握常见天然及人工放射性核素的核性质及物理化学性质并能进行相关核素的分析检测，掌握锕系元素的通性和特性。

**重点**：三大天然放射系及人工放射系，锝、钋、镭、铀、钍等放射性元素的性质与分离分析，锕系元素化学、裂片元素化学。

具有放射性的核素称为放射性核素。放射性核素分为天然放射性核素和人工放射性核素；全部由放射性核素所组成的元素称为放射性元素。迄今为止，在已知的 118 种元素中，有 81 种元素具有稳定同位素，其余 37 种元素只具有放射性同位素，称为放射性元素，包括 43 号元素 Tc 和 61 号元素 Pm 及周期表中原子序数大于 83 的所有元素。这些放射性元素按照来源不同可分为天然放射性元素和人工放射性元素两大类。

## 4.1 天然放射性元素化学

### 4.1.1 概述

天然放射性元素是指现今在自然界中依然存在的放射性元素，包括 $_{84}Po$、$_{85}At$、$_{86}Rn$、$_{87}Fr$、$_{88}Ra$、$_{89}Ac$、$_{90}Th$、$_{91}Pa$ 和 $_{92}U$，共 9 种元素。其中钍元素中的 $^{232}Th$、铀元素中的 $^{238}U$ 和 $^{235}U$，这三种核素由于具有足够长的半衰期，因此在自然界中仍然存在，并分别以这三种核素为母体形成了三个天然放射性核素系列：以 $^{238}U$ 为母体的铀系（$4n+2$ 系）、以 $^{235}U$ 为母体的锕系（$4n+3$ 系）和以 $^{232}Th$ 为母体的钍系（$4n$ 系），称为三大天然放射系。三大天然放射系的终止核素均为铅的稳定同位素，其中钍系的终止核素为 $^{208}Pb$，铀系的终止核素为 $^{206}Pb$，锕系的终止核素为 $^{207}Pb$（见图 4.1～图 4.3）。

（1）铀系（4n+2 系）

铀系又称铀-镭系，它以 $^{238}U$ 为起始核素，经过 8 次 α 衰变和 6 次 β 衰变，最后以稳定的 $^{206}Pb$ 为终止核素。由于铀系中 $^{238}U$ 和它的各衰变子体的质量数均满足 4 的整数倍加上 2，因此铀系又称 $4n+2$ 系。

$^{238}$U 的半衰期为 $4.468\times10^9$ a，衰变子体的半衰期均比 $^{238}$U 短得多，其中半衰期最长的是 $^{234}$U（$t_{1/2}=2.45\times10^5$ a）。$^{238}$U 和 $^{234}$U 达到长期平衡的时间 $t=7t_{1/2}$（$^{234}$U）$\approx$ $1.7\times10^6$ a。

铀系衰变子体中比较重要的核素是 $^{226}$Ra，它的半衰期 $t_{1/2}=1600$ a；其次是 $^{210}$Po，半衰期为 138.4d。这两种核素可用于制备中子源。另外，$^{226}$Ra 及其子体的 γ 射线在医学上可用于治疗癌症等疾病。$^{222}$Rn 是铀系衰变子体中唯一的气体产物，是一种惰性气体，和 He、Ne、Ar、Kr 等具有相似的物理化学性质。

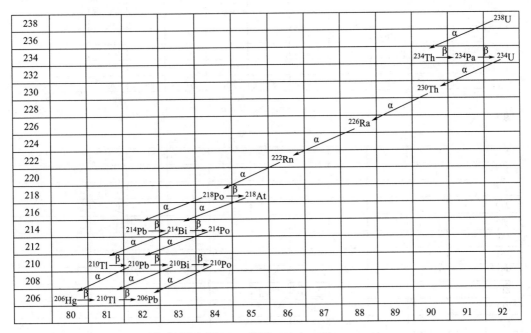

图 4.1　铀系（$4n+2$ 系）

（2）钍系（4n 系）

钍系以 $^{232}$Th 为起始核素，经过 6 次 α 衰变和 4 次 β 衰变，最后生成稳定核素 $^{208}$Pb。$^{232}$Th 和其衰变子体的质量数均为 4 的整数倍，所以钍系又称 $4n$ 系。

$^{232}$Th 的半衰期为 $1.41\times10^{10}$ a，比其衰变子体的半衰期长很多。各代子体中半衰期最长的是 $^{228}$Ra（$t_{1/2}=5.76$ a），所以钍系的平衡就是 $^{232}$Th 与 $^{228}$Ra 的长期平衡，达到平衡的时间约为 40a。

（3）锕系（4n+3 系）

锕系又称锕-铀系。它以 $^{235}$U 为起始核素，经过 7 次 α 衰变和 4 次 β 衰变，最后生成稳定核素 $^{207}$Pb。$^{235}$U 和其衰变子体核素的质量数均为 4 的整数倍加 3，故锕系又称 $4n+3$ 系。

锕系中半衰期最长的核素是 $^{235}$U（$t_{1/2}=7.038\times10^8$ a），其子体半衰期最长的是 $^{231}$Pa（$t_{1/2}=3.28\times10^4$ a）。所以，锕系的平衡就是 $^{235}$U 和 $^{231}$Pa 的长期平衡。达到平衡的时间约为 $2.3\times10^5$ a。

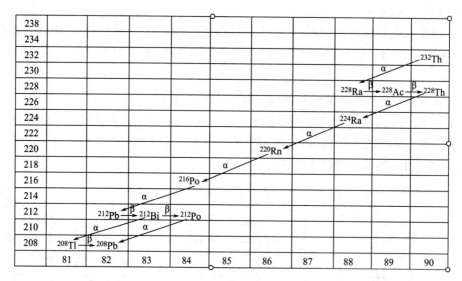

图 4.2 钍系（4n 系）

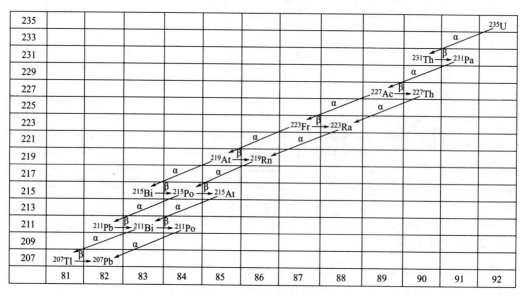

图 4.3 锕系（4n＋3 系）

## 4.1.2 铀化学

### 4.1.2.1 概述

铀是原子序数最高的天然放射性元素，早在 1789 年，克拉普罗特（M. H. Klaproth）就发现了铀，为了纪念 1781 年发现的天王星（Uranus），把这种新元素命名为铀（Uranium）。铀广泛分布于地壳和环境水中，铀的同位素的质量数从 215 到 243；其中半衰期最长的是 $^{238}U$（$t_{1/2}=4.468\times10^9 a$）。天然存在的铀同位素有 3 种，分别为 $^{238}U$、$^{235}U$、$^{234}U$，其中 $^{235}U$ 是天然存在的唯一的对热中子裂变截面大且有提取价值的可裂变同位素。但直到

1938 年，奥托·哈恩等发现了铀核裂变现象之后，铀及其化合物才引起人们的重视，并得到迅速发展。三种天然铀同位素及其核性质见表 4.1。

**表 4.1　三种天然铀同位素及其核性质**

| 同位素 | 丰度 | 半衰期/a | 衰变方式 | 粒子主要能量/MeV(%) | 比活度/(Bq/mg) |
|---|---|---|---|---|---|
| $^{234}U$ | 0.0059～0.0050 | $2.45\times10^5$ | α | 4.196(77),4.149(23) | 12.4 |
| $^{235}U$ | 0.7202～0.7198 | $7.038\times10^8$ | α | 4397(57),4.367(18) | 79.4 |
| $^{238}U$ | 99.2752～99.2739 | $4.468\times10^9$ | α | 4.777(72.5),4.724(27.5) | $2.3\times10^5$ |

铀在周期表中属于锕系元素的第四个成员，铀的基态电子构型为 $5f^36d^17s^2$，与钕的电子层结构类似。因铀的 5f 电子结合能稍大于 7s 和 6d，故其 6d 电子最易丢失，其次为 7s 电子，最后才是 5f 电子。所以铀在低氧化态时，铀离子的电子壳层中仅有 5f 电子被保留下来。铀原子及不同价态离子的核外电子排布及粒子半径见表 4.2。

**表 4.2　铀原子及离子的核外电子排布及粒子半径**

| 原子或离子 | 电子壳层 | 粒子半径/Å |
|---|---|---|
| $U^0$ | $5f^36d^17s^2$ | 1.485 |
| $U^{3+}$ | $5f^3$ | 1.03 |
| $U^{4+}$ | $5f^2$ | 0.93 |
| $U^{5+}$ | $5f^1$ | 0.89 |
| $U^{6+}$ | $5f^0$ | 0.83 |

随着价电子的丢失，铀的粒子半径逐渐减小，酸性增强。因而六价铀在水溶液及大部分化合物中均以稳定的弱酸性的铀酰离子（$UO_2^{2+}$）形式存在。

铀的特征之一是离子半径比较大。因而铀的化合物大都是不易挥发的，仅有六氟化铀在室温下易挥发，在六氟化铀中，铀具有最小的离子半径（0.83 Å），而氟离子半径又较大（1.33 Å），铀被六个氟所屏蔽，形成分子型结构，故具有低熔点、低沸点的特性。

### 4.1.2.2　金属铀

（1）金属铀的物理化学性质

**物理性质：** 金属铀是一种质软且具有一定延展性的银白色致密金属，其相对密度为 19.04，熔点为 1132 ℃，沸点为 3818 ℃。金属铀能与许多金属生成具有良好物理化学特性的铀合金。金属铀具有 α、β、γ 三种同素异形变体。α 变体在 667.7 ℃时转变为 β 变体；当温度升高至 774.8 ℃时，转变成 γ 变体，γ 变体的熔点是 1132.3 ℃。

**化学性质：** 新制取的铀金属带有特异的金属光泽，但暴露在空气中很容易变暗，这是因为表面生成了黑色的氧化膜。金属铀化学性质很活泼，是一种强还原剂，其电极电势处在铍与铝之间。金属铀能与绝大多数非金属元素反应生成相应的化合物。

（2）金属铀的制备

金属铀的制备方法很多，包括氧化物的还原法、卤化物的还原法和卤化物的热解法等。

① 氧化物的还原法。由于铀的金属性很强，与镁、铝相似，用氢气难以把铀的氧化

物还原为金属；可用碳作还原剂，还原二氧化铀制备铀，但此方法对温度要求很高（高于2000 ℃），此外，由于铀与碳的亲和力较高，碳还原铀时，还会与碳发生化合反应生成碳化铀，使金属铀的纯度降低；因此通常采用钙、镁或铝还原铀的氧化物的方法来制备金属铀。

② 卤化物的还原法。从热化学的观点来分析，ⅠA、ⅡA 族的金属，除铍外都能还原铀的卤化物。例如，四氟化铀与液态钙的反应为：

$$UF_4 + 2Ca \Longrightarrow 2CaF_2 + U \quad (\Delta H_R = -114000 \text{ cal/mol}●) \tag{4.1}$$

$\Delta H_R$ 为生成热。

实际应用中因为镁比钙便宜，且钙的原子量较大，还原同样质量的铀时，需要钙的量为镁的 1.6 倍，所以通常用镁作还原剂制备金属铀：

$$UF_4 + 2Mg \Longrightarrow 2MgF_2 + U \tag{4.2}$$

还原 $UF_4$ 制备金属 U 的流程图见图 4.4。

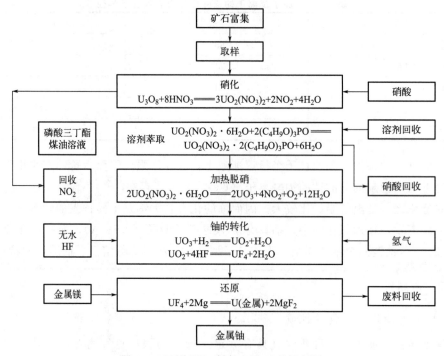

图 4.4 还原 $UF_4$ 制备金属 U 的流程图

### 4.1.2.3 铀的化合物

铀可以形成 +3～+6 价的铀化合物，其中四价和六价铀的化合物较稳定。

（1）铀的氧化物

铀是亲氧元素，与氧具有很强的亲和力。不仅存在许多化学计量的氧化物，而且出现了一些非化学计量的氧化物，其组成处于 $UO_2 \sim UO_{2.25}$ 之间。铀的符合化学计量的氧化

---

● 1 cal/mol＝4.184 J/mol。

物主要有 $UO_2$、$U_4O_9$、$U_3O_8$、$UO_3$、$UO_4$ 等，其中最稳定的是 $U_3O_8$，其次是 $UO_2$。

① 二氧化铀。$UO_2$ 在核燃料工艺中具有特别重要的意义，目前，它是应用最广泛的动力反应堆的核燃料。

$UO_2$ 可通过在还原剂存在下煅烧分解铀酰盐或高温还原某些铀氧化物来制备。$UO_2$ 呈棕黑色，在室温下较稳定，但在空气中加热到 200 ℃ 以上时被氧化为 $U_3O_8$：

$$3UO_2 + O_2 \xrightarrow{>200\ ℃} U_3O_8 \tag{4.3}$$

另外，粉末状 $UO_2$ 能在氧气中自燃而生成 $U_3O_8$。

$UO_2$ 在室温下可与 HCl、$H_2SO_4$、$HNO_3$ 缓慢作用。在热 $HNO_3$ 溶液中反应速率加快，生成黄色的 $UO_2(NO_3)_2$ 溶液：

$$3UO_2 + 8HNO_3 \Longrightarrow 3UO_2(NO_3)_2 + 4H_2O + 2NO\uparrow \tag{4.4}$$

$UO_2$ 不溶于水和碱，但在含有 $H_2O_2$ 的碱或碳酸盐溶液中能迅速溶解。生成过铀酸盐：

$$UO_2 + 4H_2O_2 + 4NaOH \Longrightarrow Na_4UO_8 + 6H_2O \tag{4.5}$$

② 八氧化三铀。$U_3O_8$ 可通过灼烧多种铀盐或某些铀氧化物来制备，其颜色随制备条件的不同而呈现橄榄绿、墨绿或黑色等。$U_3O_8$ 是铀最稳定的一种氧化物。在 500 ℃ 以上的空气中，只有 $U_3O_8$ 能稳定存在，且组成固定，因而可作为重量法测铀的基准化合物。

$U_3O_8$ 不溶于水和各种稀酸，但可与浓 $HNO_3$ 作用生成 $UO_2(NO_3)_2$ 溶液；也能与浓 $H_2SO_4$ 或 HCl 作用，生成四价铀盐和铀酰盐的混合溶液：

$$U_3O_8 + 4H_2SO_4 \Longrightarrow 2UO_2SO_4 + U(SO_4)_2 + 4H_2O \tag{4.6}$$

③ 其他铀氧化物。$UO_3$ 为两性铀氧化物，它与酸作用生成铀酰盐，与碱作用生成难溶性铀酸盐（如 $Na_2UO_4$）或重铀酸盐［如 $(NH_4)_2U_2O_7$］，因此，$UO_3$ 又称铀酸酐。$UO_3$ 在水中的溶解度很小，仅为 $1.2 \times 10^{-8}\ g/L$。但它能与血浆中的 $NaHCO_3$ 作用，生成可溶性的络合物 $Na_4[UO_2(NO_3)_3]$，从而增加其在血浆中的溶解度：

$$UO_3 + 4NaHCO_3 \Longrightarrow Na_4[UO_2(CO_3)_3] + 2H_2O + CO_2\uparrow \tag{4.7}$$

过氧化铀一般以 $UO_4 \cdot 2H_2O$ 的形式存在，它是一种难溶于水的酸性氧化物，但能溶于无机酸而转化为铀酰盐：

$$UO_4 \cdot 2H_2O + H_2SO_4 \Longrightarrow UO_2SO_4 + H_2O_2 + 2H_2O \tag{4.8}$$

$UO_4 \cdot 2H_2O$ 也能溶于碱性溶液，生成深黄色的过铀酸盐。这些性质可用于铀的分离。

（2）铀的卤化物

铀能与所有卤素作用生成 +3～+6 价的各种铀卤化物。铀卤化物的性质随卤素原子序数和铀化合价的增加有明显的递变：铀卤化物与水作用的能力和挥发性等随铀化合价的增加而增加；铀卤化物的吸湿性和在空气中的氧化能力随卤素原子序数的增加而增加；铀卤化物的稳定性随卤素原子序数的增加而减小。例如，在六价铀卤化物中，$UF_6$ 最稳定，$UCl_6$ 次之，$UBr_6$ 和 $UI_6$ 都不能稳定存在。重要的铀卤化物有 $UF_4$ 和 $UF_6$。

① 四氟化铀。$UF_4$ 是 $UO_2$ 与 $UF_6$ 的生产转换过程中的重要中间产物，在 $U^{4+}$ 的酸性溶液中加入氢氟酸，即可得到 $UF_4$ 的水合物。在高温下，将 $UO_2$ 与氟化氢、氟利昂或氟化铵等氟化剂作用，可制得无水 $UF_4$：

$$UO_2 + 4HF\ (气) \xrightarrow{500～600\ ℃} UF_4 + 2H_2O \tag{4.9}$$

UF$_4$ 为绿色晶状物质，俗称"绿盐"，其化学性质不活泼，与氧在 800 ℃ 时才发生反应：

$$2UF_4 + O_2 \xrightarrow{800\ ℃} UF_6 + UO_2F_2 \tag{4.10}$$

UF$_4$ 难溶于水和 HNO$_3$、HCl 等无机酸，在水中的溶解度仅 $1 \times 10^{-4}$ mol/L（25 ℃），但易溶于发烟高氯酸，也能因配位作用而溶于草酸、草酸铵、碳酸铵以及含硼酸或氯酸的无机酸中。UF$_4$ 还能与碱金属过氧化物或过氧化氢的氨溶液剧烈反应生成可溶性的过铀酸盐；与碱金属或碱土金属的氟化物反应生成一系列复盐。

UF$_4$ 在沸水中易水解，其水解产物在空气中可部分转化为能引起肺中毒的 UO$_2$F$_2$：

$$UF_4 + H_2O \longrightarrow UF_3(OH) + HF \tag{4.11}$$

$$UF_3(OH) + H_2O \longrightarrow UF_2(OH)_2 + HF \tag{4.12}$$

$$2UF_4(OH)_2 + O_2 \longrightarrow 2UO_2F_2 + 2H_2O \tag{4.13}$$

② 六氟化铀。一般在 300 ℃ 下用粉末状的 UF$_4$ 来制备 UF$_6$：

$$UF_4 + F_2（气）\xrightarrow{300\ ℃} UF_6 \tag{4.14}$$

UF$_6$ 是一种无色或白色晶体，易升华，常压下其升华点为 56.5 ℃，此特性被用于天然铀中的 $^{235}$U 的富集。UF$_6$ 在干燥空气中比较稳定，一般不与氧或氮反应。但它是一种强氟化剂和氧化剂，常温下能腐蚀大多数金属及有机物，而聚四氟乙烯、聚三氟氯乙烯等含氟塑料及镍和高镍合金可耐 UF$_6$ 的腐蚀。

$$UF_6 + H_2 \xrightarrow{630\ ℃} UF_4 + 2HF \tag{4.15}$$

UF$_6$ 能与水或水蒸气剧烈作用产生极毒气体 HF，可导致玻璃、石英等器皿的腐蚀：

$$UF_6 + 2H_2O \longrightarrow UO_2F_2 + 4HF \tag{4.16}$$

$$6HF + SiO_2 \longrightarrow H_2SiF_6 + 2H_2O \tag{4.17}$$

因此，盛放 UF$_6$ 的玻璃和石英器皿中痕量的水或水蒸气就能使 UF$_6$ 大量分解，造成器皿的腐蚀。UF$_6$ 也能与碱金属氟化物反应生成复盐。

**（3）铀的盐类**

① 四价铀盐。大多数四价铀盐不溶于水，少数四价铀盐如 U(SO$_4$)$_2$·$x$H$_2$O（$x$ 为 2、4、8 或 9）和 UCl$_4$ 等能溶于酸性溶液，且较稳定。四价铀盐在中性或弱碱性介质中易水解，生成较难溶的 U(OH)$_4$ 胶体。

② 铀酰盐。铀酰盐是由 UO$_2^{2+}$ 与酸根结合而成的，在紫外线照射下，能发出黄绿色荧光，其水溶液亦呈黄绿色。它们绝大多数是稳定的，且易溶于水，只有少数（如亚铁氰化铀酰 (UO$_2$)$_2$[Fe(CN)$_6$] 等）难溶于水。铀酰盐具有两性，在酸性介质中以 UO$_2^{2+}$ 形式存在，而在 pH>5 的介质中则以难溶性的重铀酸盐沉淀形式析出。可据此特性浓集铀或从含铀废水中去除铀：

$$2UO_2SO_4 + 6NaOH \longrightarrow Na_2U_2O_7 \downarrow + 2Na_2SO_4 + 3H_2O \tag{4.18}$$

$$2UO_2SO_4 + 3CaO \longrightarrow CaU_2O_7 \downarrow + 2CaSO_4 \downarrow \tag{4.19}$$

所有固体铀酰盐受热都会分解，当温度大于 700 ℃ 时转变为 U$_3$O$_8$。常见的铀酰盐有 UO$_2$(NO$_3$)$_2$、UO$_2$SO$_4$、UO$_2$(CH$_3$COO)$_2$ 和 UO$_2$C$_2$O$_4$ 等。

a. 硝酸铀酰。金属铀、铀氧化物或某些难溶性铀化合物等与硝酸作用，即可生成含结

晶水的 $UO_2(NO_3)_2 \cdot xH_2O$（$x$ 为 2、3 或 6），其中常见的是在稀硝酸介质中生成黄绿色透明结晶 $UO_2(NO_3)_2 \cdot 6H_2O$，它易溶于水和许多极性有机溶剂，其溶解度与 $HNO_3$ 或硝酸盐浓度有关。当温度高于 180 ℃ 时，$UO_2(NO_3)_2 \cdot 6H_2O$ 会发生脱硝反应，生成 $UO_3$：

$$2UO_2(NO_3)_2 \cdot 6H_2O \xrightarrow{>180\ ℃} 2UO_3 + 6H_2O + 4NO_2 \uparrow + O_2 \uparrow \qquad (4.20)$$

b. 硫酸铀酰。硫酸铀酰通常是用金属铀或铀的氧化物与硫酸作用生成的。常见的是可溶性的柠檬黄菱形晶体 $UO_2SO_4 \cdot 3H_2O$，它在水中（15 ℃）的溶解度为 17.4g/L，且随水中 $H_2SO_4$ 浓度的增加而减小。$UO_2SO_4$ 溶液具有较好的热稳定性，可作为均相反应堆燃料。

c. 醋酸铀酰。醋酸铀酰 $[UO_2(CH_3COO)_2]$ 能从稀醋酸溶液中以二水合物形式 $[UO_2(CH_3COO)_2 \cdot 2H_2O]$ 结晶析出。

d. 草酸铀酰。$UO_2C_2O_4 \cdot 3H_2O$ 是将草酸加入硝酸铀酰水溶液中结晶而得；此盐微溶于水，但若有草酸或草酸铵存在，由于生成复盐 $(NH_4)_2C_2O_4 \cdot UO_2C_2O_4 \cdot 3H_2O$ 活性配合物而变得易溶。

③ 重铀酸盐。它是一种重要的难溶性铀盐，可用铀酰盐与氨水或碱作用来制备：

$$2UO_2SO_4 + 6NH_3 \cdot H_2O === (NH_4)_2U_2O_7 \downarrow + 2(NH_4)_2SO_4 + 3H_2O \qquad (4.21)$$

常见的重铀酸盐有 $(NH_4)_2U_2O_7$、$Na_2U_2O_7$、$K_2U_2O_7$ 等，其中 $(NH_4)_2U_2O_7$ 俗称"黄饼"，它在铀的水冶过程中常被用来分离和富集铀。重铀酸盐易溶于无机酸而重新转变为铀酰盐：

$$(NH_4)_2U_2O_7 + 3H_2SO_4 === 2UO_2SO_4 + (NH_4)_2SO_4 + 3H_2O \qquad (4.22)$$

重铀酸盐与碳酸盐作用，可生成易溶性的三碳酸铀酰铵：

$$(NH_4)_2U_2O_7 + 6(NH_4)_2CO_3 + 3H_2O === 2(NH_4)_4[UO_2(CO_3)_3] + 6NH_3 \cdot H_2O$$

$$(4.23)$$

### 4.1.2.4　铀的水溶液化学

（1）铀在水溶液中的价态

铀在水溶液中能以 $U^{3+}$、$U^{4+}$、$UO_2^+$ 和 $UO_2^{2+}$ 四种状态存在。根据铀在水溶液中氧化还原电势的大小，可以判断各种价态铀离子的稳定程度。在 25 ℃ 的 1.0 mol/L $HClO_4$ 溶液中，各种价态铀离子的标准还原电势是：

$$U \xrightarrow{-1.80V} U^{3+} \xrightarrow{-0.631V} U^{4+} \xrightarrow{0.58V} UO_2^+ \xrightarrow{0.63V} UO_2^{2+} \qquad (4.24)$$

铀在水溶液中最常见的价态是 +4 和 +6 价，而以 +6 价的 $UO_2^{2+}$ 稳定性最高，$U^{4+}$ 仅能在酸性溶液中稳定存在。通常，$U^{3+}$ 和 $UO_2^+$ 不稳定。在酸性溶液中，$U^{3+}$ 是一种还原性很强的离子，能将水分子中的氢离子还原成氢气：

$$2U^{3+} + 2H_2O === 2U^{4+} + 2OH^- + H_2 \uparrow \qquad (4.25)$$

而 $UO_2^+$ 在酸性溶液中能发生歧化反应，生成 $U^{4+}$ 和 $UO_2^{2+}$：

$$2UO_2^+ + 4H^+ === U^{4+} + UO_2^{2+} + 2H_2O \qquad (4.26)$$

当溶液 pH 值为 2～2.5 时，歧化反应速率缓慢；酸度增加、温度升高，歧化反应速率则加快。

各种价态的铀离子都有特征的吸收光谱，其水溶液亦呈现不同的颜色，如表 4.3 所示，可借此来鉴别溶液中铀的价态。

表 4.3　水溶液中不同价态铀离子的形式和颜色

| 铀离子价态 | 离子形式 | 溶液颜色 |
|:---:|:---:|:---:|
| U(Ⅲ) | $U^{3+}$ | 玫瑰红 |
| U(Ⅳ) | $U^{4+}$ | 深绿 |
| U(Ⅴ) | $UO_2^+$ | — |
| U(Ⅵ) | $UO_2^{2+}$ | 黄绿 |

（2）铀的水解行为

各种铀离子的水解能力取决于离子电荷 $z$ 与离子裸半径 $r_0$ 的比值，即离子势 $z/r_0$ 的大小。因此，$U^{5+}$ 和 $U^{6+}$ 是不可能在水溶液中存在的，它们强烈水解形成 $UO_2^+$ 和 $UO_2^{2+}$。铀离子的水解能力按下列顺序递增：

$$UO_2^+ < U^{3+} < UO_2^{2+} < U^{4+} \tag{4.27}$$

其中，$U^{4+}$ 最容易发生水解，当 pH＝2 时，即发生如下一级水解反应：

$$U^{4+} + 2H_2O \Longleftrightarrow U(OH)_2^{2+} + 2H^+ \tag{4.28}$$

随着溶液 pH 的升高，可进一步发生水解，生成难溶于酸的胶体高分子聚合水解产物。水溶液中 $UO_2^{2+}$ 在 pH＞3 时开始水解，其水解产物与溶液的 pH 值和铀浓度有关，见图 4.5。

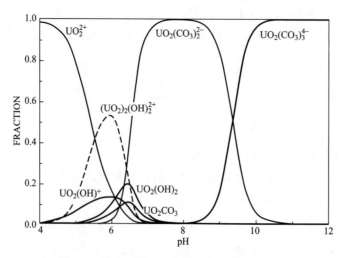

图 4.5　铀在不同 pH 水溶液中的种态分布图

### 4.1.2.5　铀的分析测定

（1）铀的定性分析

铀的多个沉淀反应可以用来进行铀的定性分析。例如，将硫化铵加入含有铀酰离子的溶液中，得到棕色 $UO_2S$ 沉淀，沉淀可溶于稀无机酸中；将磷酸氢二铵加入含铀酰离子的溶液中，得到不溶于乙酸的淡黄色 $UO_2HPO_4$ 沉淀；而用磷酸三铵时，则沉淀出更难溶的化合物 $NH_4UO_2PO_4$。

在用 $K_4[Fe(CN)_6]$ 来鉴定铀酰离子时，反应生成棕色 $K_2UO_2Fe(CN)_6$ 沉淀，这与铜或钼所生成的沉淀相似。但是，若将氨水加入此沉淀中，沉淀即变成黄色而不溶解，这与铜或钼所生成的沉淀不同，据此可排除铜、钼离子的干扰。

铀也可在显微镜下进行鉴定。将一小块固体 $TlNO_3$ 加入铀酰盐的碳酸铵溶液中，即形成淡黄色晶体 $TlUO_2(CO_3)_3$。此黄色晶体虽与钍所形成的晶体颜色相同，但再加入 $K_4$ $[Fe(CN)_6]$ 时，前者即变成棕色，从而与后者区别。应当强调的是，这些化学反应皆非特效反应。铀最好用光谱法鉴定，分光光度法所用谱线波长为 652 nm。

（2）铀的定量分析

铀的定量分析方法很多，其灵敏度和应用范围各不相同，如表 4.4 所示。

表 4.4　几种铀分析方法的检出限

| 分析方法 | 重量法 | 容量法 | 极谱法 | 分光光度法 | 荧光法 | | 活化分析法 |
| --- | --- | --- | --- | --- | --- | --- | --- |
| | | | | | 固体荧光 | 激光荧光 | |
| 检出限/(g/L) | $10^{-2} \sim 10^{-1}$ | $5 \times 10^{-4} \sim 10^{-3}$ | $10^{-8} \sim 10^{-6}$ | $10^{-7}$ | $10^{-10}$ | $5 \times 10^{-11}$ | $10^{-11}$ |

铀的常量分析测定一般有重量法和容量法。重量法测定通常是灼烧分离纯化后的某些铀的沉淀物，最后以 $U_3O_8$ 形式进行称重和计算。容量法测定铀是利用某些能与铀发生沉淀、络合或氧化还原等反应的试剂来进行直接或间接滴定的。

在矿石、土壤、天然水、废水、食物和空气等环境介质中，铀含量很低，且干扰测定的杂质多，故在分析测定前，一般需要预先进行分离和富集。常用的分离富集方法有吸附共沉淀法、萃取法、离子交换法和萃取柱色谱法等，特别是萃淋树脂色谱法在微量铀的分离富集中得到迅速发展。目前常用的萃淋树脂有 CL-TBP 和 CL-N-263 等。

微量铀的测定主要使用分光光度法、荧光法、放射性分析法、活化分析法和裂变径迹蚀刻法等。

（1）分光光度法

分光光度法（spectrophotometry）是测量痕量铀的主要方法。分光光度法测量铀已有300 多种方法。分光光度法测定铀的基本原理是 $U^{4+}$ 和 $UO_2^{2+}$ 能与某些显色剂形成有色配合物，该配合物对一定波长的光有最大吸收峰值，且其吸光度与铀含量在一定浓度范围内成正比，即符合朗伯-比尔（Lambert-Beer）定律。

显色剂的选择是分光光度法测定微量铀的关键。常用的显色剂主要有：双偶氮变色酸类（如偶氮胂Ⅲ和偶氮氯膦Ⅲ等）、吡啶偶氮类（如 Br-PADAP 等）和噻唑偶氮类等。

偶氮胂Ⅲ [1,8-二羟基萘-3,6-二磺酸-2,7-双(偶氮-2-苯胂酸)]，俗称铀试剂Ⅲ，在水溶液中呈玫瑰红色，在硫酸中呈绿色，在碱性溶液中呈蓝色，有毒。它在 pH$=1 \sim 3$ 介质中能与 $UO_2^{2+}$ 形成 1:1 的蓝色配合物，该络合物在波长 665 nm 处有最大吸收峰，摩尔吸光系数 $\varepsilon$ 值为 $5.3 \times 10^3$ L/(mol·cm)。但钍、铬、铪、铁、钒、铬、稀土和锕系元素等对铀的测定有干扰，一般可加 EDTA 和 TTHA（三乙四胺六乙酸）的混合掩蔽剂来消除。当干扰元素含量较高时，则需预先进行化学分离。

在强酸（4～8 mol/L HCl）介质中，偶氮胂Ⅲ与 $U^{4+}$ 能形成2∶1或3∶1的稳定蓝绿色络合物。该络合物在波长 665 nm 处有最大吸收峰，$\varepsilon = 1 \times 10^4$ L/(mol·cm)，其选择性和灵敏度要比与 $UO_2^{2+}$ 所形成的络合物好，但在测定前须先用还原剂（如锌粒等）将铀全部还原为 $U^{4+}$，操作比较麻烦。

Br-PADAP 全称为 2-(5-溴-2-吡啶偶氮)-5-二乙氨基苯酚，它在 pH＝2.8 的条件下能与 $UO_2^{2+}$ 形成1∶1的紫红色配合物。该配合物难溶于水，但易溶于乙醇、苯、氯仿和四氯化碳等有机溶剂，它在波长 578nm 处有最大吸收峰，$\varepsilon = 7.4 \times 10^3$ L/(mol·cm)。该显色剂灵敏度高，选择性好，对钒、钍、铁、锆和稀土等干扰元素的容许含量要比偶氮胂Ⅲ宽。当加入 CyDTA（1,2-环己二胺四乙酸）、氟化钠和磺基水杨酸混合掩蔽剂时，只有 $V^{5+}$ 和 $Cr^{3+}$ 对测定有干扰。

近年来，在微量铀的分光光度测定中，有的三元配合物兼有灵敏度高、稳定性和选择性好的优点，且易被萃入有机溶剂，因而得到了迅速发展，其主要形式有：三元胶束络合物、三元离子缔合物和三元混合配位配合物等。目前，应用最多的是铀的三元胶束配合物的分光光度法，利用一些表面活性剂在水溶液中形成具有增溶和增色作用的胶束，从而使 $UO_2^{2+}$-显色剂-表面活性剂三者形成的配合物溶解度增加，使吸收光谱发生变化，测定的灵敏度提高。目前，常用的显色剂有铬天青 S（CAS）、埃铬青 R（ECR）、5-Br-PADAP和水杨基荧光酮（SAF）等。在常用的表面活性剂中，阳离子表面活性剂有十六烷基三甲基氯化铵（CTAC）、溴代十六烷基吡啶（CPB）和十四烷基二甲基苄基氯化铵（Zeph）等；阴离子表面活性剂有十二烷基磺酸钠（SLS）等；两性表面活性剂有十二烷基二甲基氨基乙酸（DDMAA）；非离子表面活性剂有乳化剂 OP（TritonX-100）等。在这类方法中，最灵敏的摩尔吸光系数 $\varepsilon$ 值可达 $1.79 \times 10^4$ L/(mol·cm)。

铀的三元离子缔合分光光度法是利用 $UO_2^{2+}$ 与 $X^-$（卤素阴离子）、$SCN^-$、$ClO_4^-$ 及水杨酸根、苯甲酸根等形成的配阴离子可与三苯甲烷类和罗丹明类碱性染料的阳离子形成易溶于非极性有机溶剂的离子缔合物进行分光光度测定的，其 $\varepsilon$ 值可达 $10^4$ L/(mol·cm)，因此可用于萃取分光光度法测定铀。

（2）荧光法

荧光法（fluorimetry）是利用铀在外来光源的激发下发出特征的荧光来进行测定的。

① 固体荧光法（solid state fluorimetry）。其基本原理是利用 $UO_2^{2+}$ 与某些熔剂（如 NaF 等）在适宜温度下熔融后制成的熔珠在紫外线（波长 365nm）激发下发出黄绿色荧光，其荧光强度与熔珠中的铀含量在一定浓度范围内（$10^{-10} \sim 10^{-5}$ g/L）成正比。但因为实际测定中铀的荧光强度会受到熔剂的性质、熔融时间和温度以及冷却时间和速度等因素的影响，干扰元素的存在亦能引起荧光的增强或减弱（见表4.5），所以，在荧光法测定铀前必须将各种干扰元素进行分离。

表 4.5　干扰元素对铀荧光强度的影响

| 干扰元素 | 对铀荧光强度的影响 |
| --- | --- |
| Na，K，Rb，Ti，P，S，W，Ce，Br，I | 基本无影响 |
| La，Al，Fe，B，Se，Sn，Mo，Gd，Zn，V，Si，Ba，Sr，Ca，Mg，Li，Hg，Th | 量大时有猝灭作用 |
| Cr，Co，Ag，Pb，Bi，Ni，Cu，Mn，Cd | 有强猝灭作用 |

② 激光-液体荧光法 (laser-liquid fluorimetry)。其基本原理是在特定的化学体系中，$UO_2^{2+}$ 与铀荧光增强剂生成一种简单的配合物，在氮激光器发射的波长为 337 nm 的单色光激发下，能产生一种特征的黄绿色荧光，其荧光强度与样品中的铀含量在一定范围内成正比。它是近年来发展起来的一种测定环境样品中超微量铀的新技术。用该法时一般不需要对铀进行预富集分离即可直接测定，且具有快速、简便、灵敏度高（检测限可达 $0.03 \times 10^{-9}$ g/L）和选择性好等优点。干扰离子及有机物所发出的荧光会影响铀的测定，但可采用选择性滤片片、时间分辨技术和荧光增强剂等方法来消除。特别是荧光增强剂，它不仅起增强铀荧光强度的作用，而且具掩蔽干扰离子和调节 pH 的作用，因而可提高方法的选择性和灵敏度。

③ X 射线荧光法 (X-ray fluorimetry)。它是利用电离辐射使样品的铀原子受激，发出特征 X 射线荧光来进行铀的测定。此法可直接对矿石、煤灰、有机溶液和水溶液中的铀进行快速、准确和非破坏性测定。但此法的选择性和灵敏度均不够高，使其在微量铀的分析中受到一定限制。

（3）放射性分析法

随着核探测技术和核仪器的改进，利用铀及其衰变子体的放射性来进行铀分析测定的方法得到了迅速发展。铀的放射性分析法 (radiometric analysis) 主要有 α 计数法 (alpha counting)、α 能谱法 (alpha spectrometry)、γ 能谱法 (gamma spectrometry) 和液体闪烁计数法 (liquid scintillation counting) 等。

α 计数法和 α 能谱法是将含铀样品预先进行化学分离，然后制成均匀薄膜源，用 α 计数器进行测量，或用 α 谱仪对铀同位素的特征 α 能谱峰（如 $^{238}$U 的 4.196 MeV 峰、$^{235}$U 的 4.397 MeV 峰和 $^{234}$U 的 4.777 MeV 峰）进行测定。对于组成简单的样品，可用 α 计数法测定；对于组成复杂或 α 干扰元素难以分离的样品，可用 α 能谱法进行测定。常用的制源方法是电沉积法，即用铂丝作阳极，不锈钢片作阴极，在草酸盐-碱溶液或氯化铵-盐酸、氯化铵-草酸介质中进行铀的电沉积。目前，测量能谱主要用金硅面垒半导体 α 能谱仪，有时也用电离室能谱仪。α 能谱法不仅可用于环境和生物样品中铀的测定，而且可以进行铀同位素及其他 α 放射性核素的分析。对水样中的铀，其检测限可达 $3 \times 10^{-7}$ g/L。

γ 能谱法是利用 $^{238}$U、$^{235}$U 及其衰变子体的 γ 射线特征峰来进行铀测定的。可选用 $^{235}$U 的 185.7 keV γ 射线来进行测量，但其衰变子体 $^{226}$Ra 的 186.2 keV γ 射线有干扰；对放射性平衡时间超过 6 个月的样品，可选择 $^{238}$U 的子体 $^{234}$Th 的 93 keV 和 63 keV 或 $^{234}$Pa$^m$ 的 100 keV γ 射线进行测量。γ 射线谱仪的主要装置是 NaI(Tl) 闪烁探测器或 Ge(Li) 半导体探测器以及脉冲幅度分析仪。由于 γ 射线穿透能力强，因此本方法的突出优点是可以不对样品进行化学分离，甚至可进行非破坏性测定，其铀检测限为 $10^{-6}$ g/L。

（4）活化分析法

铀的活化分析 (activation analysis) 主要是利用 $^{235}$U 的 (n, f) 反应和 $^{238}$U 的 (n, γ) 反应来进行铀测定的方法。常见的核反应有下述三种：

$$^{235}U(n, f)^{140}Ba \xrightarrow{\beta^-(12.8\ d)} 140La \xrightarrow{\beta^-(40.3\ h)} \cdots \qquad (4.29)$$

$$^{235}U(n, f)^{132}Te \xrightarrow{\beta^-(78\ h)} 132I \xrightarrow{\beta^-(2.28\ h)} \cdots \qquad (4.30)$$

$$^{238}U(n, \gamma)^{239}Pu \xrightarrow{\beta^- (23.5 \text{ min})} {}^{239}Np \xrightarrow{\beta^- (2.35 \text{ d})} \cdots \qquad (4.31)$$

中子活化分析法是一种快速、简便、灵敏和可进行非破坏性测定的方法。它不仅能定量地测定环境样品中的超微量铀，而且能测定铀的同位素组成。若对活化后的样品进行放化分离，则灵敏度更高。但是，中子活化分析法需要复杂、昂贵的活化装置，从而限制了它的广泛应用。

（5）裂变径迹蚀刻法

$^{235}U$ 在热中子照射下发生裂变反应，其裂变产物能使某些固体绝缘材料（如聚碳酸酯薄膜、云母）受到辐射损伤，经化学刻蚀后，用光学显微镜计数或仪器扫描其裂变径迹数，并与标准试样的裂变径迹数相比较，即可得出待测品中铀的含量。

裂变径迹蚀刻法（fission track etching）是一种简便、快速、经济和灵敏的方法，其用样量少，铀检测限为 $10^{-10}$ g/L。它适用于空气滤膜和环境、生物样品及地质探矿中铀的检测。

### 4.1.2.6 铀的主要用途和危害

（1）用途

早期，铀仅用于玻璃、陶瓷和珐琅的着色剂。后来，由于裂变现象的发现，铀成为核工业中最重要的一种核燃料元素。其中，$^{235}U$ 为易裂变核燃料元素，即它可在反应堆的中子照射下发生链式核裂变反应，同时释放出大量能量，成为人们可利用的一种新的能源（核能）；$^{238}U$ 在中子照射下可转变为易裂变核燃料核素 $^{239}Pu$，形成铀-钚循环。铀-钚循环是指 $^{238}U$ 转换成 $^{239}Pu$ 的燃料循环体系，目前该体系已在工业规模上实现应用。

$$^{238}U(n, \gamma)^{239}U \xrightarrow{\beta^- (23.5 \text{min})} {}^{239}Np \xrightarrow{\beta^- (2.35 \text{d})} {}^{239}Pu \qquad (4.32)$$

$^{233}U$ 是由 $^{232}Th$ 通过中子照射生成的，也是一种易裂变核素，可作为核燃料。此外，铀还可用作钢及其他金属冶炼的配料、有机合成中的触媒、橡胶工业中的防老剂和增硬剂等。少量金属铀在电子管制造中可作为氢、氧等的除气剂，用于纯化电子管中的稀有气体。

（2）危害

铀既有放射性毒性，也有化学毒性。天然铀在放射性物质毒性分类中属中毒性元素，它对于人体的危害主要是化学毒性。铀的毒性大小与其核性质、化合物形式、解离度、分散度、价态和进入人体的途径等因素有关。通常可溶性和挥发性的铀化合物毒性较大。

可溶性 $UO_2^{2+}$ 进入人体后，在血液中 60% 的 $UO_2^{2+}$ 形成具有超滤性的碳酸氢盐配合物而转移到各组织器官，40% 的 $UO_2^{2+}$ 则与蛋白质结合。各种铀化合物中毒后的主要损伤器官是肾脏，随后出现神经系统和肝脏的病变。

## 4.1.3 钍化学

### 4.1.3.1 概述

钍是周期表中第 90 号元素，为放射性元素，1828 年，贝采里乌斯（Berzelius）在矿物中首先发现了钍（thorium），目前已知的钍的同位素的质量数 208～239，其中 3 种是天然放射性同位素。钍在自然界中分布广泛，地壳中钍的含量约为 0.0008%（质量分数），在所有元素中占据第 35 位，大约为铀含量的两倍多；与铅和钼的含量相当，比常见元素锑、铋、汞、钼及银等含量大得多。但钍的矿物种类却比较少，经常与 U(Ⅳ)、Zr(Ⅳ)、Hf(Ⅳ) 和 Ce(Ⅳ) 共存，也常与稀土元素共存。它一般以难溶性的氧化物或硅酸盐形式存在于自然界中。钍的主要矿物有五种，其矿石名称及主要成分如表 4.6 所示。

表 4.6  钍矿石的种类及其主要成分

| 矿石种类 | 主要成分 |
| --- | --- |
| 独居石矿（monazite） | 稀土及钍的磷酸盐 |
| 方钍矿（thorianite） | 氧化钍 |
| 钛铀矿（brannerite） | 铀、钇及钍的钛酸盐 |
| 钍石、硅酸钍矿（thorite） | 钍的硅酸盐 |
| 硅酸钍铀矿（thorogummite） | 钍的含水硅酸盐 |

所有钍矿石中，独居石矿因分布范围广、成矿范围大而商业价值最高。钍矿石的加工分离流程见图 4.6 和图 4.7。

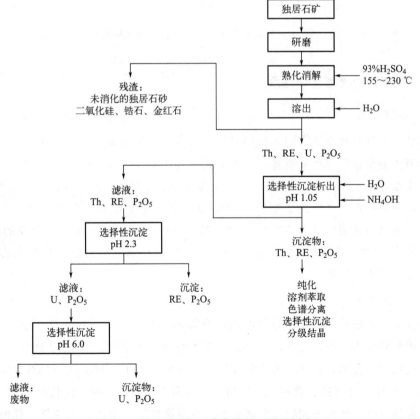

图 4.6  钍矿石的加工分离流程（酸法浸出）

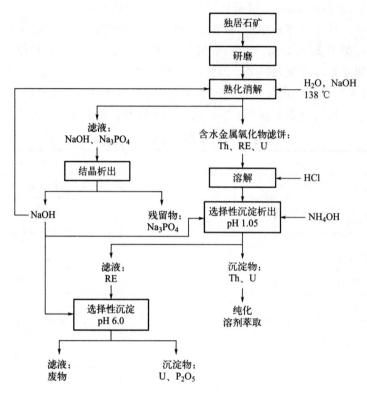

图 4.7　钍矿石的加工分离流程（碱法浸出）

### 4.1.3.2　金属钍的物理化学性质

（1）物理性质

金属钍是一种具有延展性的银白色金属，有放射性，通常由其卤化物（如 $ThF_4$）经金属热还原法或熔盐电解法来制备，其相对密度为 11.7，仅大于铟；熔点为 1750 ℃，是锕系元素中熔点最高的金属；室温下金属钍为面心立方晶体，高于 1360 ℃ 时转变为体心立方晶体，金属熔点、密度及变型转变温度均与金属纯度有关。金属钍与四价锆、铪相似，能与一系列金属生成合金或金属间化合物，应用于核燃料方面的最重要的合金是铀-钍合金及钍-锆合金。常温下，块状钍表面在空气中会被氧化，形成灰白色的保护膜；其粉体遇高温、明火能燃烧。

（2）化学性质

金属钍是一种还原剂，化学性质活泼，在加热（大于 450 ℃）条件下能与氢、卤素、硫、氮、碳和磷作用。在常温下，金属钍不与水作用，但在 850 ℃ 的过热水蒸气作用下，可生成钍氧化物。金属钍易溶于浓盐酸和王水，与稀 $HNO_3$、$H_2SO_4$ 和 $HClO_4$ 等作用缓慢。浓 $HNO_3$ 能使金属钍表面钝化，但溶液中含有少量氟离子时，钝化膜（$ThO_2$ 膜）可被破坏，而使钍的溶解速率加快。金属钍不与碱溶液作用。除惰性气体外，钍能与所有非金属元素作用，生成二元化合物。钍是高毒性元素，经过中子轰击，可得 [233]U，因此它是潜在的核燃料。

### 4.1.3.3　钍的水溶液化学

钍元素形成化合物时通常呈 +4 价，且不易变价，所以涉及钍的化学反应比铀或钚少得多。例如，钍不存在直接的氧化还原反应。

钍在酸和碱中的氧化还原电位：

① 酸性介质中：

$$Th^{4+} + 4e^- \longrightarrow Th \quad E^{\ominus} = -1.899 \text{ V} \tag{4.33}$$

② 碱性介质中：

$$Th(OH)_4 + 4e^- \longrightarrow Th + 4OH^- \quad E^{\ominus} = -0.248 \text{ V} \tag{4.34}$$

因此，钍的正电性较铀、铝和锆强，而较金属镁却弱一些。钍在水溶液中一般以无色的四价离子存在。由于钍具有较高的离子势，所以容易水解。通常情况下，当溶液 pH>3 时，$Th^{4+}$ 开始水解：

$$Th^{4+} + 2H_2O \Longrightarrow Th(OH)_2^{2+} + 2H^+ \tag{4.35}$$

与此同时，还会发生如下聚合反应：

$$2Th^{4+} + 2H_2O \Longrightarrow Th_2(OH)_2^{6+} + 2H^+ \tag{4.36}$$

当溶液 pH>3.5 时，则析出胶状的 $Th(OH)_4$ 沉淀。随着溶液 pH 值和 $Th^{4+}$ 浓度的增加，还能形成更为复杂的水解聚合物，见图 4.8。$Th(OH)_4$ 沉淀在酸中的溶解性能与形成沉淀的条件和时间有关，随着时间的延长或将沉淀进行烘干处理，所得 $Th(OH)_4$ 难溶于酸，给钍的分离带来困难。

### 4.1.3.4　钍的化合物

**（1）钍的氧化物和氢氧化物**

在通常情况下，钍只能形成稳定的四价化合物。因此，钍唯一稳定的氧化物是 $ThO_2$。它是一种化学性质稳定、难溶于水并具有很高熔点（3050 ℃）的白色粉末，可制成反应堆元件。由于 $ThO_2$ 组成稳定，且不易吸水，因此可作为重量法测定钍的基准化合物。

$ThO_2$ 可通过灼烧氢氧化钍或钍盐来制备。$ThO_2$ 与酸的作用情况与制备时的温度有关。低温（<550 ℃）制得的 $ThO_2$ 易溶于强酸，高温制得的 $ThO_2$ 一般不溶于酸，但酸溶液中含有 $F^-$ 时可缓慢溶解。因此，在处理环境生物样品时，为了防止生成难溶性的 $ThO_2$，一般把样品处理温度控制在 550 ℃ 以下。$ThO_2$ 不与碱或碱金属的碳酸盐作用。

$ThO_2$ 与发烟 $H_2SO_4$ 作用或与 $KHSO_4$ 或焦硫酸钾熔融能生成易溶性的 $Th(SO_4)_2$：

$$ThO_2 + 4KHSO_4 \xrightarrow{\text{加热熔融}} Th(SO_4)_2 + 2K_2SO_4 + 2H_2O\uparrow \tag{4.37}$$

在含钍离子的溶液中加入碱或氨溶液，即生成白色无定形胶体氢氧化钍沉淀。氢氧化钍能溶于酸生成盐。$Th(OH)_4$ 加热脱水，可转变为 $ThO_2$。$Th(OH)_4$ 可溶于碳酸钠、草酸铵和柠檬酸等溶液中，这是由于钍能与这些酸根离子形成可溶性配合物。

**（2）钍的盐类**

钍能与许多无机酸作用生成相应的盐。钍的易溶性盐类主要有 $Th(NO_3)_4$、$Th(SO_4)_2$

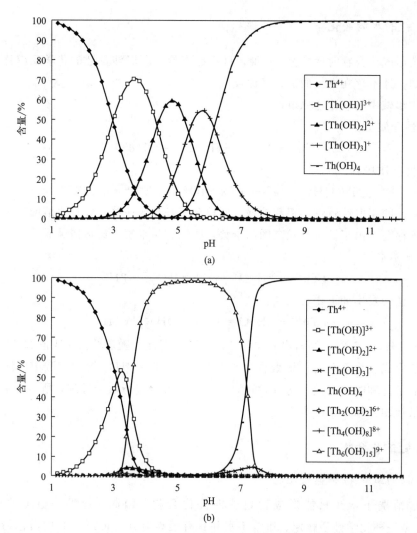

图 4.8　在不同酸度水溶液中钍的种态分布图

和 $ThCl_4$ 等，它们不仅易溶于水，而且也溶于醇、酮、醚和酯等有机溶剂中，此性质在钍的萃取分离中具有重要意义。通常，硝酸钍是含有若干结晶水的水合物 $Th(NO_3)_4 \cdot xH_2O$（$x$ 可为 2、4、5 和 6 等），其中以四水和六水硝酸钍最稳定。硫酸钍一般也是含有若干结晶水的水合物 $Th(SO_4)_2 \cdot xH_2O$（$x$ 可为 2、3、4、6、8 和 9 等），其溶解度与溶液的温度和无机酸的浓度有关。温度升高，溶解度增加；无机酸浓度增加，溶解度则下降。$Th(NO_3)_4$、$Th(SO_4)_2$ 和 $ThCl_4$ 都能与碱金属盐等作用生成复盐，如 $Mg[Th(NO_3)_6] \cdot 8H_2O$、$K_2[Th(SO_4)_3] \cdot 4H_2O$ 和 $(NH_4)_2ThCl_6$ 等。钍的难溶性盐类主要有 $ThF_4$、$Th(C_2O_4)_2$、$Th(IO_3)_4$ 和 $Th_3(PO_4)_4$ 等，它们常用于钍与稀土元素的分离和微量钍的富集、纯化。$ThF_4$ 是一种稳定的不易挥发的白色固体，可用 HF 气体在 600 ℃ 下与钍的化合物作用，或用氢氟酸与钍盐溶液作用来制备：

$$ThO_2 + 4HF(气) \xrightarrow{600\ ℃} ThF_4 + 2H_2O \tag{4.38}$$

$$Th^{4+} + 4F^- + xH_2O \xrightarrow{\phantom{xxx}} ThF_4 \cdot xH_2O \tag{4.39}$$

$ThF_4$ 不溶于水，但溶于碳酸铵溶液，这是由于钍可与 $CO_3^{2-}$ 形成络阴离子。一般情况下，$ThF_4$ 不与无机酸作用，但能溶于含有硼酸或铝盐的溶液中。$ThF_4$ 还能与碱金属的氢氧化物作用生成 $Th(OH)_4$。$Th(C_2O_4)_2$ 通常是在酸性介质中由 $Th^{4+}$ 与草酸或草酸盐作用而生成的六水合物 $Th(C_2O_4)_2 \cdot 6H_2O$，其颗粒大小与温度、沉淀速率和酸度等因素有关。提高温度和增加酸度，可获得较大的结晶颗粒。草酸钍不与稀的无机酸作用，但可溶于热的 $H_2SO_4$ 和沸腾的 $HNO_3$ 溶液中。在过量的草酸盐存在时，草酸钍能形成可溶性的络阴离子 $[Th(C_2O_4)_3]^{2-}$ 和 $[Th(C_2O_4)_4]^{4-}$。往此溶液中加入浓盐酸，该络合物又能重新转变为 $Th(C_2O_4)_2$ 沉淀。此性质可用于钍的分离。草酸钍还可溶于碳酸铵溶液，这是由于形成了含有草酸根-碳酸根的混合络阴离子。$Th(IO_3)_4$ 是一种在 8 mol/L $HNO_3$ 中也不溶解的难溶性盐类，这一点可用于钍与 $UO_2^{2+}$、三价稀土元素的分离。

（3）钍的配合物

水溶液中的 $Th^{4+}$ 具有很强的配位能力，它几乎能与所有的无机和有机试剂形成配位数为 6 或 8 的配合物。配合物的稳定性随配体碱性的增强和共轭酸性的减弱而增加。

① 无机配合物。$Th^{4+}$ 能与无机酸根离子（如 $F^-$、$Cl^-$、$NO_3^-$、$SO_4^{2-}$ 和 $CO_3^{2-}$ 等）形成易溶于水的无机配阳离子 [如 $ThCl_3^+$、$ThF_2^{2+}$ 和 $Th(NO_3)_3^+$ 等]。这些可溶性无机配合物的生成，既能使一些难溶性钍盐溶解，又可防止溶液中难溶性钍化合物的形成。如在 $Th_3(PO_4)_4$ 沉淀中加入金属碳酸盐或碳酸铵，钍就能生成易溶性的配合物而被溶解：

$$Th_3(PO_4)_4 + 9(NH_4)_2CO_3 \Longrightarrow 3(NH_4)_2[Th(CO_3)_3] + 4(NH_4)_3PO_4 \qquad (4.40)$$

值得指出的是，在盐酸溶液中，$Th^{4+}$ 与 $UO_2^{2+}$ 不同，难以形成配阴离子，此特征可用于阴离子交换法来分离铀和钍。

② 有机配合物。$Th^{4+}$ 与铀一样，能与许多有机试剂（如偶氮类、萘酚类和三苯基甲烷类等）形成有色配合物，与许多有机溶剂（如酯类 TBP 等、酮类 TTA 等、酸性磷类 HDEHP 等和胺类 N-235 等）形成疏水性配合物，这在光度测定和萃取分离中具有重要的意义。此外，$Th^{4+}$ 还能与酒石酸、柠檬酸和氨羧配位剂（如 EDTA、DTPA）等形成解离度小、溶解度高、扩散能力强的水溶性配合物，这些配合物常用于钍的去污和临床促排上。

## 4.1.3.5　钍的分析测定

钍的定量分析方法主要有重量法、容量法、分光光度法和中子活化法等。常量钍的测定可以用重量法和容量法。重量法通常是灼烧分离纯化后的难溶性钍盐，最后以 $ThO_2$ 的形式称重。容量法测定钍时，不能直接用氧化还原滴定法，但可采用 EDTA 络合滴定法和硫代硫酸钠间接氧化还原滴定法。目前应用最广的微量钍的分析测定方法是分光光度法。对于钍含量极低的样品，可采用中子活化法。

## 4.1.3.6　钍的主要用途和危害

（1）用途

钍属于潜在核燃料，用钍通过下列核反应取得裂变燃料[233]U：

$$^{232}\text{Th}(n, \gamma)^{233}\text{Th} \xrightarrow{\beta^-(22.3\text{min})} {}^{233}\text{Pa} \xrightarrow{\beta^-(27.0\text{d})} {}^{233}\text{U} \qquad (4.41)$$

$^{233}$U 是铀的同位素，是易裂变核素，裂变时和$^{235}$U一样能够放出大量的核裂变能量，$^{233}$U 不仅在裂变时放出中子较多，而且它所产生的裂变产物吸收中子的能力也比$^{235}$U 或$^{239}$Pu 的裂变产物约低 10%~20%，较其他裂变燃料性能更优越，$^{232}_{90}\text{Th}$-$^{233}_{92}\text{U}$核燃料体系可构成热中子增殖反应堆。钍及其化合物还可作为光电管和气体放电管的电极材料、汽灯纱罩的发光剂、化学合成中的催化剂，以及钨丝、电焊条和耐火材料的添加剂等；合金材料（如镁合金）中加入少量的钍，可提高金属材料的强度和抗蠕变性质。

（2）主要危害

天然钍属于中毒性元素。进入机体的钍，无论是可溶性化合物还是不溶性化合物都容易形成配合物，从而被吞噬细胞吞噬，进入网状内皮系统。钍主要蓄积于肝、骨髓、脾和淋巴结，其次是骨骼和肾。一般认为，钍本身的化学毒性并不高，但其化合物则有较高的化学毒性，会引起钍急性中毒；钍及其子体的辐射作用会导致钍慢性中毒，其主要临床症状是造血功能障碍、机体抵抗力减弱、神经功能失常以及由脏器损伤导致的病变和癌变。

## 4.1.4 其他天然放射性核素化学

### 4.1.4.1 镭

（1）概述

1898 年，居里夫人从沥青铀矿中发现了一种比铀的放射性强百万倍的新元素，并取名为镭。天然镭是铀系、钍系和锕系三大天然放射系的成员，与铀、钍矿共存。镭共有 25 种放射性同位素，其中只有$^{223}$Ra、$^{224}$Ra、$^{226}$Ra 和 $^{228}$Ra 是天然存在的，它们的主要核特性列于表 4.7 中。在镭的同位素中，最重要的是$^{226}$Ra，它是镭在自然界中丰度最大的一种同位素，其次是$^{228}$Ra。在处于放射性平衡状态下的铀矿石中，1g 铀中含有 $3.4 \times 10^{-7}$ g $^{226}$Ra。由于$^{226}$Ra 的比活度高达 $3.7 \times 10^4$ Bq/$\mu$g，其辐射危害大，是铀矿水冶厂重要的监测核素之一。$^{228}$Ra 在天然钍中的含量较低，达放射性平衡时其质量分数仅为 $(0.48 \times 10^{-7})$%，但其比活度高达 $1.0 \times 10^7$ Bq/$\mu$g，因而是钍矿水冶中的重要监测核素。

**表 4.7 天然镭同位素的主要核特性**

| 同位素 | 名称 | 衰变方式 | 半衰期 | 粒子能量/MeV（%） | 所属放射系 |
|--------|------|----------|--------|-------------------|------------|
| $^{223}$Ra | 锕 X(AcX) | $\alpha$ | 11.43d | 5.71623(52.6)<br>5.60673(25.7) | 锕系 |
| $^{224}$Ra | 钍 X(ThX) | $\alpha$ | 3.66d | 5.6856(95) | 钍系 |
| $^{226}$Ra | 镭(Ra) | $\alpha$ | 1602a | 4.7845(94.45) | 铀系 |
| $^{228}$Ra | 新钍 I(MsThI) | $\beta^-$ | 5.76a | 0.039(60)、0.0145(40) | 钍系 |

（2）镭及其化合物的性质

镭位于周期表中第七周期ⅡA族，是典型的碱土金属。它和其他碱土元素一样，在化合物中呈+2价，其化学性质与同族元素钡特别相似。金属镭具有银白色光泽，其相对密度为 6.0，熔点约为 960 ℃，沸点约为 1140 ℃。镭在空气中不稳定，表面易形成一层黑色

的氮化镭 $Ra_3N_2$ 薄膜，亦易被氧化成氧化镭 $RaO$。镭与水能发生剧烈反应，使水分解出 $H_2$，生成 $Ra(OH)_2$。$Ra(OH)_2$ 能溶于水，与酸作用生成相应的盐：

$$Ra(OH)_2 + 2HCl \xlongequal{\quad\quad} RaCl_2 + 2H_2O \qquad\qquad (4.42)$$

镭的化学性质十分活泼，所以镭通常以镭盐形式存在。镭的主要可溶性盐有 $RaCl_2$、$RaBr_2$、$Ra(NO_3)_2$ 和 $RaS$；其主要的难溶性盐类有 $RaSO_4$、$RaCO_3$、$RaCrO_4$、$RaCr_2O_4$、$Ra_3(PO_4)_2$、$RaMoO_4$、$RaWO_4$ 和 $Ra(IO_3)_2$ 等。其中，$RaSO_4$、$RaCO_3$、$RaCrO_4$ 和相应的钡盐所形成的共结晶沉淀常用于镭的分离测定。镭和钡的几种盐类在水中的溶解度列于表 4.8 中。

**表 4.8　几种镭和钡的化合物在水中的溶解度（20 ℃）**

| 化合物 | 镭盐 | 钡盐 |
| --- | --- | --- |
| 硫酸盐 | $2 \times 10^{-5}$ g/L | $2.4 \times 10^{-3}$ g/L |
| 硝酸盐 | 39 g/L | 92 g/L |
| 氯化物 | 250 g/L | 137 g/L |
| 溴化物 | 700 g/L | 1041 g/L |
| 碘酸盐 | 0.175 g/L(0 ℃) | 0.08 g/L(0 ℃) |
| 铬酸盐 | 难溶 | 较难溶 |
| 碳酸盐 | 较难溶 | 难溶 |

所有纯的镭盐在暗处都能发出美丽的淡蓝色荧光。

（3）镭的水溶液化学

镭离子是无色的，在溶液中不水解，故进入人体的可溶性镭是以 $Ra^{2+}$ 状态存在的。$Ra^{2+}$ 在低浓度下极易被玻璃器皿、滤纸或其他杂质吸附，其吸附量随 pH 值的增大而增加，这给镭的研究和测定带来了困难。因此，操作镭溶液应在较高的酸度下进行。$Ra^{2+}$ 还能被高锰酸钾活化的锯末、硫酸炭化的锯末和磺化煤等吸附剂强烈地吸附。这些吸附剂对镭的吸附率可达 90% 以上，且具有成本低、操作简单等优点，适用于处理厂矿中含镭废水。镭能与 EDTA、DTPA、柠檬酸和 2,3-二硫基丙磺酸钠等形成配合物，此性质可用于人体中镭的促排。

（4）镭的分析测定

在一般情况下，环境和生物样品中镭的含量很低，如我国各类主要食品中，$^{224}$Ra、$^{226}$Ra 和 $^{228}$Ra 的含量一般在 $3.7 \times 10^{-3} \sim 0.37$ Bq/kg 范围内。因此，环境和生物样品中镭的测定一般需先进行富集和分离纯化，然后采用测量镭子体活度的方法（如射气法等）或直接测镭放射性的方法（如 α 计数法、α 能谱法、γ 能谱法等）来测定。在高本底辐射地区、铀和钍的矿区及水冶厂、生产和使用含镭物质（如发光涂料）的工厂，其环境样品中镭的含量可能比较高。通常镭的放射性测定是以 $^{226}$Ra 为主要测定对象。图 4.9 为射气法测镭的装置示意图。此法对水中镭的检测限为 $2.0 \times 10^{-3} \sim 3.0 \times 10^{-3}$ Bq/L。

射气法除了可以测定样品中 $^{226}$Ra 的含量外，还可以利用 $^{224}$Ra 的子体 $^{220}$Rn 的半衰期（55.6 s）远比 $^{222}$Rn 的半衰期（3.82 d）短的衰变特性，先测出 $^{220}$Rn 和 $^{222}$Rn 的总量，待 $^{220}$Rn 衰变完后再测出 $^{222}$Rn 的含量，从而可以分别计算出样品中 $^{224}$Ra 和 $^{226}$Ra 的含量。

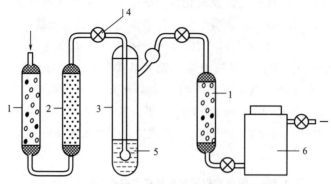

图 4.9　射气法测镭装置示意

1—CaCl₂ 干燥器；2—活性炭吸附器；3—鼓泡器；4—阀；5—镭样品溶液；6—电离室（或闪烁室）

（5）镭的用途与危害

镭早期曾广泛用于生产发光粉、中子源、γ 辐射探伤和辐射治疗等，但后来分别被性能更好的$^3$H、$^{147}$Pm（生产发光粉），$^{239}$Pu-Be，$^{241}$Am-Be（中子源），$^{60}$Co，$^{137}$Cs（γ 辐射探伤和辐射治疗）取代。目前镭主要用于制备镭标准源。镭在衰变过程中的反冲作用以及镭的物理化学和结晶化学性质，使它在矿石受地下水腐蚀时易被浸出，其流失量可达85%。因此，在铀、钍矿区的环境和生物样品中，镭的含量较高，是必须监测的一个元素。镭是亲骨性元素，生物半排期长，毒性大，其中$^{228}$Ra、$^{226}$Ra、$^{224}$Ra 和$^{223}$Ra 均属高毒性核素。镭经食入途经进入人体后，主要蓄积在骨骼。急性镭中毒会引起与外照射相似的急性放射病，造成骨髓损伤以及造血组织的严重破坏等；慢性镭中毒可引起骨肿瘤和白血病。

### 4.1.4.2　氡

（1）概述

1899 年，欧文（R. B. Owens）和 Rutherford 在研究钍的放射性时，发现了氡（$^{220}$Rn），当时称为钍射气。次年，道恩（F. Dorn）又发现了$^{222}$Rn。它们分别为钍和铀的放射性子体。在氡的放射性同位素中，最重要的是三个天然放射系的成员$^{219}$Rn、$^{220}$Rn 和$^{222}$Rn，它们的主要核特性列于表 4.9 中。氡是无色无臭无味的气体，它是铀衰变系中常温下唯一的气态元素，一般以单原子气体形式存在。氡的相对密度较大，标准状况下，其密度为 9.73 g/L，是惰性气体中最重的元素。氡在常温下为气体，但温度降到−61.8 ℃时变成能放出磷光的无色液体，其密度为 4.44×10³ g/L，温度降到−71 ℃时则变成闪闪发光的橙黄色固体。氡微溶于水和血液，但易溶于苯、甲苯、二硫化碳等有机溶剂，此性质可用于氡的分离。

表 4.9　天然氡同位素的主要核特性

| 同位素 | 习用名称 | 衰变方式 | 半衰期 | 粒子能量/MeV（%） | 所属放射系 |
|---|---|---|---|---|---|
| $^{219}$Rn | 锕射气 | α | 3.96s | 6.8193(81.0) | 锕系 |
| $^{220}$Rn | 钍射气 | α | 55.6s | 6.2883(99.93) | 钍系 |
| $^{222}$Rn | 镭射气 | α | 3.82a | 5.6897(99.9) | 铀系 |

（2）氡及其子体的性质

氡是周期表中的零族元素，属稀有气体。在一般条件下，氡的化学性质是很不活泼的，但在强氧化剂、氟化剂的作用下可发生反应，如与液态氟、氟的卤化物、$O_2F_2$ 等作用可生成 $RnF_2$ 和 $RnF_4$ 等氟化物。此外，还可生成 $RnF_2 \cdot 2BiF_3$ 和 $RnF_2 \cdot IF_3$ 等配合物。氡易被脂肪、橡胶、黏土、活性炭、硅胶和其他吸附剂吸附，这是一种物理吸附，其吸附能力随温度增加而急剧下降。如常温下活性炭能吸附约 $100\%$ 的氡，加热到 350 ℃ 时吸附的氡又全被解吸下来。此特性常用来除去气体中的氡及监测环境和生物样品中的微量氡。

氡子体则与氡不同，它们不是气体，而是重金属的固体。刚生成的氡子体以自由单原子状态或带正电荷的离子形式存在，具有较强的扩散能力，并能与空气中的气溶胶或尘埃结合在一起形成结合态氡子体。氡子体在 α 衰变时的反冲效应能将结合态氡子体转变为非结合态氡子体。氡子体有很强的附着能力，从而使器物表面形成难以除去的"放射薄层"。

（3）氡及其子体的分析测定

氡的分离比较简单。大气中的氡一般可用活性炭吸附进行分离和富集；水中的氡可用溶剂萃取法进行分离。氡及其子体的测定一般采用放射性测量法，如静电计法、硫化锌闪烁计数法、积分计数法、双滤膜或气球放射性测量法、径迹蚀刻法、液体闪烁计数法和 α 能谱法等。

（4）氡的用途及其危害

氡主要存在于铀、钍矿石，矿井水和矿泉水中。一般所指的氡是 $^{226}Ra$ 的衰变产物 $^{222}Rn$。氡经分子扩散、强迫对流和空气渗入而在自然界中迁移。一般情况下，室内空气中氡及其子体的浓度高于室外，室内空气入口平均氡浓度为 40 $Bq/m^3$。氡及其子体主要经吸入途径进入人体。吸入氡及其子体后所产生的辐射剂量是人类受到天然辐射的主要来源，而氡本身所致的辐射剂量与其子体相比是很小的。大部分附着于空气尘埃或气溶胶上的结合态氡子体可沉积于肺部；而附着的原子状态的氡子体则沉积于上呼吸道。氡子体的长期过量积累使肺部和上部支气管的上皮基底细胞接受慢性照射而诱发肺癌。氡可用于制备实验用的氡-铍中子源。氡还可以用作气体示踪剂，以检验管道泄漏等。此外，定期监测深井水中氡含量的变化可用来预测地震。

### 4.1.4.3　钋

（1）概述

1898 年居里夫人发现了钋，居里夫人为了纪念她的祖国波兰而将其命名为 polonium。铀系和钍系的衰变均可产生钋，所以天然铀、钍矿石中都含有钋，但其含量很少。目前，钋的重要同位素 $^{210}Po$ 是从核反应堆中大量制得的，其核反应为：

$$^{209}Bi（n, \gamma）^{210}Bi \xrightarrow{\beta^-（5.01d）} {}^{210}Po \xrightarrow{\alpha（138.4d）} {}^{206}Pb（稳定）\qquad（4.43）$$

$^{210}Po$ 是最重要的 α 放射性同位素，它是铀系子体核素，半衰期为 138.4 d，衰变生成稳定核素 $^{206}Pb$，同时放出能量为 5.3405 MeV 的 α 射线，其比活度高达 $1.67 \times 10^{11}$ Bq/mg。

（2）钋及其主要化合物的性质

金属钋质软，在暗处发光，钋的相对密度为 9.6，熔点为 254 ℃，沸点为 949 ℃。钋易挥发，700 ℃时升华，900 ℃时完全挥发。钋属于周期表中第六周期 VIA 族元素，其化学性质与碲类似，但金属性比碲强。钋与周期表中左邻元素铋也有相似之处。Po（IV）的盐类主要有 $PoCl_4$、$Po(NO_3)_4$ 和 $Po(SO_4)_2$ 等。钋的卤化物是易挥发的共价化合物，在高于 150 ℃时会挥发，这在含钋样品的预处理中必须引起足够的重视。由于 $^{210}Po$ 的 α 辐射很强，可使其盐溶液发生辐射分解，不断产生 $H_2O_2$ 和 $O_3$ 等气体，并放出大量的热。当 $^{210}Po$ 的浓度较高时，由于辐射气体所产生的气压不断增加，会引起盛放钋盐溶液的安瓿瓶爆炸。

（3）钋的水溶液化学

钋是典型的两性元素，有 $-2$、$+2$、$+4$ 和 $+6$ 价化合物，钋在水溶液中能以 $Po^{2+}$、$Po^{4+}$、$PoO_3^{2-}$、$PoO_2^{2+}$ 和 $PoO_4^{2-}$ 等形态存在，其中以 $Po^{4+}$ 最稳定。当 pH > 7.5 时，钋形成带负电荷的氢氧化物真胶体。pH 为 12～14 时，氢氧化钋溶解，生成 $PoO_3^{2-}$。钋离子容易被溶液中的其他杂质颗粒吸附而形成假胶体，也容易吸附在玻璃等器皿的壁上，甚至在稀酸溶液中也是如此。因此，为了避免钋的水解和吸附损失，应在浓度大于 2 mol/L 的酸溶液中进行钋的相关操作。$Po^{4+}$ 与氢氧化钠溶液作用，生成亚钋酸钠（$Na_2PoO_3$）沉淀，而该沉淀与酸作用又可转变为四价钋盐。这是钋具有两性性质的又一例证。$Po^{4+}$ 在酸性溶液中最稳定，但可被 $H_2S$、$SO_2$、$N_2H_4$ 和 $As_2O_3$ 等还原剂还原成三价钋。$Po^{4+}$ 在 $HNO_3$ 介质中能发生歧化反应，生成 $Po^{2+}$ 和 $PoO_2^{2+}$；$Po^{2+}$ 又能被 $HNO_3$ 逐渐氧化成 $Po^{4+}$，因此 $HNO_3$ 溶液中 $Po^{4+}$ 可被全部氧化成 $PoO_2^{2+}$。$Po^{4+}$ 也可被次氯酸盐和 $Cl_2$ 等氧化剂氧化成六价。钋的氧化物有 $PoO$、$PoO_2$ 和 $PoO_3$ 三种，其中 $PoO_2$ 在溶液中呈碱性，与酸作用生成相应的盐：

$$PoO_2 + 4HCl = PoCl_4 + 2H_2O \qquad (4.44)$$

Po（IV）的氢氧化物为 $PoO_2 \cdot H_2O$ 或 $PoO(OH)_2$，它是由 $Po^{4+}$ 在中性或弱碱性溶液中水解析出的难溶化合物，具有两性性质，既能与酸作用生成相应的盐，又能与强碱（5 mol/L 的氢氧化钠溶液）作用生成亚钋酸盐沉淀。

$Po^{4+}$ 生成络合物的能力很强，它与配位体的亲和力有如下顺序：

$$OH^- > TTA > HY^{3-}（Y 为乙二胺四乙酸根）> C_2O_4^{2-} > HCit^{2-} > Tart^{2-} >$$
$$CH_3COO^- > Cl^- > SO_4^{2-} > PO_4^{3-} > NO_3^- > ClO_4^- \qquad (4.45)$$

$Po^{4+}$ 在 9 mol/L $HNO_3$ 溶液中可以生成 $Po(NO_3)_6^{2-}$ 配阴离子。这一特性易被用于 $TiO_2$ 柱色谱法从堆照射铋靶中大量提取 $^{210}Po$。

$Po^{4+}$ 能形成 $M_2(PoX_6)$ 配合物（M 为碱金属或 $NH_4^+$ 等一价阳离子，X 为卤素离子），其中 $M_2(PoCl_6)$ 与 $Pb^{4+}$、$Pt^{4+}$ 等的相应配合物能形成同晶共沉淀，可用于微量钋的分离与富集。钋与巯基型络合剂如二巯基丙醇（BAL）、二巯基丙磺酸钠和二乙基二硫代氨基甲酸钠等能生成易溶性的稳定配合物，这类配合剂对人体内钋的促排有较好效果。钋还能与有机试剂 TTA、TBP、EDTA、双硫腙和柠檬酸等形成配合物，常用于钋的萃取分离和表面去污。

（4）$^{210}$Po 的分析测定

$^{210}$Po 的分离方法有共沉淀法、溶剂萃取法、离子交换法、色谱法、挥发法和电化学分离法等。环境和生物样品中微量 $^{210}$Po 的测定常用电化学置换分离-α 计数法。它是使钋自发沉积在银片、铜片或镍片上，从而得到分离和富集，再测量镀片上 $^{210}$Po 的 α 活度。其中又以银片的分离效果最好，其电化学置换原理如下：

$$Po^{4+} + 4e^- \longrightarrow Po \tag{4.46}$$

$$4Ag \longrightarrow 4Ag^+ + 4e^- \tag{4.47}$$

钋能自发进行电化学置换的特性是大多数 α 放射性核素（如 $^{226}$Ra、$^{222}$Th、$^{238}$U、$^{239}$Pu、$^{237}$Np 和 $^{241}$Am 等）所不具备的，因而此法选择性高，且操作简便，可制备适宜于 α 计数的均匀薄膜源，因此广泛用于环境和生物样品中钋的测定。例如，铀矿或 $^{210}$Po 操作人员尿和头发中的 $^{210}$Po 就常用电化学置换分离-α 计数法来测定。

（5）钋的用途及危害

$^{210}$Po 可用作 α 放射源和宇航仪器的热能源，$^{210}$Po 还可用于制造 $^{210}$Po-Be 中子源和静电消除器等。$^{210}$Po 属极毒性核素，它容易通过核反冲作用而形成放射性气溶胶，污染环境空气，并通过呼吸道甚至渗透皮肤而进入人体，因此 $^{210}$Po 必须密封保存；钋是放射性元素中最容易形成胶体的一种元素，它在体内水解生成的胶粒极易牢固地吸附在蛋白质上，也能与血浆结合成不易扩散的化合物，因此对人体的危害很大；$^{210}$Po 进入人体后，能长期滞留于骨、肺、肾和肝中，引起严重的辐射损伤，远期效应可引起肿瘤。

## 4.2　人工放射性元素化学

### 4.2.1　概述

1934 年，人工放射性的出现，为寻找 43、61、85 和 87 号这几个元素开辟了新的途径。

1937 年意大利科学家 C. Perrier 和 Segre 用 152.4 cm 回旋加速器产生 8 MeV 氘核轰击钼发生 $^{96}$Mo(d, n)$^{97}$Tc 反应，首次获得了约 $10^{-10}$ g 43 号元素，并把它命名为锝（Tc）。锝是人工制造的第一个元素，其名称取自希腊语 *technetos*，意为"人造的"。后来华裔美籍科学家吴健雄等在铀的裂变产物中也发现了锝。锝的同位素中 $^{99}$Tc 和 $^{99m}$Tc 最重要。$^{99}$Tc 是 β 放射体，半衰期为 $2.14 \times 10^5$ a，能量为 0.292 MeV。$^{99m}$Tc 主要放射出 γ 射线，能量为 0.1405 MeV（99%），半衰期为 6.02 h。

在核反应堆中 $^{238}$U 连续俘获中子后，生成 $^{241}$U，再经两次 β 衰变生成 $^{241}$Pu，进一步发生 β 衰变生成 $^{241}$Am。在这条衰变链中，$^{241}$Pu、$^{241}$Am 半衰期短，全部衰变成子体 $^{237}$Np 后，由于 $^{237}$Np 的半衰期最长（$t_{2/1} = 2.144 \times 10^6$ a），依然存在，因此，这个系称为镎系（又称 $4n+1$ 系，图 4.10）。早期认为该衰变系以 $^{209}$Bi 为终止核素，2003 年发现 $^{209}$Bi 为 α 衰变核素（$t_{2/1} = 1.9 \times 10^{19}$ a），镎系的终止核素为稳定核素 $^{205}$Tl，在该衰变系中最重要的核素为 $^{233}$U（$t_{2/1} = 1.592 \times 10^5$ a），它和 $^{235}$U 一样容易俘获慢中子发生裂变。

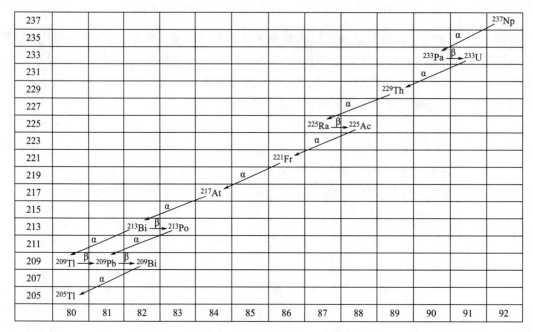

图 4.10　镎系（4n＋1 系）

三大天然放射系和一个人工放射系的衰变特点见表 4.10。

**表 4.10　放射系衰变规律**

| 放射系名称 | 起始核素 | 终止核素 | α 衰变次数 | β 衰变次数 | 衰变链中的射气 |
| --- | --- | --- | --- | --- | --- |
| U 系 | $^{238}$U | $^{206}$Pb | 8 | 6 | $^{222}$Rn |
| Th 系 | $^{232}$Th | $^{208}$Pb | 6 | 4 | $^{220}$Rn |
| Ac 系 | $^{235}$U | $^{207}$Pb | 7 | 4 | $^{219}$Rn |
| Np 系 | $^{237}$Np | $^{205}$Tl | 8 | 4 | |

## 4.2.2　人工放射性元素锝

### 4.2.2.1　锝的物理化学性质

金属锝呈银白色，在潮湿的空气中慢慢失去光泽，而在干燥空气中则不变。在氯气中锝的反应缓慢且不完全。锝与锰和铼同属ⅦB 族，但其物理化学性质更接近于铼。能以 $-1\sim+7$ 价的各种价态存在，其中以 $+7$ 价最稳定。锝在氧气中燃烧生成易挥发的 $Tc_2O_7$，$300\ ℃$时即升华。$Tc_2O_7$ 溶于水生成高锝酸（$HTcO_4$），它是一种相当强的一元酸，在溶液中以最稳定的 $TcO_4^-$ 形式存在，且能强烈地吸收紫外线，此性质可用于锝的分光光度法测定。锝的另一个稳定的价态是 $Tc(Ⅳ)$，锝的其余价态在各种不同形式的配合物中才能看到。低于四价的锝易氧化为 $Tc(Ⅳ)$ 或 $Tc(Ⅶ)$，而 $Tc(Ⅴ)$、$Tc(Ⅵ)$ 易歧化为 $Tc(Ⅳ)$、$Tc(Ⅶ)$。

$$2TcO_4^{2-}+H_2O\longrightarrow TcO_4^-+TcO_3^-+2OH^-$$

（4.48）

$$TcO^{3-} \longrightarrow TcO_4^{2-} + TcO_2 \tag{4.49}$$

金属锝不溶于盐酸，但能溶于具有氧化性的酸如硝酸、王水和浓硫酸中，也能溶于溴水以及中性或碱性的过氧化氢溶液中。锝还能生成挥发性较小的二氧化锝 $TcO_2$。锝的其他高价化合物还有 $Tc_2S_7$、$HTcO_4$ 和高锝酸盐。高锝酸的钠盐和铵盐易溶于水，但是其钾、铷、铯和银等盐的溶解度则很小。高锝酸银（$AgTcO_4$）、高锝酸四苯基砷 $\{[(C_6H_5)_4As]TcO_4\}$ 等可在锝的重量法测定中作为基准物质。

$Tc(\mathrm{IV})$ 和 $Tc(\mathrm{V})$ 可生成 $M_2TcX_6$ 和 $MTcX_6$（M 代表一价金属）两类卤素配合物，如在浓盐酸中，Tc 以 $[TcCl_6]^{2-}$ 配阴离子形式存在。在一定条件下，许多含硫或含氮的有机化合物如硫氢化物、$\alpha$-吡啶甲酸、磺基水杨酸等能与五价锝或四价锝形成有色配合物，此特性可用于锝的分光光度法测定。

钼锝发生器的淋洗流出液中，锝以 $TcO_4^-$ 形式存在，它可作为注射液用于甲状腺、脑和唾液腺等的显像，也可利用简单的化学操作很容易地转变成其他化学形式用于其他脏器的显像。

### 4.2.2.2 锝的分析测定

（1）分离富集

在锝的分离和纯化过程中，最困难的是将锝与同族元素铼以及周期表中邻近的元素钌、钼进行分离。目前，常用的分离方法有蒸馏法、溶剂萃取法、沉淀法、结晶法和离子交换色谱法等。

蒸馏法是利用 $Tc_2O_7$ 易挥发的特点，将锝蒸馏出来，以分离和纯化锝。但此时钌也会以 $RuO_4$ 形式被蒸出，因此还必须将馏出液中的锝与钌进行分离。

溶剂萃取法是从各种杂质中分离提取锝的一种有效方法。只要选择合适的萃取剂和工艺条件，则对锝与同族元素铼的分离也是相当有效的。例如，在碱性介质中用吡啶萃取，或在碱性溶液及碱金属的碳酸盐溶液中用同类萃取剂萃取，其分离效果都比较好。

沉淀法是利用锝的难溶化合物如硫化物 $Tc_2S_7$ 或某些高锝酸盐来进行锝的分离富集的方法。甚至可利用在浓盐酸溶液中锝和铼与硫化铂共沉淀能力的不同来实现锝与铼的分离。

离子交换色谱法是迄今将锝与铼、钼进行定量分离的最好方法。它是利用高锝酸根比铼、钼更强烈地被强碱性阴离子交换树脂所吸附的性质来进行分离的。只要选择适宜的淋洗剂，锝与铼、钼分离的效果就比较好。

环境和生物样品中的 Tc 含量极少，又常常与同族元素或邻近元素共存，因此其分离需综合采用几种分离技术的复杂程序。例如，环境水样中 $^{99}$Tc 的分离就是先在碱性条件下加入 NaClO，进行蒸发浓缩，再加入无水乙醇，将钌生成 $RuO_2$ 沉淀，使钌与锝分离，然后在酸性条件下使锝处于 $TcO_4^-$ 状态，利用 $Fe(OH)_3$ 沉淀清除其他放射性杂质核素，再经过 CuS 沉淀载带和三异辛胺萃取分离进一步分离纯化，最后电沉积在不锈钢片上，测量其活度。

（2）测定方法

微量 $^{99}$Tc 的测定有辐射测定法、中子活化法、分光光度法、光谱法、极谱法等。最常用的是辐射测定法和中子活化法。$^{99m}$Tc 的测定一般用 γ 谱仪。

$^{99}$Tc 是 β 放射性核素，但其能量低，因此辐射测定必须制成均匀的薄源，可采用电沉积法，或采用液体闪烁法，可大大提高探测效率。

中子活化法是利用 $^{99}$Tc(n, γ) 核反应生成的 $^{100}$Tc 来进行测量的，其检测限为 4pg，适合于环境和生物样品的分析。但是，$^{100}$Tc 的半衰期仅有 15.8 s，所以辐射后的样品必须用快化学法进行分离，使其应用受到很大限制。

分光光度法是根据高锝酸根（$TcO_4^-$）强烈地吸收紫外光的特性来进行测定的。高锝酸根吸收紫外光时，在 289 nm 和 247 nm 处出现最大吸收峰，其相应的摩尔吸光系数为 2340 L/(mol·cm) 和 6200 L/(mol·cm)。此法测定锝的灵敏度可达 $10^{-6}$ g/L。

### 4.2.2.3 锝的用途与危害

锝具有耐腐蚀、中子俘获截面小和高的超导跃变等特性，因而是一种有前途的结构材料和超导材料。$^{99m}$Tc 属于单一低能 γ 辐射，半衰期也较理想，它的一些化合物及配合物几乎可用于人体所有脏器的显影扫描。据估计，世界各国在核医学放射性显像中有 80% 以上都使用 $^{99m}$Tc 标记的药物，在医学中常用 $^{99}$Mo-$^{99m}$Tc 放射性同位素发生器（俗称钼锝"母牛"）来制备 $^{99m}$Tc。

$^{99}$Tc 和 $^{99m}$Tc 均属低毒核素。$^{99}$Tc 的裂变产额高（$^{235}$U 为 6.1%），半衰期长，可在动物体内富集，在核燃料再生循环中可生成挥发性化合物。所以，$^{99}$Tc 虽是低毒性核素，但随着核能事业的发展及其广泛应用，从长远的观点来看，它也是一种重要的环境污染核素。据估计，一万年后，它与 $^{129}$I 和 $^{237}$Np 等可能成为环境中最重要的危害核素。我国规定，$^{99}$Tc 和 $^{99m}$Tc 在露天水源中的限制浓度分别为 $1.9×10^3$ Bq/L 和 $3.0×10^4$ Bq/L；在放射性工作场所空气中的最大容许浓度分别为 $2.2×10^2$ Bq/L 和 $3.7×10^2$ Bq/L。

## 4.2.3 人工放射性元素钷

钷（promethium）是人工放射性元素，其同位素中 $^{145}$Pm 半衰期最长，为 17.7 a，不过只有 $^{147}$Pm 可以从裂变产物中大量得到，其半衰期为 2.62 a，为纯 β 放射体，能量为 0.2245 MeV，比活度为 $3.43×10^7$ Bq/μg。

$^{147}$Pm 只需要简单屏蔽就可作为核电池，可用于心脏起搏器及空间能源，也可作为发光粉的添加剂用于钟表等。$^{147}$Pm 属中毒核素，但它能通过完整皮肤进入体内。

钷具有一般稀土的通性，它在化合物中只呈 +3 价。它的氧化物 $Pm_2O_3$ 为紫色，难溶于水，是用作放射性核电池的最好形式。向钷的盐溶液中滴加 NaOH 或氨水即有浅棕色的 $Pm(OH)_3$ 沉淀出现，灼烧此沉淀可转变为 $Pm_2O_3$。钷的硝酸盐、醋酸盐和氯化物均溶于水，而其碳酸盐、草酸盐、磷酸盐和氟化物等均难溶于水。

与其他镧系元素一样，钷还能与一些含氧、含氮和含磷类萃取剂（如 TTA、铜铁灵、8-羟基喹啉等）形成稳定的配合物。在高酸度条件下，钷也能被 TBP 萃取。此性质可用于钷的萃取分离。钷还能与一些氨羧配合剂和羟基酸配合剂（如乳酸、α-羟基异丁酸、EDTA、DTPA 等）形成配合物。利用钷与其他稀土元素的这一类配合物的配位稳定常数的不同，可在离子交换色谱柱或反相萃取色谱柱上将它们分离。这一性质还用于钷的促排，其中以 DTPA 效果最佳。

$^{147}$Pm 的分析测定多采用辐射测量法。钷的 β 射线能量很低，为了提高计数率，一般均采用液体闪烁计数法，而且要求在测量前对钷进行有效的分离和纯化。但由于 $^{147}$Pm 的分离、纯化比较困难，采用单一的分离技术难以达到要求，因而往往需要将多种分离技术联用。例如，可先采用 HDEHP 萃取法将钷与其他稀土元素从样品中萃取分离出来，然后在阳离子交换树脂柱上用 EDTA 或氮川三乙酸（NTA）、α-羟基异丁酸作淋洗剂进行离子交换色谱分离，将 $^{147}$Pm 与其他稀土元素分开，最后用液体闪烁计数器测量 $^{147}$Pm 的 β 放射性活度；也可以先用氢氧化物共沉淀法将钷和其他稀土元素进行富集，然后再用 HDEHP 在不同条件下分别萃取钇、钷和铈，使钷和铈与钇分离，再控制不同的反萃取条件将钷与铈分开，最后用液体闪烁计数器测量 $^{147}$Pm 的 β 放射性活度。

## 4.3　超铀元素化学

### 4.3.1　概述

原子序数大于 92 的所有元素统称超铀元素（transuranium element），它们主要是靠反应堆和加速器人工制得的，但核试验和核爆炸也产生了大量超铀元素。目前，已发现和制得的超铀元素共有 26 种，即元素周期表中 93～118 号元素。

从 89 号元素锕到 103 号元素铹共 15 个元素，统称为锕系元素（actinide），位于元素周期表第七周期，锕系元素这一概念最早由西博格（G. T. Seaborg）于 1944 年提出，锕系元素又称为 5f 过渡系或第二内过渡系元素，都是具有放射性的元素。在锕系15 种元素中只有钍和铀可以从自然界大量获取，其他锕系元素则主要通过人工核反应来制备。

#### 4.3.1.1　锕系元素的电子构型

锕系元素气态中性原子的基态电子构型与镧系元素相似，如表 4.11 所示，都存在一个 f 内层电子过渡系，但也存在一些差异。例如，锕系元素钍的气态原子没有 5f 电子；而元素镤、铀、镎，除有 5f 电子外，还有一个 6d 电子，这点与对应的镧系元素是不同的；锔由于 5f 层已半充满，还有一个 6d 电子，这与镧系的钆的情形相似。

#### 4.3.1.2　锕系元素的价态和离子半径

（1）价态

由表 4.12 可知，锕系元素的价态比镧系元素有更多的变化，这是由于锕系元素的 5f 电子与外层电子的能级相差较小，5f 轨道可以参与成键。在不含配位剂的水溶液（例如高氯酸溶液）中，铀之前锕系元素的高价稳定性随原子序数的增加而增加；而铀之后元素的高价稳定性却随原子序数的增加而降低；对于超镎元素而言，最稳定的价态基本都是正三价。

表 4.11　锕系元素中性原子和气态锕系的基态电子结构

| 原子序数 | 元素符号 | 电子构型[1] | 原子序数 | 元素符号 | 电子构型[2] |
|---|---|---|---|---|---|
| 89 | Ac | $6d7s^2$ | 57 | La | $5d6s^2$ |
| 90 | Th | $6d^27s^2$ | 58 | Ce | $4f5d6s^2$ |
| 91 | Pa | $5f^26d7s^2$ | 59 | Pr | $4f^36s^2$ |
| 92 | U | $5f^36d7s^2$ | 60 | Nd | $4f^46s^2$ |
| 93 | Np | $5f^46d7s^2$ | 61 | Pm | $4f^56s^2$ |
| 94 | Pu | $5f^67s^2$ | 62 | Sm | $4f^66s^2$ |
| 95 | Am | $5f^77s^2$ | 63 | Eu | $4f^76s^2$ |
| 96 | Cm | $5f^76d7s^2$ | 64 | Gd | $4f^75d6s^2$ |
| 97 | Bk | $5f^86d7s^2$ 或 $5f^97s^2$ | 65 | Tb | $4f^85d6s^2$ 或 $4f^96s^2$ |
| 98 | Cf | $5f^{10}7s^2$ | 66 | Dy | $4f^{10}6s^2$ |
| 99 | Es | $5f^{11}7s^2$ | 67 | Ho | $4f^{11}6s^2$ |
| 100 | Fm | $5f^{12}7s^2$ | 68 | Er | $4f^{12}6s^2$ |
| 101 | Md | $5f^{13}7s^2$ | 69 | Tm | $4f^{13}6s^2$ |
| 102 | No | $5f^{14}7s^2$ | 70 | Yb | $4f^{14}6s^2$ |
| 103 | Lr | $5f^{14}6d7s^2$ | 71 | Lu | $4f^{14}5d6s^2$ |

① 系指氡壳心（$1s^22s^22p^63s^23p^63d^{10}4s^24p^64d^{10}4f^{14}5s^25p^65d^{10}6s^26p^6$）外的电子层。

② 系指氙壳心（$1s^22s^22p^63s^23p^63d^{10}4s^24p^64d^{10}5s^25p^6$）外的电子层。

表 4.12　锕系元素的价态

| 锕系元素 | Ac | Th | Pa | U | Np | Pu | Am | Cm | Bk | Cf | Es | Fm | Md | No | Lr |
|---|---|---|---|---|---|---|---|---|---|---|---|---|---|---|---|
| 原子序数 | 89 | 90 | 91 | 92 | 93 | 94 | 95 | 96 | 97 | 98 | 99 | 100 | 101 | 102 | 103 |
|  |  |  |  |  |  |  |  |  |  |  |  |  | (1) |  |  |
|  |  | (2) |  |  |  |  | (2) |  |  | 2 | 2 | 2 | 2 | 2 |  |
| 价态 | **3** | (3) | (3) | 3 | 3 | 3 | **3** | **3** | **3** | **3** | **3** | **3** | **3** | **3** | **3** |
|  |  | **4** | 4 | 4 | 4 | **4** | 4 | 4 | 4 | (4) |  |  |  |  |  |
|  |  |  | **5** | 5 | **5** | 5 | 5 | (5) | (5) |  |  |  |  |  |  |
|  |  |  |  | **6** | 6 | 6 | 6 | (6) |  |  |  |  |  |  |  |
|  |  |  |  |  | 7 | 7 | (7) |  |  |  |  |  |  |  |  |
|  |  |  |  |  |  | (8) |  |  |  |  |  |  |  |  |  |

注：黑体数字为水溶液中最稳定的价态。带括号的值为没有确认的价态以及在熔融时存在的价态。

（2）锕系元素及镧系元素的离子半径

表 4.13 列出了锕系和镧系元素几种价态的离子的半径。锕系和镧系一样，其离子半径随原子序数增加而减小，这种现象称为锕系收缩。但是这种收缩是不均匀的，前面几个锕系元素收缩的幅度较大，比相应镧系的收缩幅度大；后面锕系元素收缩的幅度越来越小，甚至比相应镧系收缩的幅度还小。此结果就使锕系元素间化学上的差别随原子序数增加而逐渐变小，以致分离超钚元素变得越来越困难。

表 4.13　锕系和镧系元素的离子半径（配位数为 6）（0.1nm）

| 镧系元素 | | | 锕系元素 | | | | |
|---|---|---|---|---|---|---|---|
| 元素 | $r M^{3+}$ | $r M^{4+}$ | 元素 | $r M^{3+}$ | $r M^{4+}$ | $r M^{5+}$ | $r M^{6+}$ |
| La | 1.061 | | Ac | 1.11 | | | |
| Ce | 1.034 | 0.92 | Th | 1.08 | 0.99 | | |
| Pr | 1.013 | 0.90 | Pa | 1.05 | 0.96 | 0.90 | |
| Nd | 0.995 | | U | 1.03 | 0.93 | 0.89 | 0.83 |
| Pm | 0.979 | | Np | 1.01 | 0.92 | 0.88 | 0.82 |
| Sm | 0.964 | | Pu | 1.00 | 0.90 | 0.87 | 0.81 |
| Eu | 0.950 | | Am | 0.99 | 0.89 | 0.86 | 0.80 |
| Gd | 0.938 | | Cm | 0.986 | 0.88 | | |
| Tb | 0.923 | 0.84 | Bk | 0.981 | 0.87 | | |
| Dy | 0.908 | | Cf | 0.976 | | | |
| Ho | 0.894 | | Es | 0.970 | | | |
| Er | 0.0881 | | | | | | |
| Tm | 0.869 | | | | | | |
| Yb | 0.858 | | | | | | |
| Lu | 0.848 | | | | | | |

### 4.3.1.3　锕系元素的水溶液化学

（1）氧化还原反应

锕系元素离子 $M^{3+}/M^{4+}$ 和 $MO_2^+/MO_2^{2+}$ 的氧化反应比 $M^{4+}/MO_2^+$ 和 $M^{4+}/MO_2^{2+}$ 要容易得多，因为前者只需转移一个电子，后者则要形成或断裂 M—O 键。此外，反应过程中有 $H^+$ 参与，电极电势还要受酸度的影响：

$$MO_2^+ + 4H^+ + e^- \Longrightarrow M^{4+} + 2H_2O \tag{4.50}$$

$$MO_2^{2+} + 4H^+ + 2e^- \Longrightarrow M^{4+} + 2H_2O \tag{4.51}$$

因此降低酸度有利于 $M^{4+}$ 的氧化。由于 M（Ⅳ）形成配合物的能力大于 M（Ⅵ）和 M（Ⅲ），在氧化还原过程中，加入适当的配位剂，将有利于 M（Ⅵ）还原成 M（Ⅳ）或 M（Ⅲ）氧化成 M（Ⅳ）。锕系元素中 U、Np、Pu 和 Am 的四价和五价离子在溶液中会发生自氧化还原，即歧化反应。这是锕系元素的一个重要化学特性：

$$3M^{4+} + 2H_2O \Longrightarrow 2M^{3+} + MO_2^{2+} + 4H^+ \tag{4.52}$$

$$2MO_2^+ + 4H^+ \Longrightarrow M^{4+} + MO_2^{2+} + 2H_2O \tag{4.53}$$

M（Ⅳ）歧化反应的趋势为从 U 到 Am，随原子序数的增加，趋势加大。另外，锕系元素的一些核素由于辐射化学效应导致溶液中高氧化态的强烈自还原或低氧化态的自氧化，如 $^{241}Am$（Ⅵ）在 15 mol/L CsF 溶液中的自还原速率为每小时 5%，最终产物为

Am(Ⅲ)；$^{249}$Bk(Ⅲ) 在 2 mol/L $K_2CO_3$ 溶液中自氧化成 Bk(Ⅳ)，该氧化过程完成 1/2 所用时间为 2.8 h。

（2）络合反应

溶液中锕系元素的配位能力一般按下列次序递减：M(Ⅳ)＞M(Ⅲ)≥ M(Ⅵ)＞M(Ⅴ)。由于许多锕系元素离子有类似于惰性气体的电子构型，所以它们的配位化合物主要是静电性的，因此稳定性主要取决于离子势 $z/r$（$z$ 为离子电荷，$r$ 为离子半径）。三价、四价锕系元素离子的配合物的稳定常数一般随离子势的增加而增加。锕系元素配合物的配位数因锕系元素的种类、价态及配体的不同而不同。一般来讲，三价锕系元素的配合物的配位数主要是 6 和 8，四价锕系元素配合物的配位数为 8 或 10，而锕系元素酰基离子的配位数主要是 6、7、8。锕系元素的阳离子能与许多阴离子如 $CO_3^{2-}$、$C_2O_4^{2-}$、$NO_3^-$、$Cl^-$、$OH^-$、$H_2Y^{2-}$ 等形成配阴离子，其中与 $NO_3^-$ 和 $Cl^-$ 形成配阴离子如 $M(NO_3)_6^{2-}$、$MCl_6^{2-}$，$MCl_6^{2-}$ 常用于锕系元素的萃取分离和阴离子交换分离。锕系元素离子还可与多种有机试剂如 TBP、TOPO、TTA、HDEHP、EDTA 等生成配合物，并广泛应用于锕系元素的萃取分离、纯化、去污和促排中。需要特别指出的是，目前 TBP 广泛应用于核工业生产中锕系元素的萃取分离。锕系元素离子被 TBP 萃取的能力按下列次序递减：

$$M(Ⅳ)＞M(Ⅵ)＞M(Ⅲ)＞M(Ⅴ) \tag{4.54}$$

各种四价和六价锕系离子被 TBP 萃取的能力如下，两者次序正好相反：

$$Pu(Ⅳ)＞Np(Ⅳ)＞U(Ⅳ)＞Th(Ⅳ) \tag{4.55}$$

$$Pu(Ⅵ)＜Np(Ⅵ)＜U(Ⅵ) \tag{4.56}$$

在硝酸溶液中，四价和六价锕系元素的萃取是按下列配合机理进行的：

$$MO_{2水}^{2+}+2NO_{3水}^-+2TBP_{有机} \Longrightarrow [MO_2(NO_3)_2 \cdot 2TBP]_{有机} \tag{4.57}$$

$$M_{水}^{4+}+4NO_{3水}^-+2TBP \Longrightarrow [M(NO_3)_4 \cdot 2TBP]_{有机} \tag{4.58}$$

（3）水解反应

锕系元素离子的电荷较高，它们在水溶液中大都可发生水解反应。一般来说，锕系元素三价、四价离子的水解能力随原子序数增加而增强：

$$Pu(Ⅲ)＞Np(Ⅲ)＞U(Ⅲ) \tag{4.59}$$

$$Pu(Ⅳ)＞Np(Ⅳ)＞U(Ⅳ)＞Th(Ⅳ) \tag{4.60}$$

对同一种锕系元素而言，各种价态离子的水解能力随离子势的增加而增强，其次序为：

$$M(Ⅳ)＞M(Ⅵ)＞M(Ⅲ)＞M(Ⅴ) \tag{4.61}$$

$M^{n+}$ 水解反应的第一步通常可表示为：

$$M^{n+}+H_2O \Longrightarrow MOH^{(n-1)+}+H^+ \tag{4.62}$$

显然，提高溶液的酸度，可以减弱甚至完全抑制水解反应。在低酸度溶液中，高价锕系元素离子因水解程度不同可形成多种水解产物，如 $M(OH)^{3+}$、$M(OH)_2^{2+}$、$M(OH)_3^+$、$M(OH)_4$ 等，锕系元素的大部分阳离子在水解过程中除产生单核型的水解产物外，还会形成聚合型水解产物，且有的元素离子的水解产物与放置时间有关，如 Pa(Ⅴ) 在萃取过程中，胶体的比例随时间增长而增加。

### 4.3.2 镎化学

#### 4.3.2.1 概述

1940 年，麦克米伦（E. McMillan）和艾贝尔森（P. H. Abelson）在回旋加速器中用中子轰击铀时发现了镎（$^{239}$Np），镎（neptunium）是第一个超铀元素：

$$^{238}U\ (n,\ \gamma)^{239}U\ \xrightarrow{\ \beta^-\ (23.5min)\ }\ ^{239}Np\ \xrightarrow{\ \beta^-\ (2.35d)\ }\cdots \tag{4.63}$$

$^{237}$Np 能在反应堆中大量制得，质量数大于 237 的镎均为 $\beta^-$ 衰变核素。$^{237}$Np 是 $\alpha$ 放射性核素，半衰期为 $2.14\times10^6$ a，是人工放射系镎系（$4n+1$ 系）的起始核素，通过在反应堆中辐照 $^{235}$U 和 $^{238}$U 产生：

$$^{238}U(n,\ 2n)^{237}U\ \xrightarrow{\ \beta^-\ (6.75d)\ }\ ^{237}Np \tag{4.64}$$

$$^{235}U(n,\ \gamma)^{236}U(n,\ \gamma)^{237}U\ \xrightarrow{\ \beta^-\ (6.75d)\ }\ ^{237}Np \tag{4.65}$$

$$^{238}U(n,\ \gamma)^{239}U\ \xrightarrow{\ \beta^-\ }\ ^{239}Np\ \xrightarrow{\ \beta^-\ }\ ^{239}Pu(n,\ \gamma)^{240}Pu\ \xrightarrow{\ \beta^-\ }\ ^{240}Am(n,\ \gamma)^{241}Am\ \xrightarrow{\ \alpha\ }\ ^{237}Np \tag{4.66}$$

#### 4.3.2.2 镎及其化合物的性质

镎的氧化物有 $NpO_2$、$Np_2O_5$ 和 $Np_3O_8$，其中 $NpO_2$ 最稳定。许多镎的化合物（如氢氧化物、草酸盐、硝酸盐等）在 $600\sim1000\ ℃$ 时热分解可制得 $NpO_2$。镎的氢氧化物有 $Np(OH)_4$、$NpO_2OH$、$NpO_2(OH)_2$ 等，它们都难溶于水。

镎的盐类很多，其中以四价镎盐较为重要。$Np(Ⅳ)$ 的易溶性盐类主要有 $NpCl_4$ 和 $Np(NO_3)_4\cdot2H_2O$ 等，难溶性的盐类主要有 $NpF_4$、$Np(C_2O_4)_2$、$Np(HPO_4)_2$ 和 $Np_3(PO_4)_4$ 等，利用这些难溶性镎盐可分离、纯化镎。

#### 4.3.2.3 镎的水溶液化学

（1）镎在水溶液中的价态

镎在水溶液中有 Ⅲ～Ⅶ 五种价态，不同价态的镎离子在水溶液中呈现出不同的颜色（见表 4.14）。

表 4.14 水溶液中不同价态镎离子的颜色

| 价态 | 离子形式 | 颜色 |
| --- | --- | --- |
| Np(Ⅲ) | $Np^{3+}$ | 蓝紫色 |
| Np(Ⅳ) | $Np^{4+}$ | 黄绿色 |
| Np(Ⅴ) | $NpO_2^+$ | 绿色 |
| Np(Ⅵ) | $NpO_2^{2+}$ | 粉红色 |
| Np(Ⅶ) | $NpO_5^{3-}$ | 绿色 |
| Np(Ⅶ) | $NpO_2^{3+}$ | 褐色 |

（2）镎的水解

各种价态的镎离子均可发生水解。镎离子的水解趋势为 $Np^{4+}>NpO_2^{2+}>Np^{3+}>NpO_2^+$，其中 Np（Ⅳ）的水解能力最强，在水溶液 pH＞1 时就开始水解；Np（Ⅴ）的水解能力最弱，只有在 pH＞7 时才水解；Np（Ⅵ）在 pH＞3.9 时开始水解。离子的水解反应趋势取决于离子势（$z/r_{ion}$，离子电荷除以其水合离子半径），水解产物为氢氧化物或聚合的氢氧化物。由于水解会给镎的分离工作带来困难，在操作镎时，应尽量避免水解发生，加酸和络合剂有助于抑制镎的水解。

（3）镎的络合

镎能与 $NO_3^-$、$Cl^-$、$F^-$、$SO_4^{2-}$、$CO_3^{2-}$、$C_2O_4^{2-}$ 等生成无机配合物，Np（Ⅳ）、Np（Ⅴ）或 Np（Ⅵ）与一价离子形成配合物的稳定性顺序为：

$$F^->H_2PO_4^->SCN^->NO_3^->Cl^->ClO_4^- \tag{4.67}$$

其中 Np（Ⅳ）在浓硝酸或浓盐酸溶液中能形成 $Np(NO_3)_6^{2-}$ 或 $NpCl_6^{2-}$ 配阴离子，这些配阴离子可被阴离子交换树脂吸附，且分配系数很高，此性质常用来分离纯化样品中的微量镎。镎与二价阴离子形成配合物的稳定性顺序为：

$$CO_3^{2-}>HPO_4^{2-}>SO_4^{2-} \tag{4.68}$$

镎也能与许多有机试剂生成螯合物，如 Np（Ⅳ）可与 TTA 生成螯合物 $Np(TTA)_4$；Np（Ⅴ）能与 TTA-TBP 溶液生成协萃配合物 $HNpO_2(TTA)_2 \cdot TBP$。它们都可用于萃取分离镎。

（4）镎的氧化还原反应

在溶液中，各种价态镎的氧化还原行为取决于它们的氧化还原电位：

$$NpO_2^{2+} \xrightarrow{\;+1.159V\;} NpO_2^+ \xrightarrow{\;+0.604V\;} Np^{4+} \xrightarrow{\;+0.219V\;} Np^{3+} \xrightarrow{\;-1.772V\;} Np$$

$$\underbrace{\phantom{NpO_2^{2+} \longrightarrow NpO_2^+}}_{+0.882} \qquad \underbrace{\phantom{Np^{4+} \longrightarrow Np^{3+} \longrightarrow Np}}_{-1.274}$$

Np（Ⅲ）在空气中易被氧化成 Np（Ⅳ），Np（Ⅳ）比 Np（Ⅲ）要稳定，但也能被空气或硝酸缓慢地氧化成 Np（Ⅴ）。因此，只有当合适的还原剂如 $N_2H_4$、$NH_2OH$、$SO_2$、$H_2C_2O_4$、KI、$U^{4+}$ 和 $Fe(NH_2SO_3)_2$ 等存在时，Np（Ⅳ）才能稳定存在。Np（Ⅴ）可被还原成 Np（Ⅳ）。Np（Ⅴ）是镎最稳定的价态，它在水溶液中以镎酰离子（$NpO_2^+$）存在。Np（Ⅴ）在低酸度下比较稳定，在酸度较高（＞6 mol/L）时会发生明显的歧化反应：

$$2NpO_2^+ + 4H^+ \Longrightarrow Np^{4+} + NpO_2^{2+} + 2H_2O \tag{4.69}$$

$$K_{dispro} = [Np^{4+}][NpO_2^{2+}]/[NpO_2^+]^2[H^+]^4 \tag{4.70}$$

由于 Np（Ⅳ）和 Np（Ⅵ）的配位能力大于 Np（Ⅴ），因此，加入配合剂会加速 Np（Ⅴ）的歧化。Np（Ⅵ）的稳定性较差，是中等强度的氧化剂，它可通过强氧化剂如 $Ce^{4+}$、$KBrO_3$、$NaBiO_3$ 等氧化 Np（Ⅳ）和 Np（Ⅴ）制得。在酸性溶液中，$^{237}$Np（Ⅵ）辐射自还原成 Np（Ⅴ）。Np（Ⅶ）是一种强氧化剂，它可通过更强的氧化剂如 $K_2S_2O_8$、AgO 等氧化低价的镎离子制得。在酸性介质中 Np（Ⅶ）立即转变为 $NpO_2^{2+}$。

#### 4.3.2.4　镎的分离及分析测定方法

镎的常用分离方法有共沉淀法、溶剂萃取法、离子交换色谱法、萃取色谱法、电化学沉积法等。其中共沉淀法是利用镎离子能被载体吸附来进行富集、纯化的一种方法。常用的有 $LaF_3$、$BiPO_4$ 共沉淀，它们是利用 $Np(IV)$ 能被定量吸附的性质来进行富集、纯化的；而萃取法常用于核工业生产中对镎的富集，在 2 mol/L $HNO_3$ 体系中，$10\% \sim 30\%$ TBP-苯溶液可定量萃取 $Np(IV)$ 和 $Np(VI)$。

镎的常量分析有重量法、电化学法和络合滴定法等，其微量分析有辐射测量法、荧光法、X 射线荧光法、分光光度法、质谱法、穆斯堡尔谱法等。环境和生物样品中镎的含量极低，常采用辐射测量法和中子活化法来进行测量。

#### 4.3.2.5　镎的用途与危害

$^{237}Np$ 的最大用途是生产放射性核素电池的理想原料 $^{238}Pu$，其核反应为：

$$^{237}Np(n，\gamma)^{238}Np \xrightarrow{\beta(2.117d)} {}^{238}Pu \tag{4.71}$$

$^{237}Np$ 的一个新用途是生产纯 $^{236}Pu$ 示踪剂，以评估环境中钚的含量；$^{237}Np$ 也可用于核武器，它的临界质量约为 73 kg。

$^{237}Np$ 属于核素，在体内的吸收、分布和排出与物理化学状态和进入人体途径有关，主要积聚于骨骼、肝和胃中，造成损伤。$^{237}Np$ 的比活度比天然铀高近 2000 倍，辐射损伤效应大，因此操作可称量的 $^{237}Np$ 必须在手套箱中进行。核事故、大气核爆炸的早期放射性沉降物中 $^{239}Np$ 的含量相当高，因而 $^{239}Np$ 是一个适宜监测的信号核素。

### 4.3.3　钚化学

#### 4.3.3.1　概述

1940 年末，西博格等用 16 MeV 的氘核轰击 $^{238}U$ 获得了 $^{238}Pu$：

$$^{238}U(d，2n)^{238}Np \xrightarrow{\beta^-(2.117d)} {}^{238}Pu \xrightarrow{\alpha(87.74a)} \cdots \tag{4.72}$$

这是最早发现的钚（plutonium）的同位素。1941 年初，他们又发现了 $^{239}Pu$：

$$^{238}U(n，\gamma)^{239}U \xrightarrow{\beta^-(23.5min)} {}^{239}Np \xrightarrow{\beta^-(2.35d)} {}^{239}Pu \xrightarrow{\alpha(2.41\times10^4a)} \cdots \tag{4.73}$$

目前已发现的钚最重要的同位素是 $^{239}Pu$，其次是 $^{238}Pu$。表 4.15 列出了钚的部分同位素及其主要核特性。金属钚可用钙还原钚的氟化物、氧化物来制备，例如：

$$PuF_4 + 2Ca \xrightarrow{\triangle} 2CaF_2 + Pu \tag{4.74}$$

金属钚在空气中易被氧化，其氧化速度与空气中的相对湿度有关。粉末状的钚在空气中能自燃而生成 $PuO_2$。金属钚易溶于稀盐酸生成蓝色的 $Pu^{3+}$ 溶液。钚与稀硫酸能缓慢地进行反应，但钚却完全不与硝酸或浓硫酸起作用。钚几乎能与所有非金属元素结合，形成钚的化合物。

表 4.15　钚的部分同位素及其主要核特性

| 同位素 | 半衰期/a | 衰变方式 | 粒子能量/MeV(%) | 主要合成反应 |
|---|---|---|---|---|
| $^{238}Pu$ | 87.74 | $\alpha$ | 5.499(71.1),5.457(25.7) | $^{237}Np(n,\gamma)$ |
| $^{239}Pu$ | $2.41\times10^4$ | $\alpha$ | 5.155(73.3),5.143(15.1) | $^{238}U(n,\gamma)$ |
| $^{240}Pu$ | $6.57\times10^3$ | $\alpha$ | 5.168(76),5.123(24) | $^{238}U,^{239}Pu$ 多次中子俘获 |
| $^{241}Pu$ | 14.4 | $\beta^-$ | 0.021(99) | $^{238}U,^{239}Pu$ 多次中子俘获 |
| $^{242}Pu$ | $3.76\times10^5$ | $\alpha$ | 4.901(76),4.857(23) | $^{238}U,^{239}Pu$ 多次中子俘获 |

#### 4.3.3.2　钚的化合物

（1）钚的氧化物

钚易与氧结合，形成多种氧化物（如 $Pu_2O_3$、$PuO_2$ 等），其中最稳定的是 $PuO_2$。通常钚的过氧化物、氢氧化物、草酸盐和硝酸盐等在空气中加热至 $800\sim1000\ ℃$ 时都能生成纯的化学计量的 $PuO_2$。$PuO_2$ 的溶解性与其制备温度有关，经过高温（$>1200\ ℃$）灼烧的 $PuO_2$ 呈黄棕色，它在盐酸和硝酸中溶解极慢而且不完全，除非有少量 HF 存在。因此，溶解 $PuO_2$ 时常先用 $KHSO_4$、$KHF_2$ 或 $Na_2O_2$-NaOH 与其一起熔融。没有预先经过高温加热的 $PuO_2$ 呈棕绿色，能溶于热的浓硫酸中。$PuO_2$ 熔点高，耐辐射，是一种重要的核燃料化合物。

（2）钚的氟化物

主要有 $PuF_3$、$PuF_4$ 和 $PuF_6$ 三种。$PuF_3$ 和 $PuF_4$ 的化学性质不活泼，难溶于水和酸，但能溶于含有硼酸、$Al^{3+}$ 或 $Fe^{3+}$ 的溶液中。$PuF_6$ 和 $UF_6$ 一样，是一种易挥发的氟化物，并且是一种非常强的氧化剂，能把 $UF_4$ 氧化为 $UF_6$。

（3）钚盐

钚能与一些无机酸根作用生成各种价态的易溶性和难溶性的钚盐，其中以四价钚盐最为重要，其次是六价钚盐。钚的易溶性盐主要有四价钚盐 $Pu(NO_3)_4$、$Pu(SO_4)_2$ 和 $PuCl_4$ 及六价钚盐 $PuO_2(NO_3)_2$ 和 $PuO_2Cl_2$ 等。钚的难溶性盐类主要有四价钚盐 $Pu(C_2O_4)_2$、$Pu(IO_3)_4$ 和 $Pu(HPO_4)_2$ 以及六价钚盐 $(NH_4)_4[PuO_2(CO_3)_3]$ 和 $Na_2Pu_2O_7$ 等，它们是沉淀法分离、富集钚的重要化合物。$Pu(SO_4)_2 \cdot 4H_2O$ 具有稳定性好、组成固定和纯度高的特点，常用作钚分析的基准物。

#### 4.3.3.3　钚的水溶液化学

（1）钚的价态

钚在水溶液中能以 Ⅲ～Ⅶ 五种价态存在：水合 $Pu^{3+}$、水合 $Pu^{4+}$、水合 $PuO_2^+$、水合 $PuO_2^{2+}$ 和水合 $PuO_5^{3-}$，其中最稳定的价态是 +4 价。不同价态的钚离子具有不同的吸收光谱，其水溶液也呈现不同的颜色。在高氯酸水溶液中不同价态钚离子的形式及颜色见图 4.11 和表 4.16。

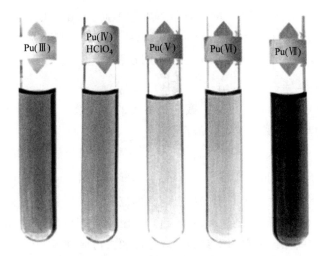

图 4.11　不同价态的钚水溶液颜色

表 4.16　高氯酸水溶液中不同价态钚离子的形式及颜色（$HClO_4$ 体系）

| 价态 | 离子形式 | 颜色 |
|---|---|---|
| Pu(Ⅲ) | $Pu^{3+}$ | 蓝紫色 |
| Pu(Ⅳ) | $Pu^{4+}$ | 棕色至橙色 |
| Pu(Ⅴ) | $PuO_2^+$ | 粉红色 |
| Pu(Ⅵ) | $PuO_2^{2+}$ | 黄色至粉橙色 |
| Pu(Ⅶ) | $PuO_5^{3-}$ | 深绿色[①] |

① 在碱性溶液中。

金属钚溶解后的价态与所用酸的种类有关。用 HCl、HBr、$H_3PO_4$ 和 $HClO_4$ 等酸溶解的钚主要为 $Pu^{3+}$，用 $HNO_3$ 和 HF 溶解的钚主要为 $Pu^{4+}$。水溶液中钚的价态还受自身 α 辐射的影响，使得水溶液中钚的价态比较复杂，而钚的歧化反应，更增加了水溶液中钚的价态的复杂性。一定酸度下，钚的 +3～+6 价四种价态存在如下平衡：

$$Pu^{4+} + PuO_2^+ \Longleftrightarrow Pu^{3+} + PuO_2^{2+} \tag{4.75}$$

因此，钚的 +3～+6 四种价态离子能同时存在，并形成热力学稳定体系。这在所有元素中是特有的。对于 $Pu^{4+}$ 而言，在低酸度溶液中，可发生如下歧化反应：

$$3Pu^{4+} + 2H_2O \Longleftrightarrow 2Pu^{3+} + PuO_2^{2+} + 4H^+ \tag{4.76}$$

高酸度可防止 $Pu^{4+}$ 的歧化。

（2）钚的水解

不同价态钚离子的水解能力随离子势的降低而减弱，次序如下：

$$Pu^{4+} > PuO_2^{2+} > Pu^{3+} > PuO_2^+ \tag{4.77}$$

在强碱溶液中，$Pu^{3+}$ 会生成蓝色的 $Pu(OH)_3$，但很快就被空气中的氧气氧化，形成 $Pu(OH)_4$ 或 $PuO_2 \cdot xH_2O$。$Pu^{4+}$ 在 pH>1 的水溶液中就可以水解，水解产物为 $Pu(OH)_4$、$PuO_2 \cdot xH_2O$ 或多核聚合物。$PuO_2^+$ 在 pH<5 时基本不水解，pH≈6.8 时，

开始析出 $PuO_2(OH)$ 沉淀。在弱酸性溶液中，$Pu^{4+}$ 与 $Th^{4+}$ 和 $U^{4+}$ 相似，能形成胶状聚合物。首先 $Pu^{4+}$ 水解生成 $Pu(OH)_4$，然后氢氧根转变为"氧"桥（—O—）而形成 $Pu^{4+}$ 的聚合物。但 $Pu^{4+}$ 的聚合与 $Th^{4+}$ 的聚合过程有所不同。$Th^{4+}$ 的聚合过程是可逆的，而 $Pu^{4+}$ 的聚合是不可逆的。因此，聚合物一旦形成就不容易破坏，从而给钚的分离带来麻烦。提高溶液的酸度、加入配位剂可防止此种情况发生。

（3）钚的络合反应

各种价态的钚离子在含有无机酸根或有机酸根的水溶液中能形成不同配体的配合物，其中以 $Pu^{4+}$ 形成的配合物最稳定，也最重要。

$Pu^{4+}$ 与 $NO_3^-$、$Cl^-$、$CO_3^{2-}$、$C_2O_4^{2-}$、$SO_4^{2-}$ 等无机酸根能形成络合物，且在一定酸度下能形成络阴离子，如 $Pu(NO_3)_6^{2-}$、$PuCl_6^{2-}$、$Pu(CO_3)_4^{4-}$、$Pu(C_2O_4)_4^{4-}$、$Pu(SO_4)_3^{2-}$ 等，这在钚的分离和难溶性钚盐的溶解中有广泛的应用。$Pu^{4+}$ 能与酮类（如 TTA）、酯类（如 TBP）、羧酸类（如柠檬酸）、胺类（如 TOA）和氨羧配位剂（如 EDTA）等有机试剂形成有机配合物，这些配合物常用于钚的萃取分离和去污促排等方面。目前对于加速体内钚的排出，应用最多、效果最佳的是 DTPA 钙盐和锌盐。

### 4.3.3.4　钚的分析测定

钚的常用定量分析方法有重量法、氧化还原法、分光光度法、辐射测量法等。环境和生物样品中钚的含量很低，因而其测量方法主要是采用简便、灵敏的辐射测量技术。为了消除待测样品中杂质的 α 放射性测量的干扰，必须在测量以前用萃取法、离子交换法、色谱法等方法将样品中的钚进行富集和纯化。具体测量方法主要有 α 计数法、α 能谱法和液体闪烁计数法等。

### 4.3.3.5　钚的主要用途及危害

$^{239}Pu$ 和 $^{241}Pu$ 裂变截面较高，可作为核燃料，$^{239}Pu$ 又是核武器的装料。$^{238}Pu$ 是制备放射性核素电池的良好材料，高纯度的 $^{238}Pu$ 还可作为医用放射性核素。

$^{238}Pu$、$^{239}Pu$、$^{240}Pu$ 和 $^{242}Pu$ 均属极毒性核素。钚在机体 pH 值下，易水解成难溶的氢氧化物胶体或聚合物。血液中的钚离子可与血浆蛋白形成配合物。可溶性钚主要蓄积于骨和肝中，可诱发骨肿瘤和肝癌。吸入的钚的分布在很大程度上取决于其颗粒大小、溶解度及价态。吸入的难溶性钚主要转移至肺淋巴结处，可引起辐射损伤，主要是可能诱发肺癌。钚自发裂变放出中子或 α 衰变放出的 α 粒子引起杂质元素（如 F、O 等）发生（α，n）反应而释放中子，可对眼睛有一定的危害。此外，钚衰变时易发生群体反冲现象，产生放射性气溶胶。因此在操作可称量钚时，应在手套箱中进行。平时钚应密封保存。

## 4.3.4　镅化学

### 4.3.4.1　概述

西博格、詹姆斯（R. A. James）等于 1944 年底在芝加哥大学冶金实验室处理经过长期中子照射的钚样品时发现了镅（americium）。

$$^{239}Pu(n，\gamma)^{240}Pu(n，\gamma)^{241}Pu\xrightarrow{\beta^-(14.4a)}{}^{241}Am\xrightarrow{\alpha(433a)}\cdots \quad (4.78)$$

镅同位素中最重要的是 $^{241}Am$ 和 $^{243}Am$，其半衰期分别为 433 a 和 7370 a；质量数小于 243 的镅同位素衰变以 EC、$\alpha$ 衰变和自发裂变为主，质量数大于 243 的镅同位素的衰变则以 $\beta^-$ 为主，$^{241}Am$ 和 $^{243}Am$ 都是 $\alpha$ 放射体。

### 4.3.4.2 镅的水溶液化学

镅在水溶液中能以 Ⅱ～Ⅶ 六种价态存在，其中以 Am(Ⅲ) 最稳定。当不存在配位剂时，水溶液中 Ⅲ、Ⅴ 和 Ⅵ 价镅离子均以水合离子的形式存在。而 Am(Ⅳ) 只有在浓的氟化物和磷酸盐溶液中才能稳定存在。不同价态的镅离子在水溶液中的存在形式和颜色见表 4.17。

表 4.17 水溶液中不同价态镅离子的存在形式和颜色

| 价态 | 离子形式 | 颜色 |
| --- | --- | --- |
| Am(Ⅲ) | $Am^{3+}$ | 粉红 |
| Am(Ⅳ) | $AmF_5^-$，$AmF_6^{2-}$ | 粉红[①] |
| Am(Ⅴ) | $AmO_2^+$ | 黄棕 |
| Am(Ⅵ) | $AmO_2^{2+}$ | 黄棕 |
| Am(Ⅶ) | | 绿色[②] |

① 在浓的氟化物和磷酸溶液中。

② 在碱性溶液中。

$Am^{3+}$ 非常稳定，在强氧化剂如 $(NH_4)_2S_2O_8$ 作用下，Ce(Ⅳ) 才能将 Am(Ⅲ) 氧化到高价。Am(Ⅳ) 和 Am(Ⅴ) 在溶液中很不稳定，会发生歧化反应：

$$2Am^{4+}+2H_2O\Longrightarrow Am^{3+}+AmO_2^++4H^+ \quad (4.79)$$

$$2AmO_2^++4H^+\Longrightarrow Am^{4+}+AmO_2^{2+}+2H_2O \quad (4.80)$$

生成的 $Am^{4+}$ 可与 $AmO_2^+$ 进一步反应：

$$Am^{4+}+AmO_2^+\Longrightarrow Am^{3+}+AmO_2^{2+} \quad (4.81)$$

而 $AmO_2^{2+}$ 又可因辐射而发生自还原。因此，水溶液中的 Am(Ⅳ) 和 Am(Ⅴ) 最终都转变为 Am(Ⅲ)。Am(Ⅲ) 能与 $Cl^-$、$NO_3^-$ 和 $SCN^-$ 等阴离子发生配位作用生成配阴离子 $AmX_4^-$。它们比镧系元素相应的配离子更稳定，且能被阴离子交换树脂吸附。利用这一性质，可将 $Am^{3+}$ 的浓 LiCl、$LiNO_3$ 或 $NH_4SCN$ 溶液通过阴离子交换柱使镅与镧系元素分离。

Am(Ⅲ) 也能与一些有机试剂发生络合反应，如 Am(Ⅲ) 与 TTA、PMBP 作用分别生成 $Am(TTA)_3$、$Am(PMBP)_3$ 螯合物。这一性质常用于微量镅的萃取分离。Am(Ⅲ) 还能与 TIOA、季铵盐、HDEHP 以及 TBP 等生成疏水性配合物，此性质常用于镅与镧系元素的分离。此外，Am(Ⅲ) 还能与 DTPA、EDTA 生成稳定的有机配合物，这一性质已用于对早期镅中毒病人的促排治疗和表面去污。

#### 4.3.4.3 金属镅及其化合物

镅的氧化物有 AmO、$Am_2O_3$、$AmO_2$（最重要）。$AmO_2$ 易溶于盐酸、硝酸和硫酸等强酸中，在 1000 ℃时仍具有稳定的组成，可以准确称重，用于重量法测定镅。

镅盐以三价镅盐最为重要。Am(Ⅲ) 能与多种阴离子生成难溶性盐类。其中主要有 $AmF_3$、$Am_2(C_2O_4)_3 \cdot 10H_2O$、$Am_2(SO_4)_3 \cdot xH_2O$ 以及硫酸镅钾复盐 $K_8Am_2(SO_4)_7$ 等。利用这些难溶性镅盐可以分离、纯化镅。在分离微量镅时，常用镧作载体，以氟化物或氢氧化物形式进行共沉淀来富集和纯化镅。此外，利用草酸盐沉淀分离和富集镅，然后沉淀物在空气中加热到 300 ℃以上，可转化为 $AmO_2$，此性质常用于镅的重量法测定。Am(Ⅲ) 可以形成一些稳定的配合物。而高价态的镅，由于它们的稳定性差，又因为自辐射还原作用，故难以形成稳定的配合物。

#### 4.3.4.4 镅的分析测定

一般对镅含量较大的样品，可采用重量法、量热法或氧化还原法（如电位库仑法）来测定；对微量镅的样品，则可采用放射性测量法或分光光度法来测定。在分析测定环境样品中微量镅时，常用的方法是放射性测量法，如 α 计数法、α 能谱法、γ 计数法、γ 能谱法和液体闪烁计数法等，其中应用最广的是 α 计数法和液体闪烁计数法。但是，在测定之前，必须先将镅进行富集和分离。

分离微量镅的主要方法有共沉淀法、离子交换色谱法、萃取法（如 HDEHP、TTA、TOPO 萃取法等）和萃取柱色谱法（如 HDEHP-Kel-F 萃取柱色谱法等）。

#### 4.3.4.5 镅的主要用途与危害

[241]Am 除用于该元素的化学和物理性质研究外，最广泛的用途是利用其能量为 0.0595 MeV 的弱 γ 射线制作低能 γ 源，其防护简单、安全，且半衰期长达 433 a，使用几年也无须校正，因此已被广泛用于薄板测厚仪、湿度计和骨密度测定仪；用[241]Am 还可以制成性能比较理想的[241]Am-Be 中子源。除制备放射源外，[241]Am 的另一主要用途是制备[242]Cm，其核反应为：

$$^{241}Am(n,\ \gamma)^{242}Am \xrightarrow{\beta^-(16h)} {}^{242}Cm \qquad (4.82)$$

[242]Cm 是制备放射性核素电池和生产医用[238]Pu 的原料。[243]Am 放射性比活度远低于[241]Am，因此在化学研究中应用较多，其他则几乎全部用于生产锔和超锔元素（如[252]Cf 等）。

### 4.3.5 锔和超锔元素化学

#### 4.3.5.1 锔（curium）

1944 年，西博格、詹姆斯等用 α 粒子轰击[239]Pu 时，制得了锔的第一个同位素[242]Cm：

$$^{239}Pu(\alpha,\ n) \xrightarrow{\alpha(162.8d)} {}^{242}Cm \qquad (4.83)$$

　　为了纪念居里夫妇，此元素被命名为锔。已发现的锔同位素中以$^{242}$Cm 和$^{244}$Cm 最为重要，它们都是 α 放射体，半衰期分别为 162.8 d 和 18.1 a。目前已能用$^{241}$Am 和$^{243}$Am 在反应堆中照射的方法制得千克级$^{242}$Cm 和$^{241}$Cm。锔的实验室研究主要是用$^{244}$Cm 进行的。$^{244}$Cm 的比活度比$^{241}$Am 高 24 倍，达到 2.98×10$^6$ Bq/μg，这就给操作可称量级的$^{244}$Cm 带来很大的困难。

　　$^{242}$Cm 和$^{244}$Cm 都可作放射性核素电池的能源。$^{242}$Cm 是伴随有低能 γ 射线的 α 放射体，热功率密度高达 120 W/g。$^{244}$Cm 的热功率密度只有 2.8 W/g，但它的寿命长，适用于长时期需要稳定功率输出的场合。此外，$^{242}$Cm 还可制成$^{242}$Cm-$^{238}$Pu 核素发生器来生产医用纯的$^{238}$Pu。$^{244}$Cm 可制成$^{244}$Cm-Be 中子源。$^{245}$Cm 可作核燃料，用于宇宙航行用的小型反应堆中。

　　$^{242}$Cm 和$^{244}$Cm 分别属于高毒性和极毒性核素。由于锔从人体排出较快，故毒性比$^{239}$Pu 小。

　　锔的氧化物有白色的 Cm$_2$O$_3$ 和黑色的 CmO$_2$，前者是生产超锔元素的靶材料。Cm(Ⅲ) 的可溶性盐类有硝酸盐、硫酸盐、卤化物和高氯酸盐等，难溶性盐类主要有 CmPO$_4$、CmF$_3$、Cm$_2$(CO$_3$)$_3$ 和 Cm$_2$(C$_2$O$_4$)$_3$·10H$_2$O 等。Cm$^{3+}$ 可随镧的氟化物、草酸盐、氢氧化物等定量共沉淀，此性质可用于微量锔的富集分离。

　　锔的水溶液中有 +3 和 +4 两种价态，稳定价态为 +3 价，其稳定性比 Am$^{3+}$ 还高。在 Am$^{3+}$ 被氧化到 Am$^{5+}$ 甚至 Am$^{6+}$ 时，Cm 仍保持在 +3 价。溶液中 Cm$^{3+}$ 的化学行为和镧系元素相似。Cm$^{3+}$ 的稀溶液是无色的，高浓度时呈浅黄色，在暗处会发出微弱的蓝光。Cm$^{4+}$ 溶液是不稳定的，与 Am$^{4+}$ 一样，只能在高浓氟离子溶液中存在。锔的强 α 辐射能迅速地将 Cm$^{4+}$ 自还原为 Cm$^{3+}$，并使锔溶液升温。例如，当$^{242}$Cm 溶液的质量浓度为 0.7 g/L 时，溶液会发生自沸现象，甚至质量浓度低至 mg/L 级的锔溶液，其温度也会高于环境温度。锔的强 α 辐射效应还可使其化合物分解。

　　锔也可以形成许多无机和有机配合物。锔与 NO$_3^-$、SO$_4^{2-}$ 和 C$_2$O$_4^{2-}$ 生成的配合物不如镅的稳定，但与 EDTA、SCN$^-$、乳酸和 α-羟基异丁酸形成的配合物却比镅更稳定。Cm$^{3+}$ 与 TTA 和 PMBP 能形成 1∶3 的配合物，可用于 Cm$^{3+}$ 的萃取分离。此外，锔和 DTPA 可生成 1∶1 的稳定螯合物，根据此性质其可用于对早期锔中毒病人进行促排治疗。微量锔的分离方法与微量镅的基本相同，其测定方法也常采用 α 计数法。由于$^{242}$Cm 和$^{244}$Cm 的比活度都很高，因此，这种方法远比化学方法灵敏。

### 4.3.5.2　锫（berkelium）

　　1949 年汤普森（S. G. Thompson）等用 35 MeV 的 α 粒子轰击$^{241}$Am，制得了第一个锫同位素$^{243}$Bk：

$$^{241}\text{Am}(\alpha, 2n)\xrightarrow{\text{EC}(4.5\text{h})} {}^{243}\text{Bk} \qquad (4.84)$$

　　锫的同位素中 α 放射体$^{247}$Bk 的半衰期最长，为 1400 a，它是用回旋加速器的 α 粒子轰击$^{244}$Cm 制得的。$^{249}$Bk 是 β$^-$ 放射性核素，半衰期为 311 d，衰变生成$^{249}$Cf。$^{249}$Cf 是锎最重要的同位素之一，生产$^{249}$Cf 是$^{249}$Bk 的主要用途。$^{249}$Bk 可通过高通量反应堆长期照射 Pu、Am 和 Cm 来生产。

$^{249}$Bk 属于高毒性核素，它在衰变时绝大部分放出软 β 粒子，因此操作$^{249}$Bk 不必采取特殊的辐射防护措施，可在手套箱内进行。

锫在水溶液中有+3、+4 两种价态，稳定价态为+3 价，Bk$^{4+}$ 是一种强氧化剂，其氧化电位与 Ce$^{4+}$ 大致相当。因而，只有用更强的氧化剂（如溴酸钾）才能将锫氧化到+4 价。Bk$^{4+}$ 在水溶液中是不稳定的，能自辐射还原为 Bk$^{3+}$，自还原完成 1/2 所用时间约为 2.8 h。

Bk$^{4+}$ 能与 Ce(IO$_3$)$_4$ 共沉淀，因此可把 Bk$^{4+}$ 从三价镧系元素中分离出来。由于 Bk$^{4+}$ 在 8 mol/L HNO$_3$-0.1 mol/L NaBrO$_3$ 体系中不被阴离子交换树脂吸附，而 Ce$^{4+}$ 则能被吸附，这样就能实现铈与锫的分离。

Bk$^{3+}$ 能与 TTA、乳酸、柠檬酸、α-羟基异丁酸、EDTA、DTPA 等形成配合物。Bk$^{4+}$ 则能与 HDEHP 生成疏水性配合物，此性质已用于锫的分离富集。

### 4.3.5.3 锎

1950 年汤普森等在用 α 粒子轰击微克级的$^{242}$Cm 时发现了$^{245}$Cf：

$$^{242}Cm(\alpha, n) \xrightarrow{\alpha(43.6 \text{ min})} {}^{245}Cf \tag{4.85}$$

锎的同位素中$^{249}$Cf 和$^{252}$Cf 最为重要。纯的$^{249}$Cf 是由$^{249}$Bk 发生 β$^-$ 衰变得到的。由于$^{249}$Cf 的半衰期较长（351 a），而且自发裂变概率小，所以它在科学研究上很重要。$^{252}$Cf 是周期表中迄今能够大规模生产的最后一个人工放射性核素，也是迄今超锫元素中用途最大的一个核素。在世界上，美国是目前生产$^{252}$Cf 最多的国家。将 Pu、Am 或 Cm 放在高通量反应堆中长时间照射可制得$^{252}$Cf，同时还得到少量$^{250}$Cf 和$^{251}$Cf。$^{252}$Cf 的半衰期为 2.64 a，其比活度高达 1.97×10$^7$ Bq/μg。它的重要的核性质是$^{252}$Cf 中有 3.2% 发生自发裂变，其自发裂变半衰期为（85.5±0.5）a。1 mg $^{252}$Cf 每秒钟可放出约 2.35×10$^9$ 个中子，所以$^{252}$Cf 用途很广，可作中子源，对反应堆启动至关重要；可用于中子活化分析，如月球和行星表面物质、海洋底层沉积物的组成分析等；还可用$^{252}$Cf 中子源就地生产短寿命医用放射性核素如$^{38}$Cl、$^{60m}$Co、$^{56}$Mn、$^{80}$Br、$^{128}$I、$^{134}$Ba 和$^{165}$Dy 等。但在操作$^{252}$Cf 时，除了防护 α、γ 辐射外，还必须注意对中子的防护。

$^{251}$Cf 可作核燃料，用于宇宙航行用的小型反应堆中。$^{254}$Cf 99.69% 为自发裂变，自发裂变半衰期为 60.5 d，热功率密度高达 10 kW/g。但由于$^{254}$Cf 已被它本身所释放的热量所破坏，因而也无法对它进行研究。$^{249}$Cf～$^{252}$Cf 均属极毒性核素，因此在操作中要特别注意防护。锎的氧化物为 Cf$_2$O$_3$。通常，$^{252}$Cf 都是先制成$^{252}$Cf$_2$O$_3$ 或$^{252}$Cf$_2$O$_3$-Pd 金属陶瓷丝半成品，然后再分装成不同形式、规格的放射源。锎的可溶性盐类有硝酸盐、硫酸盐、卤化物和高氯酸盐。

锎在水溶液中有+2、+3、+4 三种价态，稳定价态为+3 价。Cf$^{3+}$ 能与锎的氟化物、草酸盐和氢氧化物等共沉淀。Cf$^{3+}$ 与 SO$_4^{2-}$、SCN$^-$ 可生成 Cf(SO$_4$)$^+$、Cf(SO$_4$)$_2^-$ 和 Cf SCN$^{2+}$ 等配离子；与 TTA 可生成 Cf(TTA)$_3$ 螯合物而被萃取，且分配系数比锫、锔高。锎与 DTPA 也可生成稳定的配合物，根据此性质其可用于早期锎中毒病人的促排治疗。常用离子交换色谱法、HDEHP 萃取法、HDEAP 萃取色谱法、季铵盐萃取法及纸上电泳法等分离纯化锎。在阳离子交换色谱法中，用 α-羟基异丁酸作淋洗剂时，可将锫、铼、镥和钌等超镧元素互相分离开来。

$^{252}$Cf 的活度可通过测量其 α 衰变粒子、特征裂片核素或中子来求得。其中，中子测量是检测 $^{252}$Cf 密封源活度常用的简便方法。

### 4.3.5.4 锎后元素

除镧和锎外，迄今已发现的超镉元素还有 20 种，即 99～118 号元素。其中，99～103 号元素属于锎系元素。99 号和 100 号元素 Es 和 Fm 是 1952 年在第一次热核爆炸的碎片中被偶然发现的，为纪念科学家爱因斯坦和费米而将这两个元素分别命名为锿（einsteinium）和镄（fermium）。101 号元素 Md 是在 1955 年制得的，为纪念元素周期律的发现者门捷列夫（Mendeleev）而把它命名为钔（mendelevium）。102 号元素 No 是在 1957 年和 1958 年分别由苏联和美国科学家用不同的核反应制得的，但对首创权至今仍有争议，不过锘（nobelium）为纪念诺贝尔（Nobel）而命名已为大多数人所接受。103 号元素 Lr 于 1961 年制得，为纪念回旋加速器发明者劳伦斯而命名为铹（lawrensium）。

## 4.4 裂片元素化学

### 4.4.1 概述

重原子核分裂成两个质量大体相等的碎片的过程称为核裂变（nuclear fission）。核裂变可以在没有外来粒子轰击下自发裂变（spontaneous fission），也可以在入射粒子轰击下发生诱发裂变（induced fission）。

原子核裂变时最初形成的两块核碎片，称为裂变碎片，因其中子和质子数之比较高，为丰中子核，在裂变后约 $10^{-15}$ s 内会直接发射 1～3 个中子。发射中子后的碎片，称为次级碎片或裂变的初级产物（primary product），其能量仍然很高，但不足以发射中子，在 $10^{-11}$ s 内发射 γ 光子，发射光子后的碎片仍为丰中子核，它们相继进行 β 衰变直至变为稳定的核素，形成一个个衰变链（decay chain）系列。

发射中子后的所有裂变碎片，统称为裂变产物（fission product）或裂片元素（fission fragment element）。重核裂变生成的裂变产物组成很复杂，可包括核电荷数（即质子数）从 30（锌）～71（镥）的 42 种元素，质量数为 66～172 的 500 多种核素。裂变产物的某一核素在裂变过程中产生的概率，称为裂变产额。通常以每 100 个重核核裂变所产生的某种裂变产物原子核数来表示。裂变产额通常分为独立产额（independent yield）、累积产额（cumulative yield）和链产额（chain yield）三类。独立产额是指核裂变时直接生成某一裂变产物的概率。累积产额是指某一核素的独立产额加上由于其他裂变产物衰变生成的该核素的产额。链产额是指某一衰变链上所有链成员独立产额之和。

裂变产物一旦释放到环境中，会污染环境，特别是大气层中的核爆炸所产生的大量放射性裂变产物，其影响范围广，时间长；其次，核反应堆事故也会造成裂变产物释放到环境中。这些裂变产物通过大气、土壤和水源进入动植物体内，也直接或间接进入人体，给人类健康带来危害，其中尤以 $^{89}$Sr、$^{90}$Sr、$^{131}$I 和 $^{137}$Cs 等长、中长寿命核素危害最大。因此，世界各国对环境和生物样品中裂变产物的监测工作十分重视。

裂变元素化学对反应堆的设计和运行、核燃料的循环和再生、放射性废物的处理和贮存、放射性核素的生产和应用以及环境和生物样品中放射性核素的监测等，均有重要的意义。本节仅涉及与核工业以及环境监测有关的几个重要裂变元素铯、锶、铈、碘等。

## 4.4.2　放射性铯的化学

### 4.4.2.1　概述

铯（cesium）是 55 号元素，位于元素周期表的第 6 周期ⅠA族，属碱金属元素。

$^{133}$Cs 是铯唯一的天然稳定同位素。铀核裂变时，最重要的裂变产物铯是 $^{137}$Cs，为 β 放射体，半衰期为 30.17 a，比活度为 $3.2 \times 10^5$ Bq/μg，其 β 射线能量为 0.512 MeV（94.0%）和 1.176 MeV（6.0%）。$^{137}$Cs 的衰变子体是处于激发态的 $^{137m}$Ba，其半衰期为 2.551 min，放出能量为 0.662 MeV 的 γ 射线，衰变成稳定的 $^{137}$Ba。

### 4.4.2.2　铯的化学性质

铯属于碱金属元素，具有碱金属元素的通性。铯为活泼金属，极易失去一个价电子，故其化合价只有 +1 价。铯和水在 -116 ℃ 时就能反应，放出氢气，生成氢氧化铯（CsOH）。氢氧化铯比氢氧化钠、氢氧化钾碱性更强。铯在常温下就能与空气中的氧剧烈反应而燃烧，形成氧化铯（$Cs_2O$）、过氧化铯（$Cs_2O_2$）和臭氧化铯（$CsO_3$）等氧化物。铯与 Rb 相同，易形成多卤盐 $CsI_3$、$CsI_4$、$CsBr_5$、$CsI_2Br$、$CsFCl_3$ 等，铯的大多数化合物（如氢氧化物、卤化物、硝酸盐、硫酸盐、碳酸盐和磷酸盐等）都易溶于水。铯也能形成如下难溶性盐类。

① 铯盐与镍、锌、铜、亚铁和钴等金属的亚铁氰化盐作用，能生成亚铁氰化铯复盐沉淀，如：

$$K_2Ni[Fe(CN)_6] + 2CsCl \xrightarrow{\quad\quad} Cs_2Ni[Fe(CN)_6] \downarrow + 2KCl \quad\quad\quad (4.86)$$

这类沉淀在 250～300 ℃ 时分解成可溶性碳酸铯。

② 铯盐与亚硝酸钴钠作用，能生成黄色亚硝酸钴钠铯沉淀：

$$Na_3[Co(NO_2)_6] + 2CsCl \xrightarrow{\quad\quad} Cs_2Na[Co(NO_2)_6] \downarrow + 2NaCl \quad\quad (4.87)$$

此沉淀与氧化剂（如高锰酸钾）作用，可分解为易溶于水的硝酸铯。

③ 铯盐与氢碘酸及碘化铋溶液作用，能生成碘铋酸铯沉淀：

$$3HI + 2BiI_3 + 3CsCl \xrightarrow{\quad\quad} Cs_3Bi_2I_9 \downarrow (红色) + 3HCl \quad\quad (4.88)$$

此沉淀能溶于浓盐酸和硝酸中。

④ 铯盐与四苯硼酸钠作用能生成四苯硼铯沉淀：

$$CsCl + NaB(C_6H_5)_4 \xrightarrow{\quad\quad} CsB(C_6H_5)_4 (白色) \downarrow + NaCl \quad\quad (4.89)$$

此沉淀在空气中加热到 600 ℃ 时可分解为可溶性的氧化铯（$Cs_2O$）；在硫酸溶液中加热时，能生成可溶的硫酸铯（$Cs_2SO_4$）。

⑤ 铯盐与磷钨酸盐或磷钼酸盐等杂多酸盐在酸性条件下反应，能生成磷钨酸铯或磷钼酸铯等杂多酸铯盐沉淀：

$$H_3[PO_4(WO_3)_{12}]+3CsCl \xrightarrow{H^+} Cs_3[PO_4(WO_3)_{12}]\downarrow+3HCl \quad (4.90)$$

$$H_3[PO_4(MoO_3)_{12}]+3CsCl \xrightarrow{H^+} Cs_3[PO_4(MoO_3)_{12}]\downarrow+3HCl \quad (4.91)$$

此类沉淀不溶于酸而溶于碱。

⑥ 铯盐同氯铂酸反应能生成氯铂酸铯沉淀：

$$2CsCl+H_2PtCl_6 === Cs_2PtCl_6（黄色）\downarrow+2HCl \quad (4.92)$$

此外，铯难以生成有机配合物。铯易被无机离子交换剂如磷钼酸铵（AMP）、亚铁氰化钴钾等吸附。这一性质已被用于放射性铯的分离以及从含放射性铯的污水中去除铯。

### 4.4.2.3　铯的分离和测定

铯的富集分离方法有离子交换法、沉淀法和溶剂萃取法等。离子交换法尤以无机离子交换剂使用最为广泛。常用的无机离子交换剂有 AMP 和 KCFC 等，也可以将亚铁氰化物吸附在阴离子交换树脂上，制备成亚铁氰化物交换树脂使用。测量 $^{137}Cs$ 普遍采用辐射测量法。$^{137}Cs$ 的测量有两种方法：β 射线测量法和 γ 能谱法。

### 4.4.2.4　铯的主要用途及危害

$^{137}Cs$ 既可作 β 辐射源，又可作 γ 辐射源。作为辐射源，它可用于育种、食品贮存保鲜、医疗器械灭菌、癌症治疗以及工业设备的 γ 探伤。由于 $^{137}Cs$ 辐射源的半衰期长，能量适宜，且价格便宜，因而应用广泛。此外，$^{137}Cs$ 还可制成 $^{137}Cs$-$^{137m}Ba$ 放射性核素发生器，仅隔 20 min 就可得到近似饱和活度的 $^{137m}Ba$，因而对同一病人短时间内可充分使用，不增加本底，亦不会对周围环境造成污染。$^{137m}Ba$ 还可用于血流动力学的研究。$^{134}Cs$ 是活化产物，β、γ 放射体，半衰期为 2.062 a。$^{131}Cs$ 也是活化产物，衰变方式是电子俘获（EC），放出 29.6 keV 的氙特征 X 射线。$^{131}Cs$ 属低毒性核素。$^{131}CsCl$ 注射液可用于心脏扫描，诊断心肌梗死等疾病。$^{137}Cs$ 和 $^{134}Cs$ 均属中毒性核素。$^{137}Cs$ 是核污染的一种重要放射性核素，在卫生学上具有重要的意义。$^{137}Cs$ 进入人体后，在体内均匀分布。俗称普鲁士蓝的亚铁氰化铁 $Fe_4[Fe(CN)_6]_3$ 可用来促排人体内的放射性铯。

## 4.4.3　放射性锶的化学

### 4.4.3.1　概述

锶（strontium）是 38 号元素，位于周期表第五周期 ⅡA 族，属碱土金属元素。锶在自然界中的含量较少，约占地壳质量的 0.042%。锶主要存在于海水中，约 8 mg/L。质量数为 84、86、87 和 88 的四种锶同位素是稳定核素，其余均为放射性核素，其中 $^{89}Sr$ 和 $^{90}Sr$ 是两个重要的裂变产物。

### 4.4.3.2　锶的化学性质

锶与铍、镁、钙、钡和镭同属碱土金属。锶的性质与钙很相似，但更活泼。其化合价只有 +2 价，它的化合物绝大多数都是离子化合物。锶的硝酸盐、碳酸盐或氢氧化物在高温下均可转化为 SrO，SrO 与水化合时生成 Sr(OH)$_2$，其饱和溶液可得 Sr(OH)$_2$·8H$_2$O 晶体。Sr(OH)$_2$ 的碱性比 Ca(OH)$_2$ 强，其溶解度比 Ca(OH)$_2$ 大得多，并随温度变化而变化，在 0 ℃时，在 100 g 水中的溶解度仅为 0.35 g，而 100 ℃时则增至 24 g，这一点与 Ca(OH)$_2$ 不同。碳酸锶在水中的溶解度很小，其组成固定，可作为锶分析的基准物。碳酸锶溶液中通入 CO$_2$ 可使其溶解度增加，这一点与 CaCO$_3$ 相似。氯化锶与 CaCl$_2$ 相似，易溶于水。将碳酸锶溶于盐酸中并浓缩，在 60 ℃以下得 SrCl$_2$·6H$_2$O 晶体，在 60 ℃以上得 SrCl$_2$·2H$_2$O 晶体，加热至 100 ℃时得无水 SrCl$_2$。硝酸锶与其他金属的硝酸盐一样均易溶于水，但在浓硝酸中，与钙和钡的硝酸盐溶解度却大不相同，如表 4.18 所示，据此可进行锶、钡与钙以及其他金属元素的分离。硫酸锶的溶解度及化学性质介于 CaSO$_4$ 与 BaSO$_4$ 之间，为难溶性盐类。在 HAc 介质中，锶在铬酸盐溶液中可形成铬酸锶沉淀，但此时形成铬酸钡的溶解度更低，利用此性质可进行锶、钡的分离。锶能与某些有机试剂如 EDTA、DTPA、H$_3$Cit 等生成配合物，此性质可用于放射性锶的分析测定和去污。但是，锶的配位能力比钙差。

表 4.18　锶、钙和钡的硝酸盐在浓 HNO$_3$ 中的溶解度

| 硝酸盐 | 溶解度 | | |
| --- | --- | --- | --- |
| | 15 mol/L HNO$_3$ | 17 mol/L HNO$_3$ | 19 mol/L HNO$_3$ |
| 硝酸钙 | 7.38 | | |
| 硝酸锶 | $9.66\times10^{-2}$ | $1.45\times10^{-3}$ | $4.35\times10^{-4}$ |
| 硝酸钡 | $2.29\times10^{-3}$ | $1.91\times10^{-4}$ | $7.62\times10^{-5}$ |

### 4.4.3.3　$^{90}$Sr 和 $^{89}$Sr 的分离测定方法

放射性锶（主要指 $^{89}$Sr、$^{90}$Sr）是核裂变的重要产物。尤其是 $^{90}$Sr，因其产额高、半衰期较长，化学性质与钙很相似，因此对它的测定具有特别重要的意义。环境和生物样品中 $^{89}$Sr 和 $^{90}$Sr 的含量一般都很低，因此在分析测定前需要对它们进行富集和分离。由于它们的化学性质相同，其分离纯化步骤完全相同。放射性锶与放射性钙（$^{45}$Ca）和钡（$^{144}$Ba）的分离是整个过程的关键。对于 $^{90}$Sr 的分析来说，基本上都是通过测定与其处于放射性平衡的子体 $^{90}$Y 来换算的，所以还有一个分离出 $^{90}$Y 的问题。放射性锶的测定通常用 β 计数法，也可用液体闪烁计数法。β 计数法测量有两种情况，一是将分离纯化的放射性锶制源直接在低本底 β 计数器上测量，这样得到的结果是 $^{89}$Sr＋$^{90}$Sr 的总和。二是通过测定与 $^{90}$Sr 处于放射性平衡的 $^{90}$Y 的 β 放射性来换算出样品中 $^{90}$Sr 的含量。后一方法较为常用，因为 $^{90}$Y 的 β 能量高达 2.29 MeV，探测效率高，且其半衰期为 64.2 h，易与 $^{90}$Sr 达到放射性平衡。

### 4.4.3.4　锶的主要用途及危害

$^{90}$Sr 可制成特殊能源，用作卫星、沿海浮标及灯塔的一种动力，可直接供热，也可转为电能，功率在几十至上千瓦不等，其燃料形式为 SrTiO$_3$，该装置经久耐用，无须维修。$^{90}$Sr-$^{90}$Y 在医学上可用作放射性敷贴剂治疗皮肤病等。$^{90}$Sr 作为辐射源在军事、科学研

究、放射性仪表上均有重要用途。$^{89}$Sr 也是 β 放射体，半衰期为 50.5 d，能量为 1.488 MeV，可作 β 放射源。$^{85}$Sr 为活化产物，衰变方式为电子俘获，可作纯 γ 辐射源和示踪剂。在$^{90}$Sr 分析测定中，常用$^{85}$Sr 作为锶的产额指示剂。$^{90}$Sr 和$^{89}$Sr 分别属于高毒和中毒性核素，在裂变反应中产额均较高，是典型的亲骨性核素，在放射性卫生学方面具有重要意义。服用大量钙盐可减少放射性锶在骨内的沉积。植物通过根对$^{90}$Sr 的吸收是很少的，$^{90}$Sr 主要沉降在叶片上，故绝大部分$^{90}$Sr 是通过食用叶类蔬菜而进入动物或人体内的。由于$^{89}$Sr 的半衰期相对于$^{90}$Sr 要短得多，当环境未受新鲜裂变产物污染时，通常$^{89}$Sr 的含量很少，因此观察$^{89}$Sr/$^{90}$Sr 放射性比值的变化，有助于查找环境放射性污染的来源。

## 4.4.4　放射性铈的化学

### 4.4.4.1　概述

铈（cerium）是 58 号元素，位于元素周期表第六周期 ⅢB 族，是 15 个镧系（lanthanide）元素（从 57 号元素镧到 71 号元素镥）中的 1 个。质量数为 136、138、140 和 142 的 4 种同位素是铈的稳定核素，其余均为放射性核素，其中$^{144}$Ce 最重要，$^{141}$Ce 次之。$^{144}$Ce 是 β、γ 放射体，半衰期为 284 d，比活度为 1.18×10$^8$ Bq/μg，β 能量为 0.316 MeV 和 0.160 MeV，γ 能量为 0.134 MeV 和 0.080 MeV。$^{141}$Ce 也是 β、γ 放射体，半衰重核裂变反应产生许多稀土元素（RE）裂片放射性核素，如$^{90}$Y、$^{91}$Y、$^{140}$La、$^{141}$Ce、$^{144}$Ce、$^{147}$Pm、$^{151}$Sm 和$^{155}$Eu 等，它们在核武器爆炸时产额较高，尤其是$^{144}$Ce 和$^{147}$Pm，在核爆炸后的三年内，占沉降物总放射性的比例较大，是环境污染的两个重要放射性核素。

### 4.4.4.2　铈的化学性质

RE 是化学活泼性相当强的金属，均能形成盐型化合物及难溶的碱性氧化物（RE$_2$O$_3$），通常它们的化合价态为正三价。稀土氢氧化物及其盐灼烧可形成氧化物（RE$_2$O$_3$），它们均难溶于水。稀土可溶性盐溶液中滴加 NaOH 或 NH$_3$·H$_2$O 会形成 RE(OH)$_3$ 胶体沉淀，从而可与钙、镁和钇等分离。草酸稀土盐 RE$_2$(C$_2$O$_4$)$_3$·H$_2$O 在水或低酸度溶液中溶解度很小，但其溶液中加入 10% 的 NaOH 会转变成 RE(OH)$_3$ 沉淀。氟化稀土 REF$_3$ 是稀土化合物中溶解度最小的一种。

稀土元素与许多有机试剂如 EDTA、DTPA、H$_3$Cit、H$_2$Tart 和 α-羟基异丁酸等能形成中等稳定的配合物，其稳定性随原子序数的增加而增加。同一元素各配合物的稳定性取决于溶液的 pH 值和配合物的性质。

铈具有稀土元素的通性，在溶液中稳定价态均为 +3 价，但铈的化合物以 +4 价最为重要，稀土碘酸盐中唯有四价的铈盐 Ce(IO$_3$)$_4$ 是难溶性的，此性质可用于铈与其他稀土的分离。

## 4.4.5　放射性碘的化学

### 4.4.5.1　概述

碘（iodine）是 53 号元素，位于元素周期表第五周期 ⅦA 族。碘有多种同位素，其

中 $^{127}$I 是唯一的稳定同位素。在放射性同位素中，$^{131}$I、$^{129}$I、$^{125}$I 和 $^{123}$I 比较重要，前三者为裂片核素。

$^{131}$I 是 β、γ 放射体，半衰期为 8.04 d，比活度为 $4.6\times10^9$ Bq/μg，β 能量为 0.606 MeV（86%）和 0.336 MeV（13%），主要 γ 能量为 0.3645 MeV。$^{129}$I 是低能 β 放射体，其能量为 0.150 MeV，半衰期为 $1.6\times10^7$ a。地球上存在的少量天然的 $^{129}$I 主要是宇宙射线造成的。$^{129}$I 也是放射性碘重要的核素之一。由于碘在裂变反应中有相当大的产额，因此可作为检查反应堆燃料元件包壳破损的指标，也可作为反应堆事故或核爆炸后环境监测的信号核素。在医学领域中，$^{131}$I 由于可由反应堆大量生产，价格便宜，所以目前还是制备诊断用放射性药物的重要核素之一。另外，它在甲状腺疾病治疗方面的功能是其他核素难以取代的。$^{125}$I 的衰变方式为电子俘获，放出能量为 27.47 keV 的 X 射线和 35.48 keV 的低能 γ 射线，半衰期为 60.2 d。在医学上，$^{125}$I 用于诊断的辐射剂量较 $^{131}$I 小得多。在医学等科研工作中，$^{125}$I 的标记化合物有着广泛的应用，如 $^{125}$I-AFP（血清甲胎蛋白）诊断原发性肝癌，$^{125}$I-皮质醇放射免疫试剂盒，用于计划生育研究等。$^{125}$I 也是裂变产物，但实际使用的 $^{125}$I 是通过核反应 $^{124}$Xe(n，γ)$^{125}$Xe 产生的，$^{125}$Xe 半衰期为 17h，电子俘获衰变成 $^{125}$I。$^{123}$I 也是电子俘获衰变核素，发射出 27.47 keV 的 X 射线和 159 keV（82.9%）的 γ 射线，比活度为 $7.10\times10^{10}$ Bq/μg，半衰期为 13.0 h。由于 $^{123}$I 具有良好的核性质，并可合成多种有用的高比活度的放射性药物，近年来在医学应用上得到迅速发展，有逐渐取代 $^{131}$I 作为显像剂的趋势。但其生产需要高能回旋加速器，且产额低、价格高，目前尚难以推广使用。$^{131}$I 属高毒性核素，它主要通过空气—蔬菜或空气—牧草—牛奶等途径进入人体并积累于甲状腺内。碘也容易为海藻所富集。大气核试验会造成短期全球性 $^{131}$I 污染，反应堆事故可能造成明显的局部污染，应给予特别重视。$^{129}$I 属低毒性核素，其裂变产额虽比 $^{131}$I 小得多，但由于半衰期很长，随着核工业的发展，特别是核爆炸的影响，环境中 $^{129}$I 的量已比 1945 年以前增加了 4～5 个量级，其危害已引起人们的重视。将来释放到环境介质中的 $^{129}$I 基本上都来自乏燃料后处理厂。$^{125}$I 属中毒核素。由于其生产和使用量的不断增加，半衰期又较长，有可能成为地区性环境污染的核素。

### 4.4.5.2 碘的物理化学性质

碘是紫黑色的片状晶体，微热即升华，在水中的溶解度极低，但当水中存在 KI 时，碘的溶解度会大大增加，其溶液呈棕色。碘易溶于 $CCl_4$、$CHCl_3$、$CS_2$、苯和乙醇等有机溶剂，也易定量吸附在活性炭、硅胶等吸附剂上。医药中常用的碘酒是碘在酒精中的溶液。

碘具有典型的非金属性，其化学性质较活泼，但比氟、氯、溴的活泼性要差。在自然界中，碘只能以化合物的形式存在。其化合价有 -1、+1、+3、+5 和 +7 价。碘是卤族元素中最弱的氧化剂，与还原剂如 $NaHSO_3$、$NH_2OH \cdot HCl$ 等作用或在碱性条件下与 $H_2O_2$ 作用，可被还原为 $I^-$。

$$I_2 + HSO_3^- + H_2O \rightleftharpoons 2I^- + SO_4^{2-} + 3H^+ \tag{4.93}$$

$$2I_2 + 2NH_2OH \cdot HCl \rightleftharpoons 4HI + N_2O\uparrow + 2HCl + H_2O \tag{4.94}$$

$$I_2 + H_2O_2 + 2OH^- \rightleftharpoons 2I^- + 2H_2O + O_2\uparrow \tag{4.95}$$

碘在强氧化剂如浓 $HNO_3$、氯水等作用下可被氧化为碘酸。

$$I_2 + 10HNO_3（浓）=\!=\!= 2HIO_3 + 10NO_2 \uparrow + 4H_2O \tag{4.96}$$

$$I_2 + 5Cl_2 + 6H_2O =\!=\!= 2HIO_3 + 10HCl \tag{4.97}$$

碘在碱性溶液中（pH＞9）会发生歧化反应：

$$3I_2 + 6OH^- =\!=\!= IO_3^- + 5I^- + 3H_2O \tag{4.98}$$

在强酸介质中，$I^-$ 容易被空气或 $NaNO_2$ 氧化：

$$4I^- + O_2 + 4H^+ =\!=\!= 2I_2 + 2H_2O \tag{4.99}$$

$$2I^- + 2NO_2^- + 4H^+ =\!=\!= I_2 + 2H_2O + 2NO \uparrow \tag{4.100}$$

在酸性溶液中，$I^-$ 与 $IO_3^-$ 会发生反应生成 $I_2$：

$$5I^- + IO_3^- + 6H^+ =\!=\!= 3I_2 + 3H_2O \tag{4.101}$$

### 4.4.5.3　化合物

① 碘化氢。HI 是共价化合物，溶于水生成氢碘酸，其相应的盐如 NaI、KI 等是可溶性的，而 AgI、HgI、PdI 等是难溶性的。AgI 不仅难溶于水，而且难溶于稀酸和氨水，这一性质可用于放射性碘的分析测定。

② 氧化物。碘有三种氧化物：$I_2O_4$、$I_4O_9$ 和 $I_2O_5$。只有 $I_2O_5$ 是真正的氧化物，它是碘酸 $HIO_3$ 的酸酐；而前两者只是碘的碘酸盐，可分别写成 $IO(IO_3)$ 和 $I(IO_3)_3$，碘在此表现为很弱的金属性质。

③ 含氧酸。碘的含氧酸有次碘酸 HIO、碘酸 $HIO_3$、偏高碘酸 $HIO_4$ 和高碘酸 $H_5IO_6$。它们所生成的相应的盐类以碘酸盐最为重要，是一种很重要的氧化剂，也可作沉淀剂。

④ 卤族互化物。碘可与其他卤族元素形成互化物，如 IF、$IF_3$、$IF_5$、$IF_7$、ICl、$ICl_3$ 和 IBr 等。它们的化学性质很活泼，可作氧化剂（如 ICl）用于制备碘的标记化合物。

⑤ 多卤化物。碘可与碘离子化合：$I_2 + I^- =\!=\!= I_3^-$、$2I_2 + I^- =\!=\!= I_5^-$ 等。若碘量大时，负离子中的碘原子数可多至 9 个，此化合物为一种多卤化物。

⑥ 放射性标记化合物。利用各种合成方法很容易将放射性碘标记到各类化合物特别是生化物质的分子上，而标记上去的放射性碘对这些化合物的性质几乎没有影响，可用作放射性药物如 $^{131}$I-碘化钠、$^{131}$I-玫瑰红、$^{131}$I-邻碘马尿酸和 $^{125}$I-AFP 等扫描剂的制备。

### 4.4.5.4　$^{131}$I、$^{129}$I 的分析测定

（1）富集分离

放射性碘常用的富集和分离方法有共沉淀法、溶剂萃取法和离子交换法等。目前国内已建立了一些标准方法。植物样品一般先用 0.5 mol/L NaOH 溶液浸泡，然后以 $H_2O_2$ 做助灰化剂，在 450 ℃时灰化，$CCl_4$ 萃取，制成 AgI 沉淀源测定。水样和牛奶样品可先用强碱性阴离子交换树脂富集，再经 $CCl_4$ 萃取纯化，制成 AgI 沉淀源测定。而水样中的放射性碘则可能以几种不同的价态存在，需引入氧化还原步骤，使所有碘成为阴离子后再进行阴离子交换吸附分离。

（2）测定方法

① 测定$^{131}$I。由于$^{131}$I放出较强的β、γ射线，因此环境中高浓度的$^{131}$I（如核事故释放的）可直接用γ谱仪测定。一般低浓度样品需经放化分离，然后进行β测量。前者较简单，后者灵敏度较高。另外，$^{131}$I还可用β-γ复合计数法或液体闪烁计数法进行测量。

② 测定$^{129}$I。通常样品中的$^{129}$I含量极低，可用液体闪烁谱仪测定，也可用中子活化法分析。后者是用$^{129}$I(n,γ)$^{130}$I核反应，通过测定$^{130}$I的γ放射性来计算$^{129}$I的含量，其灵敏度一般可达$10^{-10} \sim 10^{-12}$ g；也可采用质谱法测定生成的$^{130}$I，其灵敏度大约为$10^{-15}$ g。$^{129}$I活化分析法已成为成熟的方法，但其缺点是需要反应堆，费用高，广泛用于环境监测还不实际。

# 参考文献

［1］Weidner J W，Mashnik S G，John K D，et al. $^{225}$Ac and $^{223}$Ra production via 800 MeV proton irradiation of natural thorium targets［J］. Applied Radiation and Isotopes，2012，70：2590-2595.

［2］Rahul R，James V，Barbara E，et al. The aqueous chemistry of polonium（Po）in environmental and anthropogenic processes［J］. Journal of Hazardous Materials，2019，380：120725.

［3］József K，Noémi M N. Nuclear and radiochemistry［M］. 2018.

［4］Gregory C，Jan-Olov L，Jan R，et al. Radiochemistry and nuclear Chemistry［M］. 2013.

［5］Susan A B，Paul L B. The aqueous chemistry of polonium and the practical application of its thermochemistry［M］. 2019.

［6］Lester R M，Norman M E，Jean F. The chemistry of the actinide and transactinide elements［M］. 4th ed.

［7］刘元方，放射化学［M］. 1985.

［8］王翔云，刘元方，核化学与放射化学［M］. 北京：北京大学出版社，2007.

［9］杜浪，偶氮胂Ⅲ分光光度法测定微量铀［J］. 冶金分析，2015，35（1）：68-71.

# 思考题

4-1　什么是锕系元素？ 什么是超铀元素？

4-2　试述锕系元素可出现高价稳定的原因。

4-3　什么是裂变产物，其主要来源有哪些？

4-4　能用于$^{137}$Cs的分离测定的方法有哪些？ 在$^{137}$Cs的沉淀分离测定中，有哪些难溶性铯盐可被采用？

4-5　发烟硝酸（沉淀）法分离测定$^{90}$Sr的基本原理是什么？

4-6　在稀土元素中，铈有什么特殊的化学性质可用于放射性铈的分离？

4-7　在$^{131}$I的样品处理和分离测定中，有哪些重要注意事项？

4-8　CCl$_4$萃取分离-β计数法测定$^{131}$I的原理是什么？

4-9　铀、钍、镭、钋在水溶液中各以什么价态最稳定？

4-10　环境中铀和钍各以什么价态存在？ 试述阴离子交换法分离铀和钍的原理。

4-11　简述环境和生物样品中铀、钍、镭、钋的常用监测分析方法。

4-12　为什么氡对人体的危害很大？ 试述双滤膜法测氡的主要原理。

# 第 5 章

# 核燃料化学

## 导言:

学习目标: 了解核燃料循环各个过程, 理解核燃料循环前端与后端基本概念, 掌握铀矿水冶及高放废物地质处置基本知识。

**重点**: 核燃料循环基本步骤, 铀选冶工艺, 铀浓缩的基本原理, 高放废物地质处置安全屏障。

核能利用过程体现在核燃料循环体系, 这一体系包括铀矿冶、铀转化、铀浓缩、元件制造、反应堆燃烧、乏燃料贮存、后处理、高放废物地质处置等, 涵盖了核燃料利用的整个过程。核燃料循环以反应堆为中心, 又可划分为堆前部分 (前端) 和堆后部分 (后端)。根据核燃料特性及后处理工艺选择, 目前的核燃料循环可分为一次通过式(开式)燃料循环和闭式核燃料循环两种 (图 5.1)。

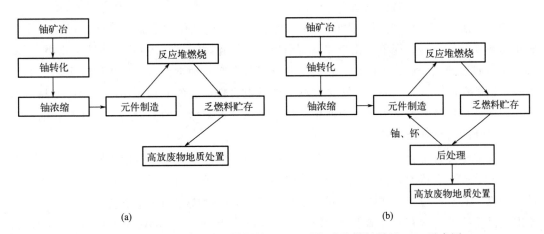

图 5.1 一次通过式(开式)燃料循环 (a) 和闭式核燃料循环 (b) 示意图

核燃料在反应堆中使用时与化石燃料相比有两个值得重视的特点: 一是通过反应堆的一次装料, 不能把投入的核燃料全部耗尽, 二是在核燃料的"燃烧"过程中, 有可能产生新的核燃料。因此, 反应堆燃料不是一次耗尽的, 必须定期将其从堆内卸出, 经化学处理, 回收残留下来的核燃料和新生成的核燃料, 再富集、制成燃料元件, 使之能再次返回反应堆循环使用, 这一过程称为核燃料的循环。

核燃料循环从铀矿开采开始，开采出来的铀矿石经精选，在前处理厂得到铀的化学浓缩物。由于轻水堆核电站以含$^{235}$U 约 3％的低浓铀作为燃料，而天然铀中$^{235}$U 含量仅为 0.72％，所以需要进行铀同位素的分离，即铀的浓缩，而当前工业规模的铀的浓缩工厂以六氟化铀（$UF_6$）为原料，因此需要将铀的化学浓缩物进行还原、氢氟化和氟化转变为 $UF_6$，然后再进行铀的浓缩过程。从浓缩厂得到的含$^{235}$U 约 3％的 $UF_6$，须再经过一个转化过程变为二氧化铀（$UO_2$），才能送至元件制造厂制成含$^{235}$U 约 3％的低浓铀燃料元件。反应堆是核燃料循环的中心环节，除了提供能量以外，还能再生核燃料。从轻水堆卸出的乏燃料中，$^{235}$U 含量仍达到 0.85％左右，高于天然铀，而且每吨乏燃料还含有约 10 kg 钚，其中可作为核燃料的$^{239}$Pu 和$^{241}$Pu 约占 7 kg。因此，将这些易裂变核素分离出来，作为燃料返回到反应堆，既可节约天然铀，又可节约分离功。

## 5.1 铀的采冶

### 5.1.1 铀的基本分布情况

铀是地球上天然存在的最重的元素，广泛分布于自然界中。宇宙形成之初只有氢和氦元素，组成了最初的恒星，当恒星演化进入到末期时，较大的恒星会发生超新星爆发而形成各类重元素，重元素在新的行星诞生时便广泛分布在行星内部。地壳中铀的平均含量为 0.00025％，总埋藏量虽然比金、银、汞、钨、钼、锑、铋等还要多，但是，铀在地下的埋藏十分分散，被称作"分散元素"。海水中铀的平均浓度为 3.3 $\mu g/L$，总量达到 45 亿吨。世界上铀的分布并不均匀，铀资源储量较多的国家和地区有澳大利亚、加拿大、纳米比亚、南非、俄罗斯、哈萨克斯坦、美国等。

铀矿物超过 200 种，但仅有 20 余种有工业价值。按氧化物形态分，铀矿可分为简单氧化物和复杂氧化物。简单氧化物如晶质铀矿（铀氧化物）、沥青铀矿（铀钍氧化物）；复杂氧化物如铀的钛、铌、钽矿物，它们的成分复杂多变，种类繁多。按成因分类，又可分为原生铀矿和次生铀矿。原生铀矿是地球形成时由岩浆形成的矿物，如沥青铀矿、晶质铀矿、复杂氧化物等；次生铀矿是由原生矿物经风化后重新形成的新矿物，如铀黑、铀云母类矿物、铀的含水氧化物等。

沥青铀矿分布十分广泛，它是工业价值最高的原生铀矿物。沥青铀矿属简单氧化物类型，其化学式可表示为 $kUO_2 \cdot lUO_3 \cdot nPbO_3$，其中铀的含量约占 0～76％。晶质铀矿也是一种原生铀矿，与沥青铀矿有相同的结晶构造，但矿物成分和形态显著不同，最主要的差别是晶质铀矿物含有钍等稀土元素，其一般化学式为 $k(U, Th)O_2 \cdot UO_3 \cdot mPbO$，这种矿物常产于伟晶岩中，与硫化物、萤石、钍、稀土、铌、钽等共生。复杂氧化物这一类矿物是指含铀的钛、铌、钽矿物，其成分复杂而且变化不定，主要元素有铌、钽、钛、铁、锰、钙、钠、铀和钍，次要元素有钾、镁、铝、钡、硅、铅、锶、锑、铋、锌、磷等。

铀黑的主要化学组成为：$UO_3$ 9.8％～40.4％，$UO_2$ 微量（11.7％），$ThO_2 < 3$％。铀黑也是提取铀的重要原料，通常与原生铀矿物一起开采。铀云母类矿物化学通式为 R

$(UO_3)_2 \cdot (MO_4)_2 \cdot nH_2O$。其中，R 为 Ca、Cu、Fe、Ba、K 等元素；M 为 P、As、V 等元素；$n$ 为矿物结合水分子的数目。可见，铀云母类矿物是六价铀的磷酸盐、砷酸盐或矾酸盐。常见的铀云母类矿物，如钙铀云母 $Ca(UO_2)_2[PO_4]_2 \cdot (10\sim12)H_2O$、铁铀云母 $Fe(UO_2)_2[PO_4]_2 \cdot 8H_2O$、铜铀云母 $Cu(UO_2)_2[PO_4]_2 \cdot (10\sim12)H_2O$ 等。铀的含水氧化物是由沥青铀矿或晶质铀矿经氧化作用和水合物作用形成的，主要为六价铀的矿物，个别矿物中也含有四价铀。常见的矿物有水铀矿 $UO_3 \cdot nH_2O$、水斑铀矿 $U(UO_2)_5O_2[OH]_{10} \cdot nH_2O$、橙水铅铀矿 $Pb[(UO_2)7O_2(OH)_{12}] \cdot 6H_2O$ 等。

铀矿的特点是品位低、规模小、矿体分散，品位高于万分之五才有开采价值。铀矿石是具有放射性的危险矿物，铀矿物具有放射性和荧光性两大特性。此外，四价铀矿物和六价铀矿物具有不同特征色泽，四价铀多呈黑色、灰黑色、深褐色或暗绿色，六价铀矿物颜色则十分鲜艳。

## 5.1.2　铀矿的勘查开采与浸取

铀矿的勘查一直是地质工作者的一项重要课题。地球物理方法中，有重力法、磁法、电法、地震法寻找铀矿，还可利用铀及其衰变子体具有放射性核释出氡气的特点，采用放射性 γ 测量、能谱测量、射气测量、水化学法等寻找铀矿。

工程上，可通过预查、普查、详查和勘探等排查铀资源储量。预查是通过对预查区内资料的综合研究，结合野外观测，初步了解区内铀资源的整体状况，提出可供普查的矿化潜力较大的地区。普查是通过对矿化潜力较大的地区进行野外地表工作及取样，对已知矿化地区给出初步评价，提出详查的意见建议。详查是采用各种方法和手段，进行系统的工作和取样，作出是否具有工业价值的评价，为勘探提供范围及依据。勘探是对勘探区进行加密取样，并通过可行性研究，为矿山建设设计提供依据及建议。

按照开采方式，铀矿的开采主要有地下开采或露天开采。铀矿石需要经过选矿、破碎和研磨等处理，再利用浸出剂（酸或碱）浸出铀，然后固液分离，对溶液进行离子交换或溶剂萃取，最后得到铀化学浓缩物。同时，根据地质条件和成矿原理的不同，还可进行酸法开采、碱法开采、砂岩型矿层的微生物菌浸开采等。

矿石的预处理是浸取前的重要环节。选矿环节，分为选矿和焙烧的选择。选矿是为了使铀矿物和脉石矿物尽可能分离，以便充分、合理和经济地利用矿产资源；还可以提高需要加工的铀矿石的品位，减少需要加工的铀矿石量，降低铀矿加工成本；使伴生元素的矿物与铀矿物分离，达到综合回收的目的；减少消耗浸出剂（酸或碱）的脉石矿物，降低浸出剂的消耗。焙烧是为了改善有用矿物的浸取性能和降低杂质的溶解度，改善矿粒的物理性质，以利于矿粒分级和后续的固液分离。常用的焙烧方法有氧化焙烧、加盐焙烧和改善物理特性的焙烧等。氧化焙烧的目的是将矿石中的铀从难溶状态转为易溶状态，将杂质转变成难溶状态，去除有机物，回收其他有用元素等，其最佳温度为 500～600 ℃。加盐焙烧是用添加食盐到矾钾铀矿类型的矿石中进行焙烧，是浸取前预处理这类矿石的一种有效方法。改善物理特性的焙烧是当铀矿石含有由易发生触变的矿泥组成的某些类型的水合黏土时，在浸取、沉降和过滤阶段经常遇到很大的困难，可在 300～600 ℃ 的温度下焙烧使这样的黏土脱水，从而达到改善矿石物理性质的目的。

　　破碎是为了将矿石粉碎到一定程度，以便后续工作更好地进行，可分为机械力破碎如挤压、冲击、研磨和劈裂等，以及非机械力破碎如爆破、超声、热裂、高频电磁波和水力等。影响破碎的因素主要有矿石的抗力强度、硬度、韧性、形状、尺寸、湿度、密度和均质性等，也包括一些外部因素，如矿石之间在破碎瞬间的相互作用和分布情况等。采用的设备主要有颚式破碎机、旋回破碎机、圆锥破碎机、冲击作用破碎机、辊式破碎机等。破碎的流程一般分为四个阶段：粗碎阶段，将采矿得到的矿石块度 $600 \sim 1500$ mm 左右粉碎到 $125 \sim 250$ mm；中碎阶段，粉碎到 $25 \sim 100$ mm；细碎阶段，粉碎到 $5 \sim 25$ mm；超细碎阶段，粉碎到 6 mm 的颗粒达到 $60\%$。

　　磨矿是破碎作业的继续，磨矿的目的是获得细粒或超细粒产品。磨矿仪器主要有球磨机（磨矿介质为金属球）、棒磨机（磨矿介质为钢棒）、砾磨机（磨矿介质为矿石或砾石）。磨矿产品的粒度由矿石中铀矿物赋存的粒度而定。为了使铀矿物充分暴露，通常需要把铀矿石磨到 200 目（0.074 mm）占 $50\%$ 以上。控制磨矿产品的合适粒度，既避免过度粉碎造成泥化，又可以降低能耗。通常磨矿机进料要求矿石粒度为 30 mm 左右即可，经粗磨至粒度 $0.15 \sim 3$ mm、细磨至 $0.02 \sim 0.15$ mm，超细磨至粒度 $<10$ μm（通常为 $0.05 \sim 1$ μm）。

　　筛分和分级。破碎和磨矿后的矿石是各种大小不等的颗粒的混合物，为了控制粒度分布，需要进行粒度分级。其原理是利用矿石颗粒在介质（水和空气）中沉降速度的不同，把物料分离成两个或两个以上粒度级别。

　　用化学试剂把矿石中的有用组分转化为可溶性化合物，并选择性地溶解，实现有用组分与矿石分离的过程，称为浸出。

　　酸法开采工艺流程中，通常以稀硫酸溶液作为浸出剂，工业双氧水作为氧化剂。硫酸不但具有较强的浸出能力、与铀形成较稳定的铀酰配合物，还具备价格便宜等优点。除硫酸外，盐酸、硝酸等强酸也可作为浸出剂。

$$UO_3 + H_2SO_4 \rightleftharpoons UO_2SO_4 + H_2O \tag{5.1}$$

$$UO_2SO_4 + SO_4^{2-} \rightleftharpoons [UO_2(SO_4)_2]^{2-} \tag{5.3}$$

$$[UO_2(SO_4)_2]^{2-} + SO_4^{2-} \rightleftharpoons [UO_2(SO_4)_3]^{4-}$$

　　酸法浸取的优点是有较强的浸出能力，价格低廉，对矿石粒度要求不高，浸出率比碱法高大约 $5\% \sim 10\%$，不需要加温加压浸取等。其不足之处是选择性差、对设备的腐蚀性较碱法强。酸法浸取适用于硅酸盐矿、氧化钙或碳酸盐含量小于 $8\%$。

　　影响酸法浸取效率的主要因素有酸耗、氧化剂、矿石粒度、矿浆液固化比、浸取温度和时间、搅拌强度等。其中，酸耗是指单位质量矿石在浸出过程中所消耗的酸量，一般用质量分数表示。浸出剂与矿石中的铀矿物或含铀矿物反应所必需的最低消耗量称为合理酸耗，而浸出剂与矿石中的非含铀矿物如脉石等反应所消耗的量，称为额外酸耗。因此，为降低浸取成本，应减少矿石中的杂质，减少额外酸耗。氧化剂的作用是将溶液中由 $Fe^{3+}$ 氧化 $UO_2$ 形成的 $Fe^{2+}$ 迅速氧化为 $Fe^{3+}$，继续用于氧化 $UO_2$。氧化剂用量要适当，溶液中过多的氧化剂，会与 $Fe^{2+}$ 一样，降低 $UO_2$ 的溶解速度。以 $Mn^{2+}$ 为例：

$$MnO_2 + 2FeSO_4 + 2H_2SO_4 \rightleftharpoons Fe_2(SO_4)_3 + MnSO_4 + 2H_2O \tag{5.4}$$

$$UO_2 + Fe_2(SO_4)_3 \rightleftharpoons 2FeSO_4 + UO_2SO_4 \tag{5.5}$$

　　矿石粒度越小，比表面积越大，越有利于提高铀的浸取率；但矿石磨得太细，既增加了磨矿时间，多消耗了动力，又会增加酸耗及杂质的溶解量。针对矿石的不同，通常磨到

30%～40%达到约 200 目，就能使铀矿物充分暴露。

碱法浸取也是重要的铀浸取方法。如矿石中氧化钙的含量大于 12%时，可以采用碱法浸取，通常以碳酸钠或碳酸铵为浸取剂。与酸法浸取相比，碱法浸取具有选择性好、产品易纯化、对设备腐蚀性较小等优点，但也存在浸出速度慢、浸出率低、投资高、进出条件高等不足。

$$UO_3 + 3Na_2CO_3 + H_2O == Na_4[UO_2(CO_3)_3] + 2NaOH \qquad (5.6)$$

$$UO_2 + 3Na_2CO_3 + 0.5O_2 + H_2O == Na_4[UO_2(CO_3)_3] + 2NaOH \qquad (5.8)$$

$$U_3O_8 + 9Na_2CO_3 + 0.5O_2 + 3H_2O == 3Na_4[UO_2(CO_3)_3] + 6NaOH$$

正常的碱浸过程是在 pH 值 9～10.5 范围内进行的。当 pH>10.5 时，生成重铀酸钠沉淀。为防止上述反应的发生，在浸取剂中要有一定量的碳酸氢钠存在，以中和铀溶解过程中产生的 $OH^-$。

碱浸法可以较好地对杂质元素进行去除，如二氧化硅的溶解，钙、镁硫酸盐，硫化物，钒、磷氧化物，钙、镁碳酸盐，以及铁、铝氧化物的去除。碳酸钙、碳酸镁与碳酸钠不发生反应。铁、铝的氧化物与碳酸钠的反应极其缓慢，它们在浸出液中的浓度只有万分之几。总的来说，碱法浸取时杂质转入浸出液的量是比较少的。

$$SiO_2 + 2Na_2CO_3 + H_2O == Na_2SiO_3 + 2NaHCO_3 \qquad (5.9)$$

$$CaSO_4 + Na_2CO_3 == CaCO_3 \downarrow + Na_2SO_4 \qquad (5.10)$$

$$MgSO_4 + Na_2CO_3 == MgCO_3 \downarrow + Na_2SO_4 \qquad (5.11)$$

$$2FeS_2 + 8Na_2CO_3 + 7.5O_2 + 7H_2O == 2Fe(OH)_3 \downarrow + 4Na_2SO_4 + 8NaHCO_3$$
$$(5.12)$$

影响碱浸过程的主要因素有碱耗、氧化剂、矿石粒度、矿浆液固比、温度和压力等。

细菌浸取是铀的浸取方法中比较独特的，是利用某些细菌的生物化学作用为浸取铀提供有利条件的浸取过程，并非指细菌能和铀直接发生作用。氧化硫硫杆菌、氧化铁硫杆菌及氧化铁杆菌对一般硫化矿物及其他矿物的浸取具有活性。其原理是细菌可以促使矿石中的硫化物或硫氧化生成硫酸，并将亚铁离子氧化为三价铁离子，从而为铀的浸取提供浸取剂（硫酸）和氧化剂（三价铁离子）。

铀从矿石浸出之后，必须首先采用强有力的分离手段，把铀从浸出液中提取出来。常用的提取方法有化学沉淀法、离子交换法和溶剂萃取法等，在核工业发展初期，化学沉淀法曾经是提取铀的主要分离方法，但因它存在生产工序多、试剂消耗量大和铀的回收率低等缺点，目前已被其余两种方法所取代。对铀浓度低的矿浆用离子交换法较好，而对铀浓度较高的清液则用萃取法处理更为适宜。

铀水冶工艺常用萃取剂主要有磷类萃取剂如磷酸三丁酯（TBP）和胺类萃取剂如三脂肪胺（$N_{235}$）等。溶剂萃取工艺过程为萃取—洗涤—反萃取—再生—萃取，同时注意从水相中回收有机相。含铀的硫酸溶液，一般采用酸性磷类萃取剂和胺类萃取剂提取铀；对于含铀的碳酸盐溶液，目前还只有采用季铵盐萃取剂提取铀。

沉淀出铀化学浓缩物的工艺过程是水冶阶段的最后一道生产步骤。将铀的淋洗液或反萃液加热到适当温度（50～60 ℃），加入氨水或氢氧化钠溶液作为沉淀剂，并控制反应介质的酸碱度（pH=6.7～7.0），铀将以重铀酸铵或重铀酸钠的形式（"黄饼"）沉淀下来：

$$2UO_2(NO_3)_2 + 6NH_3 \cdot H_2O == (NH_4)_2U_2O_7 \downarrow + 4NH_4NO_3 + 3H_2O \quad (5.13)$$

$$2UO_2(NO_3)_2 + 6NaOH \Longrightarrow Na_2U_2O_7 \downarrow + 4NaNO_3 + 3H_2O \qquad (5.14)$$

铀选冶工艺流程见图 5.2。

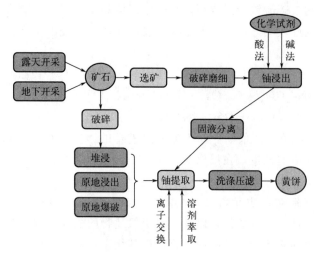

图 5.2　铀选冶工艺流程示意图

除矿石中铀的浸取外，目前从海水中提取铀也是研究的一个重要方向。海水中铀浓度很低，因此海水提铀的成本相对较高，目前较难实现商业化。主要方法有沉淀吸附法、离子交换法、光催化法等。

## 5.2　铀的纯化与转化

铀的采冶过程中，浸取的矿浆经过化学萃取或离子交换及沉淀处理，获得粗产品——"黄饼"。但黄饼中所含的氧化铀仅占 $40\% \sim 80\%$，其中还含有很多杂质，如硼等"中子毒物"，因此，需要进一步提纯并制备成铀的氧化物。这一工艺过程叫作铀的精制或纯化。

铀的纯化方法通常有溶剂萃取法、离子交换法、离子交换与溶剂萃取复合法、沉淀法等。经过精制，获得铀的中间产品。用萃取法或离子交换法处理浸出液得到的铀化学浓缩物仍然含有相当数量的杂质元素，达不到核燃料所需的纯度要求，因而必须进一步将它纯化。目前各国使用较多的纯化方法仍是溶剂萃取法，以磷酸三丁酯（TBP）为萃取剂。

水冶制得的重铀酸盐沉淀在硝酸中的溶解速度很快，反应后只剩下很少的残渣。过滤除去不溶解的残渣，其后溶液中过剩的硝酸和以硝酸盐存在的金属杂质用溶剂萃取法分离出来，得到纯化的含铀溶液。

萃取剂磷酸三丁酯具有挥发性小、化学稳定性强、铀的萃取容量大和选择性好等优点，因而目前几乎所有铀精炼厂中，都采用了 TBP 萃取流程。用水（或 $HNO_3$、反萃取液）洗涤负载铀的有机相后，采用微酸性热水反萃取铀，可以得到核纯级硝酸铀酰溶液。

从铀纯化过程直接得到的产品一般是硝酸铀酰、重铀酸铵或三碳酸铀酰铵等化合物。这种产品要根据核燃料循环后续工序的要求，进一步转换为所需的化学形式。若纯化铀是送去进行同位素分离，便需最终把它们转化为六氟化铀，才可制造成轻水反应堆和研究堆的燃料原件或原子弹的装料。

$$2[UO_2(NO_3)_2 \cdot 6H_2O] \xrightarrow{500\,℃} 2UO_3 + 4NO_2 + O_2 + 12H_2O \tag{5.15}$$

$$(NH_4)_2U_2O_7 = 2UO_3 + 2NH_3 \uparrow + H_2O \uparrow \tag{5.16}$$

$$UO_3 + H_2 = UO_2 + H_2O \tag{5.17}$$

$$UO_2 + 4HF = UF_4 + 2H_2O \tag{5.18}$$

$$UF_4 + F_2 = UF_6 \tag{5.19}$$

若纯化铀直接用作反应堆燃料，则可将它们转化为金属铀、二氧化铀或碳化铀等形式，才可供下一步制造重水反应堆的燃料原件。铀的这种转化过程大多采用干法工艺流程。

$$UF_4 + 2Ca = U + 2CaF_2 \tag{5.20}$$

$$UF_4 + 2Mg = U + 2MgF_2 \tag{5.21}$$

可见，典型的纯化与转化的流程可分为焙烧、溶解、萃取纯化、重铀酸铵沉淀和干燥、还原和氢氟化、镁热还原、废物处理等。

## 5.3　铀的浓缩

铀在天然矿石中有三种同位素$^{238}U$、$^{235}U$、$^{234}U$，其中可以作为核燃料的$^{235}U$的含量非常低，只有约$0.72\%$。为满足核动力或核武器对$^{235}U$丰度的需求，需要对天然铀的三种同位素进行分离，以提高$^{235}U$的丰度，即铀浓缩。根据国际原子能机构的定义，丰度为$3\%$的$^{235}U$为核电站发电用低浓缩铀，丰度$20\%$可用于舰船推进，$^{235}U$丰度大于$90\%$的称为武器级高浓缩铀，主要用于制造核武器。

生产1吨丰度为$3\%$的低浓缩铀，大约需要5.5吨天然铀原料。浓缩过程中剩下4.5吨贫铀，即$^{235}U$丰度下降到$0.2\%$左右的铀，一般无工业应用价值，作为尾料排出储存。贫铀除了具有放射性外，还具有高密度、高硬度、高韧性等物理特性，又由于铀易氧化，穿甲时发热燃烧，形成较大的破坏作用，因此一些国家以此制造了贫铀弹。

由于$^{235}U$与$^{238}U$的物理和化学性质基本相同，仅在质量上有微小的差别，从而给它们彼此之间的分离带来很大技术上的困难，只能利用因质量不同而引起的一些效应，如速度效应、电磁效应和离心力效应等，使同位素得到分离。迄今有三种方法具有工业应用的意义，即气体扩散法、高速离心法和分离喷嘴法。

### 5.3.1　气体扩散法

这是商业开发的第一种浓缩方法。该工艺依靠不同质量的铀同位素在转化为气态时运动速率的差异实现分离。它的基本原理是基于两种不同分子量的气体混合物（$^{235}UF_6$和$^{238}UF_6$）在热运动平衡时，两种分子具有相同的平均动能和不同的运动速度。轻分子（$^{235}UF_6$）的平均速度大，较重分子（$^{238}UF_6$）的平均速度小，因此轻分子同容器壁多孔扩散膜的碰撞次数要比较重分子多些。

已通过膜管的气体随后被泵送到下一级，而留在膜管中的气体则返回到较低级进行再循环。在每一级中，$^{235}U/^{238}U$浓度比仅略有增加。浓缩到反应堆级的$^{235}U$丰度需要1000级以上。

用扩散法分离同位素的条件是，气体压力必须足够低，扩散膜的孔径必须足够小，且不会由于腐蚀而扩大。扩散膜是气体扩散厂的最核心部件。实际采用粉末冶金法制成的烧结镍膜、烧结氧化铝膜或聚四氟乙烯膜，每平方厘米有几亿个微孔，孔径为 $0.01~\mu m$。

气体扩散法分离铀同位素具有工艺过程比较简单、设备运行稳定可靠、容易在工程上实现等优点，所以这种方法为各国所普遍采用。但气体扩散法的缺点是分离系数太小，需要串联太多的分离级和消耗太多的电能，因而缺乏经济竞争力。

气体扩散法分离单元示意图见图 5.3。

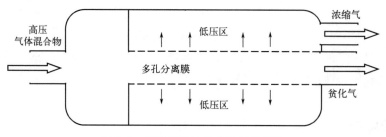

图 5.3 气体扩散法分离单元示意图

## 5.3.2 气体离心法

气体离心法采用一系列高速旋转的圆筒或离心机进行核素分离，根据离心力原理运作，轻分子在近轴处富集，较重的分子则在近壁处富集。$^{238}U$ 重分子气体比 $^{235}U$ 轻分子气体更容易在圆筒的近壁处富集，从近壁和近轴分别引出气体流，就可以得到略为贫化与略为富集的两股流分。用加热或机械方法使两股气体在离心机中呈轴向地逆向流动，可加强分离效果。由于单个离心机的流量和生产能力太小，要达到一定的工业生产规模，在各分离级中必须并联多台离心机。离心机法的工艺趋于成熟，经济上比气体扩散法更具优势，已成为一种工业规模生产富集铀的替代方法。气体离心法离心机分离原理见图 5.4。

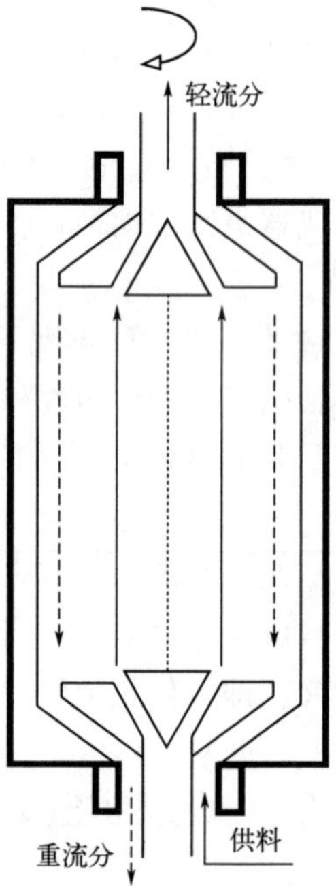

## 5.3.3 气体动力学分离法（分离喷嘴法）

其原理是将六氟化铀气体与氢或氦的混合气体经过压缩高速通过一个喷嘴狭缝而膨胀，在膨胀过程中加速到超声速的气流顺着喷嘴沟的曲面壁弯转，较重分子靠近壁面富集，较轻分子远离壁面富集，这样便形成了可以从 $^{238}U$ 中分离 $^{235}U$ 同位素的离心力。利用喷嘴出口处的分离楔尖把气流分成含 $^{235}U$ 较少的重流分和 $^{235}U$ 较多的轻流分，分别用泵抽出，氦气最后从混合气体中分离出来重复使用（图 5.5）。气体动力学分离法的单元分离效果不大，介于扩散法和离心机法之间，级联数虽然比气体扩散法要少，但该法仍需要大量电能，因此一般被认为在经济上不具竞争力。

图 5.4 气体离心法离心机分离原理示意图

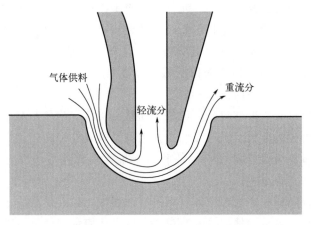

图 5.5　气体动力学分离法原理示意图

### 5.3.4　激光浓缩法

激光浓缩法分为原子激光法和分子激光法。原子激光法是将金属铀蒸发，然后以一定波长的激光束将$^{235}$U 原子激发到一个特定的激发态或电离态，但不能激发或电离$^{238}$U 原子。然后电场对通向收集板的$^{235}$U 原子进行扫描。分子激光法也是依靠铀同位素在吸收光谱上存在的差异，首先用红外线激光照射六氟化铀气体分子，使$^{235}$U 原子能态升高，然后再利用紫外线激光器分解这些分子，并分离出$^{235}$U。分子激光法只能用于浓缩六氟化铀。美、日、俄等国正在加紧研究的激光分离技术，虽然理论上可在单级实现完全的分离，大大降低电能消耗和分离成本，但仍存在许多技术难关，需要继续投入大量的研究工作。

### 5.3.5　其他方法

除上述分离浓缩方法外，其他方法也有希望获得实际应用。同位素电磁分离浓缩工艺是基于质量不同的带电粒子在磁场做圆周运动时其旋转半径不同而被分离的方法。化学分离法原理是同位素离子由于其质量不同，将以不同的速率穿过化学"膜"。其工艺一类是溶剂萃取法，将萃取塔中 2 种不互溶的液体混合，产生化学"膜"；另一类是离子交换法，需要使用一种水溶液和一种精细粉状树脂来实现树脂对溶液的缓慢过滤。等离子体分离法，是利用离子回旋共振原理有选择性地激发$^{235}$U 和$^{238}$U 离子中等离子体$^{235}$U 同位素的能量，当等离子体通过收集器时，具有大轨道的$^{235}$U 离子会更多地沉积在平行板上，而其余的$^{235}$U 等离子体贫化离子则积聚在收集器的端板上。

## 5.4　核燃料元件的制造

### 5.4.1　核燃料元件及其分类和特点

铀进行浓缩之后将进行元件制造。核燃料元件是核燃料产业的最终产品，是核电站的能量来源，也是核反应堆的核心部件。元件是反应堆内以核燃料作为主要成分的结构上独立的最小构件，通常指由燃料芯体和包壳组成的燃料单元。核燃料元件在核反应堆中有非常重要的作用，它除了提供反应堆发电所需能量之外，也是核反应堆安全的第一道屏障。核裂变产生的放射性物质98％以上滞留于燃料芯块中，不会释放出来，同时可以有效防止裂变产物及放射性物质进入一回路水中。

按燃料元件几何形状，核燃料元件可分为棒状、板状、管状和球状等形式。按核燃料类型，核燃料元件可分为金属型燃料元件、弥散型燃料元件和陶瓷型燃料元件。按反应堆类型，核燃料元件可分为轻水堆燃料元件和重水堆燃料元件等。也可按包壳材料进行分类，如铝合金元件和锆合金元件。

由于元件中的核燃料主要为铀和钍，均具有放射性，且其俘获中子而裂变产生的裂变产物放射性活度更高，这是元件的一大特点。元件在反应堆燃烧后具有较强的剩余释热则是其另一特点。此外，元件能量高度集中，1克铀全部裂变放出的热，相当于2.8吨标准煤燃烧时放出的热。

燃料元件的工作环境十分恶劣，在反应堆内处于高辐照、高温、高压下，会产生诸如膨胀、密实化、生长、蠕变等几何尺寸的变化，还要承受应力、应变、冷却剂冲刷造成的腐蚀和振动磨蚀、疲劳作用，以及反应堆开停堆和堆运行时的功率波动造成的冷热冲击作用。因此，要严格控制元件的制备物料选择、燃料元件设计、加工制造、存放、运输、堆内运行、辐照后热室检验、后处理等环节，这对燃料元件适应性、安全可靠性和经济性等提出一系列特殊要求。

## 5.4.2 核燃料元件的制造

工业上生产铀燃料，可以用铀同位素分离工厂的浓缩铀产品作原料，也可用铀精炼厂提炼出的天然铀作原料。而对于动力堆来说，用得较多的燃料类型是 $UO_2$ 和金属铀。这些类型的燃料都是通过 $UF_6$ 的转换来制备的。

核燃料元件的制造过程分为芯体材料制备、芯体加工成型、元件密封包覆、组件组装和质量检验等，核燃料元件制造工艺由化工、机械、粉末冶金、理化分析、辐射防护等许多领域的工艺技术组成。由于核工业的特殊性，许多工艺技术的实现较难，形成了设备的专用性和研制周期长、价格昂贵的特点，客观上增加了相应技术发展的难度。

燃料芯体材料包括可裂变材料、可转换材料，主要为金属、合金、化合物陶瓷等。金属铀热导率高、密度大、易加工，但制成的芯体熔点低、可能发生同质异晶转变、易发生膨胀和辐照生长，制造时可加入合金元素 Ti、W、V、Ni、Cr、Mo、Fe 等，防止膨胀，改善各向异性效果。

把高浓缩的金属化合物 $UAl_4$、$UAl_3$、$UAl_2$ 弥散到延展性很好的 Al 基体中，可得到铝铀合金燃料。

陶瓷燃料的成型加工。$(U, Pu)O_2$、$(U, Pu)C_2$ [或 $(U, Pu)C$]、$(U, Th)O_2$ 等陶瓷材料，具有熔点高、热稳定性和辐照稳定性好、有利于加深燃耗、有良好的化学稳定性、与包壳和冷却剂材料的相容性好等特点，其中 $UO_2$ 最为常用。而其熔点高，在 2000 ℃以上，用熔炼方法加工成型比较困难，通常要把粉末压制成型，然后烧结，制成芯体，再将粉末填入包壳管，振动使其密实，从管外边旋转边敲打、填实。

核燃料芯块外面通常都有一层金属保护层，即燃料包壳，其主要作用为保护燃料芯块不受冷却剂的侵蚀，避免燃料中裂变产物外泄，使冷却剂免受污染，保持燃料元件的几何形状并使之有足够的刚度和机械强度。包壳材料主要有铝及铝合金、镁及镁合金、锆合金、不锈钢、石墨（高温气冷堆）等。压水堆及沸水堆常用锆合金作为包壳材料。

燃料芯块为直径 1 cm、高度 1 cm 的圆柱体。几百个芯块叠在一起装入直径 1 cm、长度约 4 m、厚度为 1 mm 左右的细长锆合金材料套管内，称为燃料棒，再以一定排列方式组成燃料组件。燃料组件为几百根燃料棒以一定间隔按 $15 \times 15$ 或 $17 \times 17$ 排列并被固定成一束。

核燃料通常以燃料组件形式装入反应堆内。为了充分利用核能，通常要求燃料组件在堆内停留很长时间。如在一般核电站中大约要求停留三四年，而在核潜艇中的停留时间可达十年以上。从维持链式反应看，为了有效地利用中子，应尽量避免随核燃料或包壳材料将中子毒物带入堆芯，而且包壳应做得尽可能薄。

不同反应堆使用不同的燃料元件。在通常情况下，生产堆多用金属铀作燃料，用对热中子（慢化中子）吸收截面较小的铝、镁及其合金作包壳材料；轻水堆用低浓度二氧化铀陶瓷燃料，以锆合金为包壳材料；而在钠冷快中子增殖堆内，活性区装料为 $PuO_2$ 与 $UO_2$ 混合物的烧结陶瓷块，增殖区为贫化铀的烧结陶瓷块，包壳材料由特殊不锈钢制成。由此可见，燃料元件制造工艺要根据具体的反应堆类型来确定，它需要综合考虑有关金属或化合物的物理性质、化学性质和核性质。

## 5.5　乏燃料后处理

乏燃料后处理是将乏燃料中的铀和钚分别提纯出来作为新的核燃料使用，是核燃料循环后端中最关键的一个环节，是目前对核反应堆中卸出的乏燃料的最广泛的一种处理方式。核燃料循环的后端包括反应堆用过的乏燃料的中间贮存、核燃料的后处理、放射性废物的处理和最终处置等过程。部分国家采用"一次通过式"，即不进行后处理，而是将乏燃料经中间贮存后直接切割包装，埋藏在深地质层作为最终处置。

现在全世界 400 多座运行发电的反应堆，每年卸出的乏燃料约有 1 万吨。目前，对于乏燃料的管理一般有两种选择。一是后处理，即对乏燃料中所含的 96％的有用核燃料进行分离并回收利用，裂变产物和次锕系元素固化后进行深地质层处置或进行分离嬗变，这是一种闭路核燃料循环，其特点是铀资源利用率提高，减少了高放废物处置量并降低其毒性，但缺点是费用可能较高，可生产高纯度的钚，有核扩散的风险。二是一次通过战略，即乏燃料经过冷却、包装后作为废物送入深地质层处置或长期贮存。该方式特点是费用可能较低，概念简单；无高纯钚产生，核扩散风险低。但缺点是废物放射性及毒性高，延续时间长达几百万年。

后处理方式的具体优势：①后处理可以充分利用铀资源，保障核电可持续发展。压水堆核电站乏燃料中$^{235}$U 为 0.8％～1.3％，比天然铀中的$^{235}$U 的含量（0.72％）还高。另外还有新生的可裂变物质$^{239}$Pu。通过后处理可从乏燃料中回收有用的铀和钚，再制成 $UO_2$ 或 MOX 燃料（钚铀氧化物混合燃料）返回热堆或快堆使用，大大提高铀资源的利用率。如果实现快堆和后处理的核燃料闭式循环，铀资源利用率可提高 60 倍左右，这意味着本来仅能使用 50～60 年的天然铀就可利用 3000 余年。②后处理可以使放射性废物减容和降低毒性。后处理不仅可显著减少需长期深地质层处置的核废物体积，而且可使最终废物的放射性毒性大幅度降低。按现在国际上运行的后处理厂的水平，乏燃料经过后处理后产生的高放废物量仅为一次通过的 1/4。按照目前后处理工艺技术的水平，铀、钚的回收率可达 99.75%，使最终处置废物的放射性毒性降低一个数量级以上。

后处理过程的任务可大致归纳为以下四个方面：①回收和净化乏燃料中的易裂变核素；②回收和净化乏燃料中尚未反应的可转换核素；③提取有用的放射性核素；④处理和处置放射性废物。

一个完整的后处理流程包括许多工序，但其中最关键的是化学分离。目前世界各国广泛使用和研究的化学分离方法可分为湿法和干法两大类。湿法就是将乏燃料进行适当的预处理后溶解于酸中，再采用溶剂萃取、离子交换等高效分离方法，以达到提取有价值元素、除去杂质的目的。与此相反，把不引入水溶液的高温后处理工艺称为干法。

后处理的主要过程包括：

① 从反应堆卸出的核燃料，在进行化学处理之前，通常要经历一个"冷却"过程。

② 核燃料在进行化学分离纯化之前，还需进行首端处理。其任务是燃料束的机械解体和燃料芯和包壳材料的分离。

③ 核燃料化学分离纯化过程是核燃料后处理的主要工艺阶段。它的任务是除去裂变产物，高收率地回收高纯度的核燃料物质。

④ 经溶剂萃取分离和净化得到的硝酸钚或硝酸铀酰溶液，无论在纯度或存放形式上有时还不能完全满足要求，因而在铀、钚主体萃取循环之后，还需要采取一些尾端处理步骤。其目的在于将纯化后的中间产品进行补充净化、浓缩以及将其转化为所需最终形态。

⑤ 核燃料后处理过程所产生的废物，一般都具有很强的放射性，必须进行妥善贮存、合理的处理和最终的处置，严防对环境的污染。

后处理工艺的应用已经有 50 多年的历史，和反应堆选型的发展过程类似，后处理工艺的发展也经历了一个从对各种方法广泛地开展试验，到目前各国普遍认为水法萃取流程是唯一经济实用的后处理流程的过程。从 20 世纪 40 年代最早的军用后处理厂开始，生产上一直采用水法工艺。研究较多或工业上曾先后使用过的主要流程有：磷酸铋流程、Redox 流程、Butex 流程、Purex 流程和 Thorex 流程。

普雷克斯（Purex）流程（图 5.6）是采用磷酸三丁酯（TBP）为萃取剂，从乏燃料硝酸溶解液中分离回收铀、钚的溶剂萃取流程。Purex 是英文"plutonium uranium recovery by extraction"或"plutonium uranium reduction extraction"（萃取回收铀钚）的缩写。它是在 20 世纪 50 年代与其他流程互相竞争的基础上，最先在美国发展起来的。该流程的萃取剂常用正十二烷、煤油或烃混合物作稀释剂，TBP 浓度通常为 30%（体积分数），硝酸作盐析剂，利用 TBP 易萃取四价钚、六价铀，而不易萃取三价钚和裂变产物的这一化学性能，并采用适当的方法调节钚的价态，经过 2～3 个萃取循环，实现铀和钚的分离和回收，以及对裂变产物的净化。有些普雷克斯流程中最后一步用阴离子交换纯化钚，用硅胶吸附纯化铀。

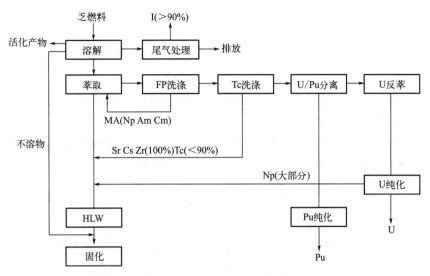

图 5.6 普雷克斯流程工艺图

多年来工厂运行经验表明，Purex 流程与其他萃取流程（如 Redox 流程或 Butex 流程）相比，是一个经济性、安全性、可靠性方面都更好的流程。它的优点主要表现在以下几方面：废液量少，废液中作为盐析剂的硝酸可以通过蒸发去除或回收；TBP 与其他萃取剂相比，挥发性小而闪点高，使操作更加安全可靠；TBP 抗硝酸浸蚀的能力强；生产运行费低。

Purex 流程的上述优点使它很快在世界拥核国家中得到应用和发展。它不仅可以用于低燃耗、低比活度的生产堆乏燃料后处理，而且改进后也完全适用于处理高燃耗、高比活度的动力堆和快堆乏燃料。

20 世纪 60 年代以来，所有新建的或改建的后处理厂基本上均采用此流程或者是它的变体流程。预计今后若干年内设计建造的新后处理厂仍将以 Purex 流程为主。

## 5.6 核废物处理与处置

核能的开发利用和核技术在人类的生活、工厂的生产、医院中的利用，不可避免地要产生核废物。

核废物是指在核燃料生产、加工和核反应堆中用过的不再需要的并具有放射性的废物，以及在核技术应用过程中产生的放射性废物。核废物有时也专指核反应堆用过的乏燃料，即经后处理回收 $^{239}$Pu 等可利用的核材料后，余下的不再需要的并具有放射性的废料。按照物理状态，核废物可分为固体、液体和气体废物；按照比活度，可分为高放废物、中放废物和低放废物。

核废物的主要特点：①具有放射性，核废物的放射性不能用一般的物理、化学和生物方法消除，只能靠放射性核素自身的衰变而减少；②射线危害，核废物放出的射线通过物质时，发生电离和激发作用，对生物体造成辐射损伤；③热能释放，核废物中放射性核素通过衰变放出能量，当放射性核素含量较高时，释放的热能会导致核废料的温度不断上升，甚至使溶液自行沸腾，固体自行熔融。由此可见，必须对核废物进行妥善的处理与处置。

目前，国际上对于核电站产生的三废建立了较为完善的废物处理系统和处理办法。

（1）废气的处理

在加工、生产、操作放射性物质的时候，难免有放射性气体产生。可以通过高灵敏的仪器探测，以有效的办法捕捉和净化。

在核工业有关工厂、核电站厂房和放射化学实验室，人们针对释放出的放射性气体物质，采用有效的气体过滤器来捕集放射性颗粒。如生产放射性碘的场所，采用碘过滤器；放射性气溶胶高的地方，采用气溶胶过滤器；对极小的放射性颗粒物，采用高效空气粒子过滤器捕集，可把空气中粒径为 $0.3\ \mu m$ 的放射性微粒物质除去 $99.97\%$ 以上。

在核电站，通常采用压缩贮存衰变或吸附衰变的办法，让大量短寿命气体放射性核素衰变掉。如把放射性气体加压"禁闭"起来，或者吸附在活性炭上，使其滞留五六十天，当再释放的时候，许多短寿命核素已衰变了绝大部分，放射性就大大减弱了。对于一些较长寿命核素的气体，当通过过滤器的时候，被阻滞保留在过滤器芯，经过过滤后的空气被净化。

（2）废液的处理

放射性核素溶入水中，形成放射性液体。处理放射性废液，除了前面所说的衰变法外，日常运用多的如加热浓缩蒸发法、化学沉淀法、离子交换法等。此外，针对低、中水平放射性废液，有电渗析法、反渗透和超过滤等，这些办法是利用膜技术，使放射性核素选择性地透过膜，分离成净化液和浓缩液，达到废水净化的目的。

（3）固体废物减容和固化

① 压缩减容。生产、运行和操作放射性物质，难免产生一些固体放射性废物，如被污染的设备、器具、劳保用品等。如果它们的体积很大，会增加贮存和处置的花费。压缩减容是常用的办法，可以把可压缩的废物体积减小到原来体积的 $1/6\sim1/3$。

② 焚烧减容。纸品、纺织品、木材、塑料、橡胶、油料等放射性废物，包括做同位素试验产生的动物尸体都可以在专门焚烧放射性废物的炉子中烧成灰，获得很大的减容。现在世界上设计建造和使用着各种形式的焚烧炉，有很多安全保护措施，如烟气要经过多道过滤，焚烧灰要安全收集和处置等，防止放射性物质危害公众和工作人员，不会污染环境。

③ 固化和固定。放射性废液蒸发产生的浓缩物和蒸残液、沉淀产生的泥浆、离子交换产生的废树脂和焚烧产生的焚烧灰中，往往富集了较多的放射性核素。为了不让它们释放和扩散开来，需要对其进行固化，如水泥固化、沥青固化、塑料固化、玻璃固化等。固化体被封装在钢桶或混凝土桶内或其他更好的容器内。包装桶具备耐腐蚀、耐温、耐辐照、持久不泄漏等特性。废物固定是在装有固体废物的容器中，浇注某种介质，以填充容器中的空隙，形成无空隙的石状物体，避免在容器破损之后水浸泡废物体，导致放射性核素的浸出和迁移到环境中。

（4）放射性废物的贮存

放射性废物的贮存是指在最终处置之前，将放射性废物以专用的容器在固定地点贮存，其对象主要为未经固化处理的放射性废液和浓缩物，及尚未选定最终处置方案的固化体等放射性废物。

贮存过程要注意安全，不能使放射性废物泄漏。对于碱性中、低放废液，一般采用碳钢贮罐，对于酸性高放废液，须用双层不锈钢罐，而对于比活度高、释热量大的高放废液，所使用的材料要耐腐蚀，结构要牢固可靠，并设有通风散热装置、检漏系统和料液转运装置等，并须进行实时监测。

（5）高放废物的地质处置

核废物的最终处置，指不再需要人工管理，不考虑再回取的可能。因此，为防止核废物对环境和人类造成危害，必须将其与生物圈有效地隔离。最终处置的主要对象是高放废物。

这部分内容将在第 9 章"环境放射化学"中详细阐述。

## 参考文献

王祥云，刘元方 . 核化学与放射化学 [M]. 北京：北京大学出版社，2007.

## 思考题

5-1　请简述核燃料循环体的两种方式。

5-2　请简述铀的浸取中采用酸法和碱法的特点。

5-3　铀浓缩的方式主要有哪几种？

# 第 6 章

# 辐射化学基础

## 导言：

学习目标：了解辐射化学的相关概念、应用和发展方向，理解辐射化学与放射化学及光化学的区别与联系，掌握辐射化学产额与吸收剂量的关系，并能利用化学剂量计进行有关计算。

重点：辐射化学研究内容，水和水溶液的辐射化学，辐射化学产额表达及应用。

## 6.1　概述

### 6.1.1　辐射化学的概念及基本特征

辐射化学是研究电离辐射与物质相互作用时所发生化学变化的一门化学分支学科。它的主要研究为：辐射作用引起的初级过程、次级过程以及后续的化学反应过程；辐射对物质的破坏和损伤作用的化学反应机制；辐射引起的各种物理化学变化在工业、农业、生物及医学领域中的应用。

辐射化学与放射化学在研究对象、方法和基础理论方面是不同的。放射化学是研究放射性物质本身的化学性质，而辐射化学是研究由辐射引起的化学变化。首先，它们研究与放射性有关的化学；其次，由于放射性物质本身具有放射性，因此放射化学研究是伴随有辐射化学效应的。

引起辐射化学反应的能源是电离辐射，它包括：高能光子（X 和 γ 射线），高能电子，重带电粒子（质子、氘核、α 粒子和核裂变碎片），中子等高能粒子（能量：keV～MeV 数量级）。这些粒子能量远大于原子、分子的电离能（5～25 eV）和化学键键能（2～10 eV），因此这些高能粒子与物质作用时既能产生激发又能引起电离。

辐射化学又具有与热化学、光化学反应不同的特征。一个入射粒子可使多个分子电离和激发。而光化学过程则是一次性的，光子通过一次相互作用把它的能量全部传给被激发的分子，而本身消失。辐射化学过程中的激发和电离作用是无选择的，入射粒子可与路径上的任何分子在任何部位发生作用，产生可能的激发分子和离子。而光化学是有选择性的，只有当入射光子的能量满足跃迁条件，且两个能态间的跃迁为允许跃迁时，光激发过程才能发生。

辐射化学过程和光化学过程产生的活性粒子在空间的分布是不同的。

$$入射粒子 \xrightarrow[\text{激发、电离}]{\text{初级电离作用}} 次级电子 \longrightarrow 路径上的物质分子 \xrightarrow{\text{激发、电离}}$$

$$激发分子和离子的群团 \cdots \longrightarrow 群团（刺迹）$$

而光化学体系中，可发生光学作用的分子或原子在统计学上是均匀分布的，因此光激发过程完全是一个随机过程。前者的径迹为刺迹，后者为形成的激发分子基本上是均匀分布的。

## 6.1.2 辐射化学的基本过程

电离辐射与物质作用所引起的变化过程，按时间标度可分为物理过程、物理化学过程、化学过程和生理过程。物理过程一般发生在 $10^{-18} \sim 10^{-15}$ s 时间内，在此过程中，入射粒子把能量传递到介质中，产生电子、正离子、激发态分子和自由基等，可用传能线密度（LET，入射粒子在单位径迹长度中损失的能量）来表示。物理化学过程一般发生在 $10^{-15} \sim 10^{-11}$ s 时间内。一方面传递能量，另一方面发生分子解离及离子-分子反应等，形成新的分子和活性中间产物（自由基、溶剂化电子等）。化学过程一般发生在 $10^{-11}$ s 以后，此过程包括中间产物的扩散和化学反应。生理过程一般发生在 $10^{-2}$ s 以后，影响生命体的代谢过程。

以上四个过程发生的概率主要取决于离子、激发分子和自由基在径迹中的浓度，而这与射线的 LET 值有关。LET 升高，则径迹中初级活性粒子的浓度升高，反应的概率增加；反之则减小。

## 6.1.3 辐射化学中的短寿命中间产物

辐射化学反应中，短寿命中间产物主要有：电子、离子、激发态的分子和自由基。

$$射线 \xrightarrow{\text{电离}} 高能电子 \xrightarrow{\text{电离、碰撞}} 热能化电子 \xrightarrow[\text{俘获}]{\text{被正电子亲和势的分子、正离子}} \xrightarrow{\text{或陷落}}$$

$$溶剂化电子初级过程离子、激发分子 \xrightarrow[\text{自由基、中性分子}]{\text{不稳定 → 化学键断裂、离子-分子反应等}}$$

① 电子：次级电子主要来源是入射电离辐射在物质中慢化时发生多次初级电离作用，初级电离产生的具有较高能量的次级电子又使物质产生次级电离作用。

$$M-\!\!-\sim \longrightarrow M^+ \cdot + e^- \tag{6.1}$$

$$e^- + M \longrightarrow M^+ \cdot + 2e^- \tag{6.2}$$

能量低于介质分子电离电位的电子称为低能电子，它们在辐射化学中有重要意义，可发生如下反应：

$$M + e^- \longrightarrow M^- \cdot \tag{6.3}$$

$$M + e^- \longrightarrow R \cdot + X^- \tag{6.4}$$

$$M + e^- \longrightarrow R^+ + X^- + e^- \tag{6.5}$$

$$e^- + n\,H_2O \longrightarrow e^-_{水合} \tag{6.6}$$

$$M^+ + e^- \longrightarrow M^{\neq}（M^{\neq} 分子中有电子处于激发态）\tag{6.7}$$

② 离子：正离子主要是由辐射从介质分子中逐出电子产生的，也可由初级过程形成的活性粒子进一步反应产生。负离子由激发分子分解或由中性分子俘获电子产生。

$$M^+ + e^- \longrightarrow M^{\neq} \tag{6.8}$$

$$M^+ + M^- \longrightarrow M^*（分子处于激发态）+ M \tag{6.9}$$

$$AB^+ \longrightarrow C^+ + D \tag{6.10}$$

$$A^+ + B \longrightarrow C^+ + D \tag{6.11}$$

③ 激发态分子：激发态分子除由辐射与物质直接作用产生外，离子中和也是一个重要途径。

$$M -\!\sim\!\sim \longrightarrow M^*（分子处于激发态）$$

$$M^+ \cdot + e^- \longrightarrow M^{\neq}$$

$$M^+ + M^- \longrightarrow M^* + M \tag{6.12}$$

④ 自由基：自由基是指含有成键能力未成对电子的原子、分子和离子，它在辐射化学中具有特别重要的意义，它既是大多数辐射化学初级过程的主要产物，又是次级反应中最活跃的因素。辐射化学反应中的自由基通常可以通过激发分子的分解、慢电子的俘获分解、离子的中和反应和分解、离子-分子反应等过程产生。自由基的反应性取决于它的结构、生成方式、携带能量等，其寿命与溶剂、温度和氧的存在等环境因素有关。大多数自由基是非常活跃的，只能作为中间产物瞬时存在，但有的自由基也相当稳定。自由基反应通常有：

电子转移 
$$OH \cdot + Fe^{2+} \longrightarrow Fe^{3+} + OH^- \tag{6.13}$$

抽出反应 
$$OH \cdot + CH_3OH \longrightarrow H_2O + \cdot CH_2OH \tag{6.14}$$

加成反应 
$$A \cdot + C_2H_4 \longrightarrow AC_2H_4 \cdot \tag{6.15}$$

解离反应 
$$C_2H_5 \cdot \longrightarrow C_2H_4 + H \cdot \tag{6.16}$$

复合反应 
$$R \cdot + S \cdot \longrightarrow RS \tag{6.17}$$

歧化反应 
$$2CH_3-CH_2 \cdot \longrightarrow CH_3-CH_3 + CH_2 = CH_2 \tag{6.18}$$

氧化反应 
$$R \cdot + O_2 \longrightarrow RO_2 \cdot \tag{6.19}$$

## 6.2　水和水溶液的辐射化学

水和水溶液是最常碰到的研究对象，水是极性溶剂，对辐射具有特殊的反应，这对放射性物质在水溶液中的性质、状态以及发生各种物理、化学变化均有很大影响，水和水溶液的辐射化学也是核燃料后处理工艺和反应堆化学化工领域中必然涉及的重要课题。放射生物学和放射医学的对象——生物体一般都含有 $70\% \sim 80\%$ 的水，因此，水和水溶液的辐射化学也是放射生物学和放射医学的重要基础。

本节将主要介绍水的辐射分解，以说明辐射化学的概念和方法。水辐射分解的主要产物是自由基 $\cdot H$、$e^-_{aq}$（水化电子）、$\cdot OH$、$\cdot HO_2$、正离子 $H_3O^+$（在蒸气相中有少量 $H_3O^+$、$H^+$ 和 $OH^-$）以及分子产物 $H_2$ 和 $H_2O_2$。水中是否存在溶解的氧和空气将影响产物的最终产额，同样，水中溶质也会影响活性中间体的产率。

## 6.2.1 水辐射分解的主要产物

（1）离子产物

$$(a) \qquad \gamma + H_2O \sim\sim \longrightarrow H_2O^* \longrightarrow H_2O^+ + e^- \qquad (6.20)$$

$$(b) \qquad e^- + H_2O \sim\sim \longrightarrow H_2O^* + e^- \longrightarrow H_2O^+ + 2e^- \qquad (6.21)$$

$$(c) \qquad e^- + H_2O \sim\sim \longrightarrow H^+ + \cdot OH + e^- \longrightarrow H_2O^+ + 2e^- \qquad (6.22)$$

$$(d) \qquad e^- + H_2O \sim\sim \longrightarrow OH^+ + \cdot H + 2e^- \longrightarrow H_2O^+ + 2e^- \qquad (6.23)$$

$$(e) \qquad e^- + H_2O \longrightarrow O^+ + H_2 + 2e^- \qquad (6.24)$$

$$(f) \qquad H_2O + H_2O \longrightarrow H_3O^+ + OH^- \qquad (6.25)$$

水俘获电子而生成的负离子很少，可以忽略，因而电子更倾向于与正离子结合，或者在水偶极矩的弛豫时间（约 $10^{-11}$ s）内，发生溶剂化作用而生成水化电子：

$$e^- + H_2O \longrightarrow e_{aq}^- \qquad (6.26)$$

在水蒸气的辐射分解产物中，用质谱仪可以探测到上述离子产物，它们的相对产率及电离势列于表 6.1 中，由表中数据可见，$H_2O^+$ 是水辐射分解中最重要的离子产物。

**表 6.1 离子产物的产率**

| 离子 | 电离势 | 相对产率 | 生成反应 |
|---|---|---|---|
| $H_2O^+$ | 12.61 | 100 | (a)(b)(c)(d) |
| $H_3O^+$ | 12.67 | 20 | (f) |
| $OH^+$ | 18.1 | 20 | (d) |
| $H^+$ | 19.6 | 20 | (c) |
| $O^+$ | 29.2 | 2 | (e) |

（2）自由基产物

离子产物的寿命很短，特别在处于激发态时更短，离子产物再结合可生成自由基。

$$H_2O^+ + e^- \longrightarrow \cdot H + \cdot OH \qquad (6.27)$$

$$H^+ + H_2O + e^- \longrightarrow H_3O^+ + e^- \longrightarrow 2H \cdot + \cdot OH \qquad (6.28)$$

$$OH^+ + H_2O + e^- \longrightarrow \cdot H + 2 \cdot OH \qquad (6.29)$$

水中溶有氧或空气时，生成过氢氧自由基。

$$\cdot H + O_2 \longrightarrow \cdot HO_2 \qquad (6.30)$$

（3）分子产物

所有这些自由基都是高度活性的，从而引发了与溶质的一系列反应，或者自由基本身互相结合生成稳定的分子产物。

$$\cdot H + \cdot OH \longrightarrow H_2O \qquad (6.31)$$

$$\cdot H + \cdot H \longrightarrow H_2 \qquad (6.32)$$

$$OH + \cdot OH \longrightarrow H_2O_2 \qquad (6.33)$$

$$\cdot OH + \cdot HO_2 \longrightarrow H_2O + O_2 \qquad (6.34)$$

$$\cdot HO_2 + \cdot HO_2 \longrightarrow H_2O_2 + O_2 \tag{6.35}$$

分子产物的实际产率随着辐射的性质、LET 值及存在的溶质不同而不同。

（4）分子-自由基反应和连锁反应

在适当的条件下，分子与自由基反应会引起连锁反应，

$$\cdot H + H_2O_2 \longrightarrow \cdot OH + H_2O \tag{6.36}$$

$$\cdot OH + H_2 \longrightarrow \cdot H + H_2O \tag{6.37}$$

连锁反应对解释某些辐射产物的产率异常高特别有用，例如解释含水苯-氧的辐射分解、含水氯仿-氧的辐射分解、有机卤素化合物的辐射分解等。

（5）自由基和分子产物的产率

用产额 $G$ 定量描述辐射化学效应。$G$ 值表示某种受照物质每吸收 100 eV 的电离辐射能量所产生的特定化学变化的数目，它包括物质（分子、离子、原子和自由基）形成或破坏的数量。$G$ 值与吸收剂量之间有如下关系：

$$G = \frac{N}{D} \times 100 \tag{6.38}$$

$G$ 值的大小与物质的种类和状态、射线类型、介质条件、化学反应类型等因素有关。

## 6.2.2 化学剂量计

水溶液剂量体系中最有代表性、最经典的是硫酸亚铁剂量计是由弗里克和莫尔斯于 1929 年发明的，称作弗里克剂量计（Fricke dosimeter）。该剂量计的主要组分是：$10^{-3}$ mol/L 硫酸亚铁或硫酸亚铁铵、$10^{-3}$ mol/L 氯化钠和空气饱和的 0.4 mol/L 硫酸的水溶液。为避免痕量杂质，特别是有机杂质的干扰，要求所用的试剂要纯，器皿要洁净，配制溶液要用高纯水。弗里克剂量计的组分和 $G$ 值确定，已作为次级标准剂量计使用，适用的剂量范围为 40~400 Gy，是化学剂量法中使用最广泛的剂量计。对 $\gamma$ 射线和电子辐射，弗里克剂量计的 $G(Fe^{3+})$ 值为 15.6。三价铁离子的量用紫外吸收光谱法分析，其吸收峰值为 304 nm，25 ℃时其摩尔吸光系数为（2173±0.6）L/(mol·cm)，温度每升高 1 ℃，系数值增加 0.69%。硫酸亚铁剂量计的 $G(Fe^{3+})$ 值随传能线密度的变化而有所变化。适当改变剂量计的组分和分析方法可扩大测试使用范围。

由于 Fricke 溶液广泛用作化学剂量仪，所以研究 Fricke 溶液的辐射化学十分重要。$Fe^{2+}$ 到 $Fe^{3+}$ 的辐射氧化过程可按以下电子转移机理解释。

$$Fe^{2+} + \cdot OH \longrightarrow Fe^{3+} + OH^- \tag{6.39}$$

$$Fe^{2+} + \cdot H_2O_2 \longrightarrow Fe^{3+} + \cdot OH + OH^- \tag{6.40}$$

$$Fe^{2+} + \cdot HO_2 \longrightarrow Fe^{3+} + HO_2^- \tag{6.41}$$

$$HO_2 + H^+ \longrightarrow H_2O_2 \tag{6.42}$$

式（6.41）中所需要的 $\cdot HO_2$ 由氢原子与溶液中的氧反应得到：

$$\cdot H + O_2 \longrightarrow \cdot HO_2 \tag{6.43}$$

最终产物 $Fe^{3+}$ 的产率与自由基及分子的产率有如下关系：

$$G(Fe^{3+}_{空气}) = 2G(H_2O_2) + 3G(H) + G(OH) \tag{6.44}$$

$$=2\times0.8+3\times3.7+2.9=15.6$$

对于 $^{60}$Co 的 1.25 MeV 的光子和 2 MeV 的电子以及 $^{32}$P 的 0.7 MeV 的 β 射线，Fricke 剂量仪中可采用的 $G(Fe^{3+})$ 是 15.5。γ 辐射时某些物质的 $G$ 值如表 6.2 所示。

**表 6.2　γ 辐射时某些物质的 $G$ 值**

| 被辐照物质 | $G$ 值 |
| --- | --- |
| 乙苯 | 1.57 |
| 异丙苯 | 1.8 |
| 连（二）苯 | 约 0.007 |
| 乙烯（室温，常压） | 45 |
| $C_8H_8+Cl_2$ | 约 $10^5$ |
| $C_6H_{12}+SO_2+Cl_2$ | $>10^6$ |

另一种比较广泛使用的化学剂量计是硫酸铈及硫酸亚铈剂量计，它可测量高达 $2\times10^6$ Gy 的吸收剂量。其组分是硫酸高铈溶于 0.4 mol/L 硫酸的水溶液中并加少量三价铈离子使体系保持平衡，主要的反应是四价的高铈离子被还原成三价的铈离子。

化学剂量计在照射前后要具有稳定性和重现性，最好无辐照后效应或后效应持续的时间较短。对于理想的化学剂量计，要求作为量度变化程度的辐解产物的产额不受剂量率、辐射的种类和辐照温度的影响，或在一定条件下影响很小；反应产物的累计量与吸收剂量之间应呈线性关系。另外，剂量计的制法应尽量简单，分析方法也应简便可靠。化学剂量计的辐解产物的 $G$ 值是用绝对剂量法（如量热法）核定的。化学剂量计由于使用方便，常作为次级标准剂量计。

## 6.2.3　乏燃料后处理中的辐射化学

乏燃料后处理是核工业中实现核燃料循环的关键环节，在核工业中占有很重要的地位。采用溶剂萃取法处理乏燃料和高放废液，面对具有极强放射性的乏燃料，萃取剂和稀释剂的辐射化学行为对萃取效果非常重要。

乏燃料后处理技术已有 60 多年的历史，目前普遍认为磷酸三丁酯（TBP）萃取流程即 Purex 流程是分离铀（U）、钚（Pu）的一个切实可行、经济可靠的方法。

TBP 的 γ 辐解产物中，$H_2$ 含量最高，其次是正丁烷，其他气体还有丙烷、甲烷、丁烯、乙烷、乙烯和极微量的丙烯（表 6.3）；辐射分解产生的液体产物中，酸性产物主要为磷酸二丁酯（DBP）和磷酸一丁酯（MBP），此外还有中性聚合物，$G($聚合物$)=3.8\pm0.5$（表 6.4）。根据回收 TBP 的量计算出原料破坏的 $G=5.5\pm0.5$。TBP 辐射分解产物中的聚合物组成，除主要成分 TBP 三聚体外，还含有长链中性磷酸酯和由 2 个 TBP 分子与 1 个 DBP 分子形成的三聚体，即 TBP·TBP·DBP，该三聚体不易被水和稀碱溶液洗去，其 $G\approx0.29$。而且该三聚体还会导致萃取时溶液的乳化，该乳化会导致核燃料回收率下降，严重时会引起整个流程无法正常运行。在 γ 辐照 30% TBP-正十二烷-2 mol/L $HNO_3$ 体系中，主要形成 TBP 的硝基、亚硝基化合物和硝酸酯等辐射分解产物，该辐射分解产物只有一部分可被 $Na_2CO_3$ 和 NaOH 洗除。该类物质和长链酸性磷酸酯及磷酸酯的聚合体等可共同造成 TBP 体系的"永久性损伤"。

**表 6.3  TBP 及 TBP-水体系的气体辐射分解产物的 *G* 值**

| 气体产物 | TBP | TBP-饱和水 | 国外文献 TBP |
|---|---|---|---|
| $H_2$ | 1.19 | 2.80 | 1.73 |
| $CH_4$ | 0.04 | 0.07 | 0.072 |
| $C_2H_4$ | 少量 | 0.001 | 0.112 |
| $C_2H_6$ | 0.03 | 0.02 | 0.065 |
| $C_3H_6$ | — | 0.001 | 0.027 |
| $C_3H_8$ | 0.09 | 0.06 | 0.102 |
| $C_4H_8$ | 0.04 | 0.02 | 0.27 |
| $n\text{-}C_4H_{10}$ | 0.57 | 0.12 | 0.26 |
| 总气体 | 1.96 | 3.09 | 2.64 |

**表 6.4  TBP 及其不同体系的液相辐射分解产物的 *G* 值**

| 液相产物 | TBP | TBP-饱和水 | 国外文献 TBP | TBP-煤油 | 30％TBP-煤油-1 mol/LHNO₃ |
|---|---|---|---|---|---|
| DBP | 1.75 | 1.28 | 2.44 | 1.76 | 2.09 |
| MBP | 0.18 | 0.11 | 0.14 | 0.053 | 0.061 |
| DBP＋MBP | 1.93 | 1.39 | 2.58 | 1.81 | 2.15 |
| 中性聚合物 | 3.8±0.5 | 3.82 | 2.47 | | |

为了减少萃取过程中的"暂时性损伤"与"永久性损伤"，加入添加剂萘、蒽可以抑制 TBP 辐射分解，对 TBP 的辐射起到保护作用。其原理可能为电荷转移，且分子越大、电离电位越低的芳香化合物越能抑制 TBP 辐射分解，而且能量转移过程中电荷转移的概率越大。针对造成萃取体系"永久性损伤"的长链酸性磷酸酯类化合物，可加入能抑制长链酸性磷酸酯的有效抑制剂——反式芪。

## 6.2.4　辐射与其他物质的作用

### （1）辐射与金属的作用

金属由原子的立体晶格所组成，原子的价电子不属于任一特定的原子，而是属于由整个晶格网络所建立的部分填满的能带（导带）。辐射同金属的相互作用能将原子中的束缚电子激发到导带。电子返回原来能级的退激作用仅仅导致金属温度较小的变化。γ 射线和电子的辐照对金属性质几乎没有影响，但重入射粒子通过其同金属晶格网络的原子碰撞会引起严重损伤。这就引起了原子离开其晶格的位移。原子位移引起金属性质的许多变化。通常电阻、体积、硬度和抗拉强度增加，而密度和延展性减小。如 Cu 的电阻率在积分通量（穿过单位面积的粒子数）达 $6×10^{20}$ n/cm² 之后增加 9％，而在 1 MeV 能量的中子积分能量达 $5×10^{19}$ n/cm² 之后，碳钢的可延展能力减小 50％以上。

金属的微晶性质特别易受到辐照的影响。因此现代动力堆中的燃料不用金属铀而用铀的氧化物制成。比如：本来现代反应堆窗口的合金钢已经是相当耐辐照的了，但仍然发现不锈钢辐照后可能由于 ⁵⁴Fe 和轻元素（N、B 等）杂质的（n，α）反应形成微观气泡而变脆。而反应堆中的金属铀，因为形成裂变产物，其中某些产物是气体，所以更容易受到辐射影响而变脆，从而影响 U 作为燃料的性质。

在增殖反应堆中积累的中子积分通量比水冷热中子反应堆中高。而中子能谱是更高能的，所以在增殖反应堆中，由原子位移所产生的结构损伤就更为严重。即辐射更能造成金属损伤。

（2）辐射与无机非金属的作用

对于非金属化合物来说，高能核粒子穿过原子的时间非常短，只要没有直接碰撞，在此时间内该原子可能被激发或电离，但原子没有时间运动。受激原子通常在短时间内发射荧光而退激。电离能导致电子的简单捕集和在晶格处特别是在杂质部位形成"电子空穴"，以这种方式产生的电荷的局部过剩（或不足）导致可见区和紫外区的电子状态具有吸收带。如经辐照，LiCl 的颜色从白色变成黄色，LiF 变黑，KCl 变蓝等。另外，经辐照后，离子晶体也产生电导率、硬度、强度等物理性质的变化。这些性质和颜色常因加热而返回或接近正常状态，并随之有光的发射——热释光剂量法的基础。

（3）辐射与有机物的作用

电离辐射对生物体的作用可分为直接和间接作用。直接作用是生物体中的生物分子直接受到电离辐射的作用而吸收辐射能并导致生物体受损；间接作用是生物体内的水的辐射分解产物与生物分子的作用。

葡萄糖在辐射作用下发生反应。无氧时，大剂量照射葡萄糖会形成酸性聚合物；有氧时，生成葡糖醛酸等。糖受到辐射后多数发生降解反应，可产生还原基团和酸性基团，并发生 C—C 键断裂，也发生醚键断裂。物理性质发生相应变化，如黏度降低、溶解度增加等。

饱和脂肪对辐照不敏感，不饱和脂肪受辐照后发生氧化，剂量越大，氧化程度越高。脂肪或脂肪酸受辐照后会发生脱羧、氧化、脱氢等，产生氢、烃类、不饱和化合物，同时放出 $CO_2$；也产生少量过氧化物和羰基类化合物。氧气的存在加剧反应。甘油三酯的辐射分解产物为脂肪酸所生成的辐射分解产物及甘油形成的较高分子量的其他产物。磷脂辐射分解为脂肪酸、胆碱磷酸盐和一种溶血衍生物。

氨基酸和肽：简单的 $\alpha$-氨基酸水溶液在电离辐射作用下，主要发生脱氨基反应（生成 $NH_3$ 和羧酸）和脱羧反应（生成相应的胺和 $CO_2$）。

复杂的氨基酸和肽水溶液的辐射化学反应与简单氨基酸基本相似，只是产额不同以及其他官能团上还能发生反应。另外辐射主要引起肽的链降解，氧的存在能促进反应。含硫氨基酸对生物辐射不敏感，是生物辐射的防护剂，也常用来保护化学体系中的其他溶质。

蛋白质和酶：辐射引起的蛋白质的化学变化实质上和肽相似，但是由于蛋白质是由多种氨基酸组成的长多肽分子，加上其空间构型复杂，因而更加繁杂。

在水溶液中，蛋白质被辐射后会引起聚合、交联及裂解，从而造成其结构和性能发生变化。蛋白质对辐射的敏感性及反应是有差别的，不仅与蛋白质的组成、结构、浓度有关，还与周围环境，如盐类的存在、pH 及含氧量等有关。酶受到辐射后会失去活性（钝化）。不同功能的酶对射线的敏感性不同。辐射引起的钝化与环境因素有关，如温度、氧气、水含量及 pH 等均会影响其钝化。

核酸的作用是在生物体中贮存、传递和使用遗传信息，所以受到辐射损伤可影响细胞的生存和繁殖。DNA 的辐射损伤碱基降解与游离：受到辐射时，DNA 溶液碱基可发生脱氢、开环等降解反应，也发生游离，且有氧时为无氧时的两倍。

氢键断裂：少量氢键断裂可以修复，但大量断裂会造成不可逆的损伤。DNA 链断裂：真空干燥条件下，单链和双链断裂的概率与剂量成正比，单链断裂的 $G$ 值为双链断裂的 5 倍；在水溶液中时，单链断裂的概率与剂量成正比，而双链成反比。交联：一般认为交联的发生是辐射与生物体直接作用的结果。可发生在分子内，也可以发生在分子间，还可以发生在 DNA 分子与蛋白质之间。

## 6.2.5　辐射化学的应用

（1）辐射在高分子反应中的应用

① 辐射交联：以聚乙烯、聚氯乙烯为基材的电线电缆的绝缘层，经辐射交联后，可以提高耐温等级和机械强度，减少环境应力开裂。此技术广泛应用于通信、飞机、汽车、宇宙飞船、计算机和电视机等产品中。

② 辐射固化：是指涂料被电子束照射聚合和交联后固化。此方法能耗低、效率高、无溶剂挥发所造成的环境污染、产品质量好，但成本高、辐照需在氮气等惰性气体中进行，此技术已用于金属、陶瓷、纸张、木制品、磁带、计算机磁盘等领域。

③ 辐射聚合：辐射制备复合材料、有机玻璃、医用高分子材料等。如木材浸入含乙烯基的单体中，然后辐射聚合处理，可大大改善木材的机械性能、尺寸稳定性、耐气候等。

④ 辐射接枝：是高分子材料属性的重要手段。辐射接枝后可制备高分子膜、酶固定和药物释放系统的高分子材料。如聚乙烯与丙烯酸经辐射接枝后可用电池隔膜；以聚四氟乙烯、聚氯乙烯为基膜，与聚乙烯辐射接枝，经浓硫酸磺化后制备阳离子交换膜；天然织物经接枝丙烯酸等单体后，可改善缩水和抗皱性能。

（2）辐射在其他方面的应用

① 辐照灭菌：世界上约有 30%～40% 的一次性使用医疗用品是经辐照处理的。国内绝大多数 $^{60}$Co 辐照工厂从事医疗用品的辐射灭菌。辐照在室温下进行，辐射穿透能力强，能够照射封包装物品，无残留，加工容易控制。

② 辐照保鲜：用电离辐射照射粮食和食品，可进行杀虫、灭菌、抑制发芽和延缓后熟等，使食品的保藏时间延长。

③ 辐射育种：是一种诱变育种，它是利用电离辐射处理作物的种子、花粉或植株等，诱使遗传物质发生改变，导致种子发生变异，然后通过选择和培育使有利的变异遗传下来，达到作物品种改良或制造出新品种的目的。

④ 烟道气辐照：火力发电厂、钢铁厂排放的烟道气中含大量的 $NO_x$ 和 $SO_x$，用电子束辐照充 $NH_3$ 的烟道气，$NO_x$ 和 $SO_x$ 可转变为 $(NH_4)_2SO_4$ 和 $NH_4NO_3$。烟道气得到了净化，且产物可作肥料，无二次污染。日本、德国和波兰均已建立实验性工厂。

⑤ 污水污泥辐照处理：污水处理厂中的污泥经 $\gamma$ 射线或电子束照射后，既达到了杀菌的目的，又能加速污泥的沉降。辐照处理后的污泥可作为肥料供农田使用。

# 参考文献

[1] Aron K. Theoretical foundations of radiation chemistry [J]. Journal of Chemical Education, 1959, 36 (6): 279-285.

[2] Bruce J M. In nuclear energy and the environment (chapter15) [M]. 2010, 181-192.

[3] Jonah C D, Rao B S. Radiation chemistry [M]. 2001.

[4] Mozumder A. Fundamentals of radiation chemistry [M]. 1999.

[5] Edwin J H. Development of the radiation chemistry of aqueous [J]. Journal of Chemical Education, 1959, 36, 266-272.

# 思 考 题

6-1　使用弗里克剂量计进行辐射剂量测量时应注意的问题有哪些?

6-2　在乏燃料后处理中应考虑哪些因素会影响萃取分离效果?

6-3　一份 $^{14}C$（半衰期 5730 年）标记的蔗糖（$C_{12}H_{22}O_{11}$）样品的比活度为 50 mCi/g。假如 $^{14}C$ 发射的辐射（最大能量为 0.16 MeV，平均能量约为最大能量的 1/3）的一半被样品吸收，并且每吸收 100 eV 可分解 5 个蔗糖分子，试计算样品存放一年后分解的分子百分数。

6-4　将 10 mL $CHCl_3$ 样品（相对密度为 1.48）在 $^{60}C_0$ 的 $\gamma$ 射线下照射 10 min，从辐照后的样品中可萃取得到 $30 \times 10^{-5}$ mol 的 HCl，把弗里克剂量计放在同一地点受 $^{60}C_0$ 照射 100 min，然后用 1 cm 厚的比色皿，在 304 nm 波长下测得 $Fe^{3+}$ 的吸光度为 0.5633。已知该波长下的摩尔吸光系数为 2174 L/（mol·cm），弗里克溶液的相对密度为 1.024，$Fe^{3+}$ 的标准产率 $G(Fe^{3+}) = 15.5$，试求样品 $CHCl_3$ 辐射分解的产率 $G(HCl)$。

## 第 7 章

# 热原子化学

**导言：**

学习目标：了解 Szilard-Chalmers 效应和基本概念，理解反冲原子次级反应的机理，掌握反冲能的计算。

重点：反冲原子次级反应的机理，反冲能的计算。

核反应过程和核衰变过程通常不仅涉及原子核的改变，还间接影响到原子的电子壳层和化学键。如在核反应过程中，靶原子核受入射粒子轰击生成激发态的复合核以后，会通过适当途径自发转变为低能态的产物核；在核衰变过程中，处于高能态的母体原子核也会自发转变为低能态的子体核。这些过程释放的能量，一部分分配给出射粒子，一部分分配给发生核转变的原子，使它获得动能，产生电离和电子激发，这就使原子处于激发状态。核转变时的反冲能在 $1 \sim 100$ keV 之间，相当于 $10^4 \sim 10^{10}$ K 的温度，因此反冲原子常常被称为热原子。热原子既可通过核转变过程产生，也可用非核方法（化学加速器产生的离子、激光、光分解等）产生。核反应过程和核衰变过程中所产生的激发原子与周围环境作用引起的化学效应的研究被称为热原子化学。它是现代放射化学的一个重要领域。

## 7.1 Szilard-Chalmers 效应

1934 年 L. Szilard 和 T. A. Chalmers 用中子照射液态碘乙烷（$C_2H_5I$）时，发现在 $^{127}I$（n，$\gamma$）$^{128}I$ 核反应过程中，得到的放射性 $^{128}I$ 大部分是以元素态或无机的离子态形式存在，而不是以原来的靶化合物的有机物形式（$C_2H_5I$）存在。这说明在核反应过程中发生了化学变化，引起了 C—I 的化学键断裂。其原因是 $^{127}I$ 俘获中子后激发核放出 $\gamma$ 光子时，生成核 $^{128}I$ 获得的反冲能量，破坏了化学键，这种化学效应被称为 Szilard-Chalmers 效应，如图 7.1 所示。这个效应可以将原来比较复杂的分离同位素，归结为用普通的化学方法分离两种不同化合物（$C_2H_5{}^{127}I$ 和 $C_2H_5{}^{128}I$），可以很容易地用 5‰氢氧化钠水溶液将 $^{128}I$ 从 $C_2H_5{}^{127}I$ 有机溶液中萃取出来。

在同位素分离过程中，为了把反冲原子与其他原子分开，必须满足下列条件：

① 反冲的放射性原子一定要和起始原子处于不同的键合状态或不同的价态。

② 反冲的放射性原子与非放射性原子间没有以热能状态下的同位素直接交换，但可以间接交换。

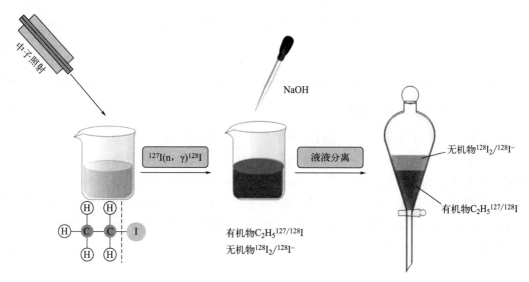

图 7.1　Szilard-Chalmers 效应示意图

## 7.2　热原子化学基本概念

### 7.2.1　浓集系数

反冲分离效果用浓集系数表示。浓集系数是指分离出来的放射性元素比活度与它在辐照产品中比活度的比值，在某些情况下浓集系数可以达到 $10^6$。浓集系数与辐照时间、辐照方式等有关，例如在反应堆中辐照碘乙烷，由于部分化合物被辐射分解，释放出来的非放射性碘将反冲碘稀释，造成浓集系数降低。

### 7.2.2　保留值

在核转变过程中，一部分放射性同位素未能从靶化合物中分离出来，这种现象称为保留，通常用 $R$ 来表示：

$$R = n/N \tag{7.1}$$

式中，$n$ 是未能分离的放射性原子数；$N$ 是照射后生成的放射性原子总数。

（1）真保留和表观保留

根据产物存在的形式，可将保留分为真保留和表观保留。真保留是以原始化合物形式存在的保留，表观保留则与所采用的分离方法有关，它包括以原始化合物形式的保留和与它性质相近的化合物（新产物）形式的保留。表 7.1 列出了一些有机卤化物（n，γ）反应的保留值。

表 7.1　某些有机卤化物（n，γ）反应的保留值

| 靶化合物 | 水相产额/% | 表观保留值/% | 真保留值/% | 新产物产额/% |
|---|---|---|---|---|
| $CH_3I$ | 43 | 57 | 46 | $11(CH_2I_2)$ |
| $CH_2Br_2$ | 43 | 57 | 43 | $14(CHBr_3)$ |
| $CHBr_3$ | 44 | 56 | 37 | $19(CBr_4)$ |
| $C_6H_5Cl$ | 50 | 50 | 35 | $15(C_6H_4Cl_2)$ |

（2）一级保留和二级保留

根据核反冲引起化学键的断裂情况将保留分为一级保留和二级保留。一级保留是指化学键未断裂而引起的保留。二级保留是指发生了化学键断裂以后，反冲原子再与周围介质中其他分子或自由基发生反应，因而不能被所用分析试剂分离出来的那部分保留。化学键未发生断裂的原因是多方面的，有可能是分配于化学键上的反冲能量小于化学键能（如 β 衰变），也有可能是同时发射方向相反的 γ 光子，反冲作用相互抵消，净反冲能不足以破坏化学键等。

### 7.2.3　影响保留值的因素

（1）反冲能的影响（能量效应）

表 7.2 列出不同核反应生成$^{18}F$的保留值。

表 7.2　不同核反应生成$^{18}F$的保留值

| 靶化合物 | 保留值/% | |
|---|---|---|
| | （γ，n）反应 | （n，2n）反应 |
| $C_6H_5F$ | 19.4 | 14.5 |
| $4MC_6H_5F$ 乙醇溶液 | 4.7 | 4.3 |
| $p$-$FC_6H_4CH_3$ | 20.4 | 17.0 |
| $p$-$FC_6H_4COOH$ | 15.2 | 20.0 |

（γ，n）核反应的反冲能约为 1 MeV，（n，2n）反应的反冲能约为 0.1 MeV，二者相差一个数量级，但保留值相差无几，其他一些体系的实验也有类似结果。这说明决定产物最终化学状态的热原子反应，是在高能反冲原子丢失了大部分过剩能量以后才进行的。不同核反应的反冲能量对最终化学状态的影响不大。

（2）聚集态的影响（相效应）

表 7.3 列出了不同聚集态对保留值的影响。

表 7.3　不同聚集态对保留值的影响

| 靶化合物 | 核过程 | 保留值/% | | |
|---|---|---|---|---|
| | | 固态 | 液态 | 气态 |
| $C_2H_5Br$ | $^{81}Br(n,\gamma)^{82}Br$ | — | 75 | 4.5 |
| $C_3H_7Br$ | $Br(n,\gamma)^{82}Br$ | 88.4 | 39.2 | — |

续表

| 靶化合物 | 核过程 | 保留值/% | | |
|---|---|---|---|---|
| | | 固态 | 液态 | 气态 |
| CH$_2$Br-CH$_2$Br | $^{81}$Br(n,$\gamma$)$^{82}$Br | — | 31 | 6.9 |
| K$_2$ReBr$_6$ | $^{80W}$Br $\longrightarrow$ $^{80}$Br | 100 | 10 | — |
| NaBF$_4$ | $^{19}$F(n,$\gamma$)$^{18}$F | 88 | 0 | — |

各种状态的保留值一般有如下顺序：固态＞液态＞气态。

（3）温度的影响

实验室中几百摄氏度的温度变化对热反应的影响是微不足道的。如气相 CH$_4$ 中的 $^6$Li(n，$\alpha$)$^3$H 反应，高能的反冲氚取代 CH$_4$ 中的氢，在 220 ℃和 2000 ℃时测得的保留值分别为 30.6％和 31.2％，基本没有差别。但在热能反应区，由于反冲原子已与整个体系达到了热平衡，温度对保留值有明显影响。温度对固相反应的影响最大，升温能使保留值上升，这种现象称为退火。Szilard-Chalmers 分离法对于具有多种稳定价态的过渡元素、无机化合物也是可行的。含氧阴离子 CrO$_4^{2-}$、MnO$_4^-$、PO$_4^{3-}$ 或 ClO$_4^-$ 都很适用，因为处于低价态的反冲原子容易分离出来，而且与高低价态（如 Cr$^{3+}$ 和 CrO$_4^{2-}$）之间没有同位素交换。

在固体中，由于给出能量的时间极短，热反冲原子被碰撞造成缺陷捕集，反应不能进行完全。因此辐照固体中大量的反应好像被"冻结"了，辐照后把固体加热到较高温度。在"解冻"下，部分晶格单元运动加大，反应得以继续进行，晶格缺陷也得到恢复。但是，反冲原子在不同最终产物间的分配发生变化，而且保留值增加（图 7.2）。

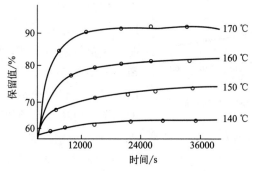

图 7.2　中子辐照的[Co(NH$_3$)$_6$](NO$_3$)$_3$ 在
不同温度下退火时保留的变化

## 7.3　反冲原子次级反应的机理

次级化学反应是指高能反冲原子与环境分子进行的化学反应。中子照射碘甲烷、二溴甲烷、三溴甲烷和氟苯后，生成的放射性卤素原子一部分以无机物状态进入水相；另一部分以原始化合物形式以及二碘甲烷、三溴甲烷、四溴甲烷、二氟苯等形式存在于有机相。二碘甲烷等产物便是次级化学反应的结果。反冲原子的次级反应和能量耗散的机理可用超热能模型来描述。

反冲原子的次级反应分为两个反应能区：①热反应区，或称高能反应区。这一能区的热反应过程包括两种，一种是弹性碰撞引起的热反应，另一种是非弹性碰撞产生的超热能反应。②热能反应区。这一能区的反应是反冲原子慢化到热能原子状态时发生的反应，介质中的热能原子在扩散过程中遇上了自由基，结合成为分子。鉴别热反应和热能反应对于了解反应机制是很必要的，常应用添加剂效应进行鉴别。

1939 年我国科学家卢嘉锡等最早使用苯胺等有机物作添加剂，把它与靶子化合物液体卤代烷一起照射，发现苯胺等添加剂能使反冲卤素原子的保留值明显降低。苯胺降低保留值这一现象可用门舒特金反应解释：

$$C_6H_5NH_2 + R\cdot + X^*\cdot \longrightarrow C_6H_5NH_2R^+ + X^{*-} \tag{7.2}$$

$$C_6H_5NH_2 + H\cdot + X^*\cdot \longrightarrow C_6H_5NH_3^+ + X^{*-} \tag{7.3}$$

"·"表示自由基。苯胺是一种自由基清除剂，这表示苯胺能和反冲的 $X^*\cdot$ 形成季铵盐，使 $X^*$ 进入水相，上述两种过程均能降低保留值。

在以后的几十年中，不论在液相热原子化学，或在气相热原子化学的研究中，都广泛使用添加剂。添加剂按其功能分为两类：一类是能起化学反应的自由基清除剂，另一类是能传递能量的慢化剂。因此使用添加剂研究热原子反应机理的方法也可分为两种：自由基清除剂法和慢化剂法。

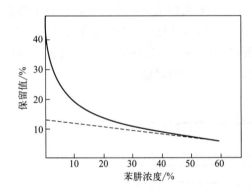

图 7.3　苯肼浓度和保留值的关系

**（1）自由基清除剂法**

苯胺的门舒特金反应是最典型的自由基清除反应。其他胺类的添加剂也有类似的作用。如溴苯的 $^{79}Br(g, n)^{78}Br$ 反应，当用苯肼作自由基清除剂时，保留值与苯肼浓度的关系如图 7.3。从图 7.3 中可看出，刚加入少量苯肼时，保留值急剧下降，随着苯肼浓度增加，保留值下降趋于平缓。这是典型的清除剂曲线。因为苯肼能有效地清除自由基和热能化了的反冲原子，使热能原子的扩散复合反应受到抑制，所以保留值急剧下降。而高能反冲原子对清除剂却不敏感，因此将清除剂曲线的平直部分外推到苯肼浓度为零处，可以将高能反应区的保留值和热能反应区的保留值区分开来。

图 7.3 中直线外推到苯肼浓度为零时，保留值为 13%，可视为高能反应引起的保留值，在纵坐标上从 13% 到 55%（不加清除剂时的总保留）间的差值 42% 为热能反应引起的保留值。

**（2）慢化剂法**

鉴别热原子反应最有效的方法是向体系中加入化学惰性的慢化剂。慢化剂并不影响热能反应，但能降低热原子与反应物的碰撞频率，使热反应概率减少甚至消除。通常使用惰性气体为慢化剂，它与热原子的碰撞属于弹性碰撞，采用质量相近的惰性气体，其慢化效率最好。例如在氚-丙烷体系中，当加入过量慢化剂 He 时，各种氚反应产物都降到零，表明这些产物都是热反应产生的。而在 $^{11}C$-乙烯体系中，当加入过量慢化剂 Ne 时，有一些产物虽然产额减小，但不能完全消除，表明这些产物是由热反应和热能反应两种途径生成的。

## 7.4　反冲能的计算

### 7.4.1　（n，γ）反冲能的计算

核转变过程都包含粒子的发射。由于粒子的发射，子体核或产物核得到一个反冲动量，它的大小与出射粒子的动量相等，方向相反。反冲能 $E_R$ 可通过下式计算：

$$E_R = \frac{1}{2}MV^2 = \frac{p_R^2}{2M} = \frac{p^2}{2M} \tag{7.4}$$

式中　$E_R$——反冲能；

$M$——反冲核的质量；

$V$——反冲核的速度；

$p_R$——反冲核的动量；

$p$——出射粒子的动量。

（n，γ）反应是指靶核俘获一个中子后，中子的结合能以单一光子形式辐射的反应。根据动量守恒原理，（n，γ）反应的反冲原子的能量可按下式计算

$$E_R = \frac{p_\gamma}{2M} = \frac{E_\gamma}{2Mc^2} \tag{7.5}$$

式中，$E_R$ 为反冲原子能量；$E_\gamma$ 为放出光子能量；$M$ 是俘获中子后的原子核质量；$c$ 是光速。

若 $E_R$ 的单位采用 MeV，$M$ 采用原子质量单位（本章中如无特殊说明，均使用原子质量单位），则生成核 R 的反冲能为

$$E_R = 536\frac{E_\gamma^2}{M} \tag{7.6}$$

### 7.4.2　α 反冲能的计算

放射性原子核自发地放出 α 粒子转变成另一种原子核的过程叫 α 衰变。根据动量守恒原理，α 衰变的反冲原子能量可按式(7.5) 计算，因为 α 粒子运动速度不大，可表示为：

$$E_R = \frac{p_R^2}{2M} = \frac{p_\alpha^2}{2M} = \frac{2M_\alpha E_\alpha}{2M} = \frac{M_\alpha}{M}E_\alpha \tag{7.7}$$

式中　$M_\alpha$——α 粒子的质量；

$E_\alpha$——α 粒子的能量；

$M$——反冲核的质量。

放射性衰变放出的 α 粒子的能量在 1.83 MeV($^{144}$Nd)～11.7MeV($^{212\,m}$Po) 之间，α 衰变的子体具有很高的反冲能，一般都在 0.1 MeV 数量级，远远大于化学键能，因此必然使化学键断裂。

单纯的 α 衰变，只使原子带上两个负电荷。但实际上由于子体原子在高反冲能量作用下运动，以及外层电子因震脱效应而失去，这些过程能使原子带上少量正电荷，实验测得的 $^{222}$Rn 的子体 $^{218}$Po 的最可几正电荷是 +2，$^{210}$Po 和 $^{241}$Am 的 α 衰变子体的正电荷是 +1。

与其他的核转变过程相比，对 α 衰变的化学研究较少，有人曾研究过铀酰离子与苯甲酰丙酮及二苯甲酰甲烷的配合物中的 $^{238}$U 的 α 衰变。用湿的 $BaCO_3$ 吸附 $Th^{4+}$ 的方法测子体 $^{234}$Th 的保留值，得固态时的保留值为 80%～90%，丙酮溶液中的保留值为 20%～65%。用穆斯堡尔谱法测定 $^{241}$Am 的 α 衰变的子体 $^{237}$Np 的价态，固态 $^{241}$Am$_2$O$_3$ 和 $^{241}$AmO$_2$ 的 α 衰变子体 $^{237}$Np 呈 +4 及 +5 价，固态 $^{241}$AmF$_3$、$^{241}$AmCl$_3$ 和 $^{241}$Am(OH)$_4$ 的 α 衰变子体 $^{237}$Np 呈 +3 价。对 $^{212}$Bi 的 α 衰变子体 $^{208}$Tl 的状态也做过一些研究，由于子体 $^{208}$Tl 有一个内转换系数很高的 39.85 keV γ 跃迁，它能造成子体原子高度荷电，使研究结果复杂化。

### 7.4.3　β 反冲能的计算

β 衰变时产物核获得的反冲能量与其质量、β 衰变能 $Q_\beta$ 及其在 β 粒子和中微子间的分配方式，以及它们的出射方向间的夹角等有关。当放出的 β 粒子的动能等于该组 β 射线的最大能量 $E_{\beta,max}$ 时，中微子的动能等于 0。对于高速运动的电子，在计算其动量时要考虑相对论效应：

$$E = \sqrt{c^2 p_e^2 + m_e^2 c^4} = E_e + m_e c^2 \tag{7.8}$$

$$p_e^2 = \frac{E_e^2}{c^2} + 2E_e m_e$$

式中，$E$ 为电子的总能（动能＋静质量能）；$m_e$、$p_e$ 和 $E_e$ 分别为电子的静质量、动量和动能。考虑相对论效应后，引入对反冲能的修正项 $E_e^2/2Mc^2$。当发射单能电子时，根据式(7.8) 可以得出：

$$p_e^2 = \frac{E_e^2}{2Mc^2} + \frac{m_e}{M}E_e \tag{7.9}$$

当 $E_e$ 单位为 MeV，$m_e$ 和 $M$ 采用原子质量单位时，可得：

$$E_R = 536\frac{E_e^2}{M} + 548\frac{E_e}{M} \tag{7.10}$$

上述可用于计算 β 衰变过程的最大反冲能量，也适用于计算发射内转换电子的反冲能。

## 7.5　γ 跃迁化学

同质异能转变可以有三种形式：①放出 γ 光子；②放出内转换电子；③形成电子偶。其中前两种形式是主要的。

光子的动量为 $P_g = E_g/C$，母核的反冲能 $E_M$(eV) 同样可按式(7.6)计算，此时 $E_\gamma$

为 $\gamma$ 光子的能量。放出 g 光子时，一般 $E_\gamma = 10^5$ eV，若 $M = 100$，则 $E_M \approx 0.05$ eV，$E_M$ 值比一般的化学键能小，显然反冲能不足以使化学键断裂。

发射内转换电子时，反冲能 $E_M = 536 E_e^2 / M + 541 E_e / M$，$E_e$ 为内转换电子能量。若 $E_\gamma = 10^5$ eV，$M = 100$，转换电子为 K 层电子，则 $E_M \approx 0.5$ eV，也比一般的化学键能小。通过实验发现，在同质异能跃迁中引起化学键断裂的原因是内转换电子引起的空穴串级（图 7.4）。当核过程产生内转换电子或电子俘获时，可使电子壳层 K 层或 L 层失去电子形成空穴。由于俄歇（Auger）过程，外层的电子将填充空穴，并引起发射更多的光子及由光子射出的电子，形成空穴串级，最后使原子高度电离，电荷数可达 +10 以上。

空穴串级过程的时间在 $10^{-16} \sim 10^{-15}$ s，比分子振动的时间标度（$10^{-14} \sim 10^{-12}$ s）要短得多，积聚的正电荷通过分子内部电荷再分布。分子内部的正电荷之间强烈的库仑斥力导致库仑爆炸（库仑爆炸又称为分子爆炸）。图 7.5 是气相 $CH_3{}^{130\,m}I$ 的库仑爆炸示意图。分子爆炸后的体系中不仅有 $I^+$，而且还有 $CH_3^+$、$CH_3 I^+$ 等碎片。

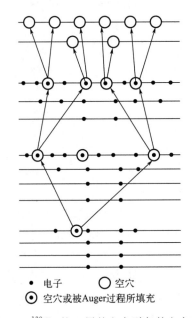

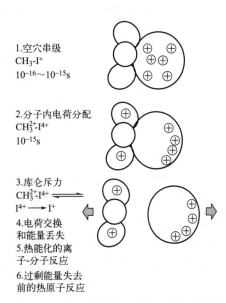

1.空穴串级
$CH_3\text{-}I^+$
$10^{-16} \sim 10^{-15}$s

2.分子内电荷分配
$CH_3^{2+}\text{-}I^{4+}$
$10^{-15}$s

3.库仑斥力
$CH_3^{2+}\text{-}I^{4+}$ $\Longleftrightarrow$
$I^{4+} \longrightarrow I^+$

4.电荷交换
和能量丢失

5.热能化的离
子-分子反应

6.过剩能量失去
前的热原子反应

● 电子　○ 空穴
◉ 空穴或被 Auger 过程所填充

图 7.4　$^{130\,m}I$ 的 L 层的空穴引起的空穴串级　　　图 7.5　气相 $CH_3{}^{130\,m}I$ 的库仑爆炸示意图

裂片产物具有很高的正电荷。例如，$^{80\,m}Br$ 的同质异能跃迁的内转换系数很大（$E\gamma_1 = 37.05$ keV，$e_K/\gamma = 1.6$，$E\gamma_2 = 49$ keV，$e_K/\gamma = 298$）。子体溴离子最高能带 13 个正电荷（以电子所带的电荷为单位），平均电荷数为 +6.4，并生成 $CH_3Br^+$、$CH_3{}^+$、$CH_2{}^+$、$C^+$、$H^{2+}$、$H^+$、$C^{2+}$、$C^{3+}$ 等离子。

同质异能跃迁的内转换系数大小对化学效应的影响很大。如 $^{69\,m}Zn$、$^{127\,m}Te$ 和 $^{129\,m}Te$ 的衰变能分别为 0.44 MeV、0.089 MeV、0.106 MeV，内转换系数分别为 5%、97.5% 和 100%。$^{69\,m}Zn$ 的衰变能大于 $^{127\,m}Te$ 和 $^{129\,m}Te$ 的衰变能，而 $^{127\,m}Te$ 和 $^{129\,m}Te$ 的内转换系数大于 $^{69\,m}Zn$ 的内转换系数。将 $^{69\,m}Zn$ 和 $^{127\,m}Te$、$^{129\,m}Te$ 标记的二乙基化合物，在 1100 ℃ 气相下保存一段时间，让它们进行同质异能衰变，结果在容器壁上沉积有 $^{127}Te$ 和 $^{129}Te$（Te—C 键破裂而产生），而没有 $^{69\,m}Zn$ 沉积。这说明引起化学键断裂的主要因素是内转换系数，而不是反冲能的大小。Br 的两个同质异能核素$^{80\,m}$Br 和$^{82\,m}$Br，由于其衰变方式不同，在化学行为上有一定的差异，例如$^{80\,m}$Br 和$^{82\,m}$Br 分子与 $CH_4$ 反应，产生标记的 $CH_3Br$ 和 $CH_2Br_2$，其产额列于表 7.4。

**表 7.4  Br 同位素标记的 $CH_3Br$ 和 $CH_2Br_2$ 产额**

| 核素 | $CH_3Br$ 产额/% | $CH_2Br_2$ 产额/% |
|---|---|---|
| $^{80\,m}$Br | 3.5 | 1.1 |
| $^{82\,m}$Br | 5.0 | 1.1 |

综上所述，不同的核反应过程，引起化学键断裂的因素是不同的。对于（γ，n）反应，反冲能量比化学键能高几个数量级，它必然是断键的主要原因。同质异能跃迁和电子俘获的反冲能量小，一般不足以破坏化学键，而 Auger 效应的空穴串级则是断键的主要原因。β 衰变引起化学效应的因素比较复杂，其断键的主要原因有 β 衰变子体核的反冲、电子振脱以及原子的激发和内转换引起的 Auger 效应等。对于最常见的（n，γ）反应来说，反应中放出光子获得的反冲能量是断键的主要原因。

## 参考文献

王祥云，刘元方. 核化学与放射化学 [M]. 北京：北京大学出版社，2007.

## 思考题

7-1  计算当$^{129\,m}$Te 发射 74 keV 的内转换电子时，核受到的反冲能。

7-2  某核质量数为 243，发射能量为 5.78 MeV 的 α 粒子，试求该核的反冲能。

7-3  试求慢中子的核反应$^{6}_{3}$Li（n，α）$^{3}_{1}$H 中$^{3}_{1}$H 的反冲能。已知$^{6}_{3}$Li、$^{4}_{2}$He、$^{3}_{1}$H 的质量分别为 6.015125、4.002603 和 3.016050。

7-4  $^{235}$U 吸收慢中子后裂变成两个碎片$^{95}_{28}$Sr 和$^{139}_{54}$Xe。已知这两个碎片的总能量为 168 MeV，若忽略裂变中子的能量，试计算两个碎片的反冲能。

7-5  用慢中子照射碘化氢时发生$^{127}_{58}$I（n，γ）$^{128}_{58}$I 反应，放出 4.8 MeV 的 γ 光子。已知 H—I 键的键能为 300 kJ/mol。试计算消耗于破坏化学键断裂的反冲能，并由此判断能否使键断裂。

# 第8章

# 标记化合物

## 导言：

学习目标：了解标记化合物的制备方法以及标记化合物的质量鉴定，理解标记化合物的命名和特性，掌握典型标记化合物的应用。

重点：标记化合物的命名、制备方法，标记化合物的特性。

自 1912 年 G. Hevesy 和 F. Paneth 将放射性核素作为示踪剂以来，示踪实验已成为目前科学研究的重要手段之一，特别是在生物学、医学和农业科学等领域中，已得到了广泛的应用。随着示踪实验方法在各学科中被广泛采用，对带有示踪原子的标记化合物的需求量也愈来愈大。标记化合物的制备就成为示踪实验能否进行的前提。因此，几十年来，人们对标记化合物的制备做了大量研究。

20 世纪 40 年代后期，反应堆和加速器的出现，可实现人工放射性核素的大规模生产，这为制备放射性标记化合物提供了条件。采用放射性标记化合物进行示踪，具有方法简便、易于追踪、准确性和灵敏度高等特点，因而，在示踪实验中，至今仍占有主导地位。

近年来，快速制备方法与快速分离技术的发展，使制备短半衰期放射性标记化合物也成为可能。例如，为满足医学研究和临床上的需要，短半衰期的 $^{11}C$、$^{13}N$、$^{15}O$、$^{18}F$、$^{77}Br$、$^{111}In$ 及 $^{123}I$ 等核素所制备的标记化合物的品种和数量已愈来愈多。

20 世纪 60 年代末期，生产稳定核素的方法不断改进，有效测定稳定核素的质谱仪和核磁共振仪技术的发展，以及某些元素缺少合适的放射性核素进行示踪等原因，使早在 20 世纪初就用在示踪实验中的稳定同位素标记化合物又重新引起人们的重视。目前，常用的稳定同位素标记化合物是由 $^2H$、$^{13}C$、$^{15}N$、$^{17,18}O$ 等示踪原子所标记的。

## 8.1 标记化合物的分类和命名

### 8.1.1 标记化合物分类

国际纯粹与应用化学联合会（IUPAC）将化合物中所有元素的宏观同位素组成与它们的天然同位素组成相同的化合物称为同位素（组成）未变化合物，其分子式和名称按照通常方式写，如 $CH_4$、$CH_3—CH_2—OH$ 等。

同位素（组成）改变的化合物，是指该化合物的组成元素中至少有一种元素的同位素组成与该元素的天然同位素组成有可以测量的差别。同位素（组成）改变的化合物有两类：

① 同位素取代化合物。同位素取代化合物是所有分子在分子中特定的位置上只有指定的核素，而分子的其他位置上的同位素组成与天然同位素组成相同。同位素取代的化合物的分子式，除去特定的位置上需写出核素的质量数外，其余位置按照通常的方式写。例如：$^{14}CH_4$、$^{12}CHCl_3$、$CH_3—CH^2H—OH$。

② 同位素标记化合物。同位素标记化合物是同位素未变化合物与一种或多种同位素取代的相同化合物的混合物。当在一种同位素未变化合物之中加入了唯一一种同位素取代的相同化合物，则称为定位标记化合物，即：

$$同位素取代化合物 + 同位素未变化合物 = 定位标记化合物$$

在这种情况下，标记位置（一个或多个）及标记核素的数目都是确定的。定位标记化合物的结构式除标记位置需用方括号标出核素符号外，其余部分按照通常的方式写。

值得注意的是，定位标记化合物的分子式并不代表全体分子的同位素组成，只表示其中存在我们感兴趣的同位素取代化合物。实际上同位素未变的分子往往占多数。通常将加入的同位素取代化合物称为示踪剂，而将同位素未变化合物称为被示踪物。广义的标记化合物是指原化合物分子中的一个或多个原子、基团被易辨认的原子或基团取代后所得到的取代产物。根据示踪原子（或基团）的特点，可将标记化合物分成以下几类：

① 用放射性核素作为示踪剂的标记化合物称为放射性标记化合物。例如，$NH_2CHTCOOH$、$Na^{18}F$、$^{14}CH_3COOH$ 等。

② 用稳定核素作为示踪剂的标记化合物称为稳定核素标记化合物。例如，$^{15}NH_3$、$NH_2^{13}CH_2COOH$、$H_2^{18}O$ 等。

③ 在特定条件下，还可用非同位素关系的示踪原子，取代化合物分子中的某些原子而构成非同位素标记化合物。例如，用 $^{75}Se$ 取代半胱氨酸分子中的硫原子，制成硒标记的半胱氨酸。

④ 若在化合物分子中仅引入一种示踪核素的一个原子，则称单标记化合物，如 $CH_3—CH[^2H]—OH$。

⑤ 若在化合物分子中引入一种示踪核素的两个或多个原子，则称为多重标记化合物。被取代的原子可以处于分子中的等价位置，也可以处于不同位置，如 $CH_3—C[^2H_2]—OH$ 和 $CH_2[^2H]—CH[^2H]—OH$。

⑥ 若在化合物分子中引入两种或两种以上示踪核素的原子，称为混合标记化合物或多标记化合物，如 $^{14}CH_3CH(NT_2)COOH$、$^{13}CH_3CH(NH_2)^{14}COOH$ 等可称为双标记化合物。

在生物化学中，经常将荧光基团连接到所研究的分子上，称为荧光标记。这类标记化合物有时也称为"外来"标记化合物。

## 8.1.2　标记化合物命名

标记化合物的命名法，目前尚无统一规定。下面仅介绍一些通常使用的符号与术语。

定位标记以符号"S"表示。如上所述，在这类化合物中，标记原子是处在分子中的特定位置上，而且标记原子的数目也是一定的。定位标记化合物命名时，除了在化合物名称后（或前）要注明示踪原子的名称外，还需注明标记的位置与数目。例如用 $^{14}C$ 标记丙氨酸时，若在甲基上标记，即 $^{14}CH_3CH(NH_2)COOH$，命名为丙氨酸-3-$^{14}C(S)$；若在羧基上标记，即 $CH_3CH(NH_2)^{14}COOH$，命名为丙氨酸-1-$^{14}C(S)$；当甲基与羧基上都标记时，则命名为丙氨酸-1,3-$^{14}C(S)$。其他定位标记化合物的命名法可依此类推。

在 $^{14}C$ 标记分子中，用符号（U）来表示均匀标记。它是指 $^{14}C$ 或 $^{13}C$ 原子在被标记分子中呈均匀分布，对于分子中的所有碳原子来讲，具有统计学的均一性，例如用 $^{14}CO_2$ 通过植物的光合作用制得带标记的葡萄糖分子，其中 $^{14}C$ 被统计性地均匀分布在葡萄糖分子的六个碳原子上，这种标记分子可命名为葡萄糖-$^{14}C(U)$。在放射性药品广告中，常用符号（UL）表示。

对氚标记化合物，还有用符号（n）、（N）或（G）来表示准定位标记与全标记。准定位标记是指根据标记化合物的制备方法获得定位标记分子。但实际测定结果表明，氚原子在指定位置上的分布低于化合物中总氚含量的 95%。对这类化合物在其名称后可用符号（n）或（N）标明。例如尿嘧啶-5-T(n)，表示氚原子主要标记在分子的第五位上，但仍有 5% 以上的氚分布在尿嘧啶分子的其他位置上。

全标记是指在分子中所有氢原子都有可能被氚取代，但由于氢原子在分子中的位置不同，而被氚取代的程度也可能不同。例如用气体曝射法制备的氚标记胆固醇分子，在分子的环上、角甲基及侧链上的氢或多或少地被氚所标记，但各位置上氚标记的程度并不相同。在命名这类标记化合物时，应在其名称后注上符号（G），例如胆固醇-T-(G)。

## 8.2  标记化合物的特性

目前，作为商品供应的标记化合物已有数千种，其中绝大多数是放射性标记化合物。本节主要介绍有关放射性标记化合物的某些特性。

### 8.2.1  对标记化合物的选择

进行标记时，采用哪种形式化合物示踪原子标记在分子的哪个位置上？用稳定示踪原子，还是用放射性示踪原子？例如，用放射性碘的标记化合物诊断甲状腺、肝脏、肾上腺等病症时，由于甲状腺有吸收体内碘离子而不积聚有机碘化物的特性，因此进行甲状腺诊治时，只能选择在体内形成碘离子的标记化合物，如 $Na^{131}I$。而碘标记的有机化合物如 $^{131}I$-玫瑰红对甲状腺诊治的疗效较差，但它却能在肝脏中积聚，故可在肝脏扫描时使用。将示踪原子标记到化合物分子上时，一般应注意下列问题：

① 示踪原子应标记在化合物分子的稳定位置上，以确保不会在示踪过程中发生脱落或因同位素交换等因素而失去标记。

一般来讲，极性基团（如—COOH、—OH、—$NH_2$ 及≡NH 等）中的氢原子、位于羧基 $\alpha$ 位置的氢原子、苯环上与羟基处于邻位或对位的氢原子都不稳定。此外，连接在碳上的氧较为活泼，易与水中的氧相互交换而失去标记。

② 示踪原子应标记在化合物的合适位置上。例如研究氨基酸的脱羧反应，必须标记在羧基上。否则就不可能观察到氨基酸脱羧而生成 $CO_2$ 的生化过程。另一方面，即使是同一化合物，但因需标记的位置不同，而使制备标记化合物的难易程度有很大的差别。例如，乙酸-1-$^{14}$C 的合成过程仅需一步格氏反应就可完成。

$$^{14}CO_2 \xrightarrow{CH_3MgI, H^+} CH_3{}^{14}COOH \qquad (8.1)$$

而乙酸-2-$^{14}$C 的合成，却要经历以下四步反应后才得到标记产品。

$$^{14}CO_2 \xrightarrow{LiAlH_4} {}^{14}CH_3{}^{14}OH \xrightarrow{HI} {}^{14}CH_3I \xrightarrow{KCN} {}^{14}CH_3CN \longrightarrow {}^{14}CH_3COOH \qquad (8.2)$$

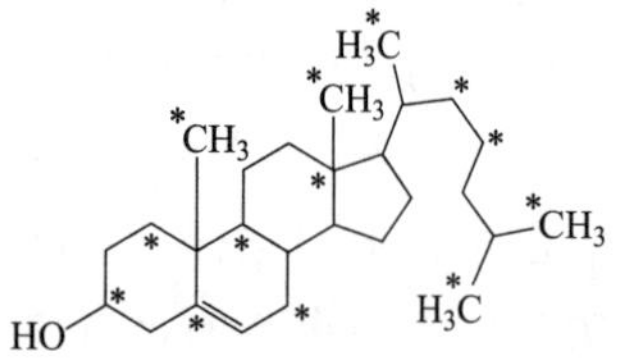

图 8.1　胆固醇标记化合物

\* 为乙酸中的甲基$^{14}$C。

合成途径的长短、难易程度的不同，使标记化合物的产率和纯度会有很大的差别。因此，在选择标记位置时，既要注意示踪研究中的需要和该位置上示踪原子的牢固性，又要注意在这位置上标记时合成方法的难易程度。在实验中可以通过多标记化合物来进行示踪，以揭示分子中不同基团所起的作用和特性。胆固醇标记化合物见图 8.1。

③ 选择合适的示踪原子进行标记。用放射性示踪原子还是用稳定示踪原子标记，应根据实际情况来定。稳定标记化合物的优点在于无辐射损伤，制备和示踪时不受时间因素的限制，也不存在标记化合物的自辐解等弊病。但稳定同位素标记化合物的价格昂贵，观测所需的设备和它的灵敏度不如用放射性标记化合物那样迅速、简便和灵敏。特别是自然界中如 P、I、Co 等元素，只有一种稳定核素，对它们而言就只能用放射性核素来示踪。另外，稳定同位素标记化合物虽不存在辐射操作，但亦不是绝对没有毒性而能被生物体所接受。例如重水（$D_2O$）占体内含水量的 $15\% \sim 20\%$ 时，则会出现阻碍细胞呼吸及酵解作用，使生物体功能失调。

④ 选择放射性标记化合物时，需考虑到放射性核素来源的难易、释放出射线的类型和能量、半衰期的长短以及它的毒性和可能引起的辐射损伤，还应注意到标记化合物自辐解的稳定性及示踪时同位素效应的影响。

碳和氢是构成有机化合物的基本成分，以 $^{14}$C 或 $^{3}$H 作为示踪原子具有许多突出的优点。因此，至今 $^{14}$C 或 $^{3}$H 的标记化合物仍是应用得最多的示踪剂。

用 $^{14}$C 或 $^{3}$H 标记的优点在于它们都只放射能量较低的 β 粒子，外照射的影响小，但又不难探测。$^{14}$C 或 $^{3}$H 在体内的生物半衰期短，都属于低毒性放射性核素。它们可由反应堆生产，无论在数量或者比活度方面，都能满足标记化合物制备的需要。$^{14}$C 或 $^{3}$H 均有较长的半衰期，使得制备和使用时可不受时间因素的限制。

选择 $^{14}$C 或 $^{3}$H 标记时，也要考虑各自的利弊。一般情况下化合物分子中的 C—H 键比 C—C 键弱得多，故 $^{3}$H 标记时容易发生脱落。制备 $^{3}$H 标记化合物时的放射性产率一般比 $^{14}$C 标记化合物要低得多，且 $^{3}$H 在分子中的标记位置及其具体分布在制备时不易控制。$^{3}$H 标记化合物的比活度一般比 $^{14}$C 标记化合物要高得多。在比活度相同时，$^{3}$H 标记化合物的自辐解比 $^{14}$C 标记化合物要严重。$^{3}$H 标记化合物在示踪时出现的同位素效应也比 $^{14}$C 标记化合物显著。在蛋白质、生物碱等复杂标记化合物的制备中，用 $^{14}$C 标记往往很困难，而用 $^{3}$H 标记就比较方便。但当分子的稳定位置上不含有氢原子时（如 8-氮杂鸟嘌呤），则

不能进行 $^3H$ 标记。

为满足各领域科学研究和应用上的需要，对非同位素标记化合物的使用也愈来愈多。如 $^{32}P$、$^{59}Fe$、$^{75}Se$、$^{77}Br$、$^{99m}Tc$ 及 $^{198}Au$ 等放射性核素常用于制备非同位素标记化合物。

## 8.2.2　标记化合物的同位素效应与自辐解

标记化合物的同位素效应与自辐解，对标记化合物的制备、使用和储存有显著的影响。

（1）同位素效应

同位素效应是由质量或自旋等核性质的不同而造成同一元素的同位素原子（或分子）之间物理（如扩散、迁移、光谱学）和化学性质（如热力学、动力学、生物化学）有差异的现象。同位素效应是同位素分析和同位素分离的基础。不能忽略因同位素效应引起标记化合物与原化合物之间产生性质上的差异。对 $^3H$ 或 $^{14}C$ 这类轻核所标记的化合物，同位素效应更为明显。除 $^3H$ 或 $^{14}C$ 标记化合物外，其他较重核素（$A>30$）的标记化合物，在化学与生物化学过程中的同位素效应并不显著。

（2）自辐解

自辐解亦称辐射自分解，标记化合物的自辐解是另一个值得注意的问题。自辐解包括：初级内分解、初级外分解和次级分解。

① 初级内分解。它是由标记化合物中放射性核素衰变所造成的。核衰变结果产生含有子核的放射性或稳定的杂质。

② 初级外分解。标记的放射性核素放出的射线与标记化合物分子作用，造成化学键的断裂，产生放射性或稳定的杂质。初级外分解的程度取决于标记化合物在介质中的分散程度、它的比活度及发射出射线的类型和能量。

③ 次级分解。标记化合物周围的介质分子，由于吸收射线的能量而被激发或电离，进而生成一系列自由基、激活的离子或分子。它们再与标记化合物作用，使分子断键而分解。次级分解常常是标记化合物自辐解的主要因素。由次级分解所产生的杂质亦是多种多样的。

标记化合物除辐射自分解外，还有化学分解。对生物标记化合物还有细菌、微生物所引起的生物分解。因此，在制备、使用和储存时，均应注意标记化合物的分解。目前常用以下方法来减少标记化合物的分解。

① 降低标记化合物的比活度。加入稳定载体或稀释剂是控制自辐解的有效方法。一般用氚标记化合物稀释剂来控制自辐解。通常将氚标记化合物稀释到 37 MBq/mL，而 $^{14}C$ 标记化合物则为 3.7 MBq/mL。对固态标记化合物常用纤维素粉、玻璃粉作稀释剂。液体标记化合物的稀释剂，原则上应选择与标记化合物互溶性好、不易产生自由基的溶剂，如苯等。但有许多重要标记化合物如糖类化合物、氨基酸、核苷酸等都不溶于苯，只能用水或甲醇来作稀释剂。

② 加入自由基清除剂。次级分解是标记化合物辐射自分解的重要因素。若在标记化合物的体系中，加入能与自由基发生快速反应的物质，阻止及清除自由基与标记化合物作

用，则可有效地降低标记化合物的次级分解。实验证明，1%～3%的乙醇是常用的自由基清除剂。选用清除剂时，应注意到它本身或它的辐解产物不能与标记化合物发生化学或生物化学反应。例如，醇与酸发生酯化反应，故乙醇不能用于有机酸类的标记化合物中。1%～3%的乙醇不影响酶的活性，但高浓度的乙醇会破坏酶的活性，使标记化合物的生物活性降低，故选用乙醇清除剂的浓度应恰当。乙醇辐射分解产生乙醛，它与二羟苯丙酸、5-羟色胺发生反应，故乙醇不能作为这类标记化合物的自由基清除剂。

③ 调节储存温度。降低温度，使分解产生的自由基与标记化合物作用的速度减慢，亦能使标记化合物的分解减少。但对于标记化合物的溶液来说，当温度下降而发生缓慢冻结时，标记分子被聚集在一起，反而加速自辐解，对氚标记化合物更应注意到这一问题。只有在 $-140\ ^\circ\text{C}$ 下快速冷却时，标记分子才能保持均匀分散在溶剂中，例如胸腺嘧啶核苷酸-甲基-$^3\text{H}$ 水溶液，在 $-20\ ^\circ\text{C}$ 下储存 5 周，分解率为 17%；而在 $2\ ^\circ\text{C}$ 下储存同样时间，仅分解 4%。因此一般标记化合物在 $0\sim4\ ^\circ\text{C}$ 下储存较好。对一些极不稳定的标记化合物，最好在 $-140\ ^\circ\text{C}$ 条件下储存（液氮冷冻）。

## 8.3 标记化合物的制备

有机标记化合物的种类繁多，制备途径、方法与一般的有机合成往往不同。标记化合物的制备方法归结起来可分成四类：化学合成法、同位素交换法、生物合成法及热原子标记法。

### 8.3.1 化学合成法

化学合成法是目前制备各种标记化合物最常用和最重要的方法。此法的优点是产品纯度高，并有较好的重复性。对产品种类、产量和定位标记等要求均有较好的适应性。其缺点是流程长、步骤多、生产设备复杂和产率较低。

#### 8.3.1.1 $^{14}\text{C}$ 标记化合物的化学合成

除生物活性物质及某些复杂的生物分子外，绝大多数 $^{14}\text{C}$ 标记化合物都由化学合成法制得。反应堆提供的 $\text{Ba}^{14}\text{CO}_3$ 是化学合成各种 $^{14}\text{C}$ 标记化合物的初始原料。先由它转化成 $^{14}\text{CO}_2$、$\text{K}^{14}\text{CN}$、$\text{BaN}^{14}\text{CN}$，再经一系列化学反应合成出各类 $^{14}\text{C}$ 标记化合物。

① 由 $^{14}\text{CH}_3\text{I}$ 与复杂化合物的中间体反应，向分子内引入—$^{14}\text{CH}_3$，是诸多含有甲基的复杂化合物的便捷制备方法，以 $^{14}\text{CH}_3\text{I}$ 与可可碱反应制得咖啡碱-(1-甲基)-$^{14}\text{C}$ 标记化合物为例：

$$^{14}\text{CH}_3\text{I} \ + \ \text{（可可碱结构式）} \ \xrightarrow{\text{NaOH}} \ \text{（咖啡碱-}^{14}\text{CH}_3\text{ 结构式）} \tag{8.3}$$

又如以 $^{14}\text{CO}_2$ 为原料通过格氏反应，制得 $^{14}\text{C}$ 标记羧基的脂肪酸或芳香酸。其反应通式：

$$^{14}CO_2 + RMgBr \longrightarrow R^{14}COOMgBr \xrightarrow{\text{水解}} R^{14}COOH \qquad (8.4)$$

通过羧基可以进一步合成多种重要的定位标记化合物，在设计 $^{14}C$ 标记化合物合成时，通常优先考虑 $^{14}CO_2$ 的格氏反应，这一类反应常用作制备脂肪酸、氨基酸、激素及生物碱类标记化合物。

② 以 $BaN^{14}CN$ 为原料的合成路径。氰氨化钡-$^{14}C$ 由 $Ba^{14}CO_3$ 与 $NaN_3$ 作用制得：

$$Ba^{14}CO_3 \xrightarrow[NH_3]{NaN_3} BaN^{14}CN \qquad (8.5)$$

以生成物为原料，可以合成 $^{14}C$ 标记的尿素和硫脲。

$$BaN^{14}CN \xrightarrow[H_2O]{CO_2} NH_2^{14}CN \xrightarrow{H_2SO_4} (NH_2)_2{}^{14}CO$$

$$\Big\downarrow \xrightarrow[Ba(OH)_2]{H_2S} (NH_2)_2{}^{14}CS \qquad (8.6)$$

$(NH_2)_2{}^{14}CO$ 与 $(NH_2)_2{}^{14}CS$ 主要用于合成嘧啶、嘌呤及维生素 B 等含杂环分子的标记化合物。

$$(8.7)$$

### 8.3.1.2 $^3H$ 标记化合物的化学合成

化学合成 $^3H$ 标记化合物的原料是由反应堆生产的氚气，其次是由它所制得的氚水。化学合成 $^3H$ 标记化合物有两条主要途径：

一是用氚气对适当的不饱和碳氢化合物（也称前体化合物）进行催化还原；

二是氚气对欲标记化合物的卤代物进行催化卤氚置换。

化学合成法是获得定位 $^3H$ 标记化合物的唯一可靠和实用的方法，且对制备高比活度的产品特别有用。

常用不饱和化合物的催化还原法将带有双键或三键的不饱和前体化合物溶于适当的溶剂中，加入催化剂，在室温下搅拌，再通入氚气进行催化还原反应，使分子中引入 $^3H$ 原子。

$$RCH{=\!=}CH_2 \xrightarrow{T_2} RCHTCH_2T$$

$$RC{\equiv}CH \xrightarrow{T_2} RCT{=\!=}CHT$$

$$RC{\equiv}CH \xrightarrow{T_2} RCT_2CHT_2 \qquad (8.8)$$

上述反应中常用的溶剂是烃类、二氧六环、四氢呋喃、乙酸乙酯和二甲基亚砜等有机溶剂。使用的催化剂是吸附在载体炭、碳酸钙或者硫酸钡上的钯或铂。近年来，也有用三（三苯基膦）氯化铑作为均相催化剂。

氰基和酮基的还原，常需加热、加压。为了避免这种操作方式，则用金属氚化物进行还原。将酸、酮、醛、酯和腈类化合物还原成相应的氚标记化合物。

除此之外还有催化卤氚置换，通过催化剂的作用，用氚来置换化合物中的卤素原子，从而制得氚标记的化合物。其反应通式为：

$$RX + T_2 \longrightarrow RT + TX \tag{8.9}$$

（反应需要在碱性溶液中加入催化剂进行）

在与催化氚化相似的反应条件下，氚很容易与 Cl、Br、I 等卤素原子发生置换反应。从上述反应式中可看出，有一半的氚生成 TX，它在体系中积累，使得催化剂中毒而使反应缓慢。因此，需用氢氧化钾-甲醇、三乙胺-二氧六环等碱性溶液，中和反应所生成的 TX。若反应体系不能有碱存在，则需用以碳酸钙或碳粉为载体的铂或钯作催化剂。例如腺嘌呤-8-T 的合成，其反应途径如下：

$$ \text{(结构式)} \xrightarrow{T_2,\,Pd/C} \text{(结构式)} \tag{8.10} $$

用催化卤氚置换法可制备 2,8 位被 $^3$H 标记的嘌呤化合物和 5,6 位被 $^3$H 标记的嘧啶类化合物。对于尚无理想标记方法的肽和蛋白质而言，催化卤氚法是一种有效的标记方法。如有人以 3-碘酪氨酸为原料，用卤氚置换反应得到酪氨酸-3-T，再用它合成 $^3$H 标记的肽类激素。又如，将后叶催产素和血管紧张素直接碘化，在 5% 的 Pd/CaCO$_3$ 催化下，进行卤氚置换，最后得到相应的高比活度、高生物活性的 $^3$H 标记化合物。若用溴代或氯代氨基酸为原料，进行卤氚置换，还可制得具有旋光性的 $^3$H 标记氨基酸，如 L-苯丙氨酸-2,4-T、L-谷氨酸-4-T。

### 8.3.1.3　其他标记化合物的化学合成

化学合成法也常用于非同位素标记化合物的制备。近些年来，对短寿命核素的标记化合物化学合成法做了大量研究，不少产品已被广泛应用于医学领域。

（1）放射性碘标记化合物的化学合成

碘标记化合物的合成，一般采用过氧化氢、一氯化碘或者氯胺 T（chloramine-T，Ch-T，$CH_3C_6H_4SO_2NClNa \cdot H_2O$）等氧化剂或电化学方法将 Na$^{131}$I（或 Na$^{125}$I）氧化成碘单质或碘的正离子（如 $^{131}$ICl、$^{125}$ICl）。然后，利用许多有机化合物容易与碘发生碘代反应的特点，制备各种标记化合物，其反应通式为

$$RH + {}^{131}I_2（或\,{}^{125}I_2）\longrightarrow R^{131}I（或\,R^{125}I）+ H^{131}I（或\,H^{125}I） \tag{8.11}$$

$$RH + {}^{131}ICl（或\,{}^{125}ICl）\longrightarrow R^{131}I（或\,R^{125}I）+ HCl \tag{8.12}$$

例如：5-碘尿嘧啶-5-$^{131}$I，则是用 $^{131}$ICl 与尿嘧啶按上述碘代反应制得的。

通常把氯胺 T 作氧化剂，合成碘标记化合物的方法称为 Green-wood-Hunter 法，又称氯胺 T 法。Ch-T 能将溶液中的 $^{131}$I$^-$（或 $^{125}$I$^-$）氧化成碘单质，然后取代酪氨酸芳香

环上的氢，生成二碘酪氨酸-3,5-$^{131}$I。

$$H_3C-\phantom{x}-SO_2N\begin{matrix}Na\\Cl\end{matrix} +2^{125}I^- \longrightarrow H_3C-\phantom{x}-SO_2N^-\begin{matrix}Na\\\end{matrix}+^{125}I_2+Cl^- \qquad (8.13)$$

$$HO-\phantom{x}-CH_2CHCOOH+2^{125}I_2 \longrightarrow HO-\phantom{x}-CH_2CHCOOH+2H^{125}I \qquad (8.14)$$

用这种方法可标记含酪氨酸残基的蛋白质、多肽或类固醇。除氯胺 T 法外，还可以用过氧化氢及过氧乙酸等作氧化剂，后者反应条件更加温和。

连接标记法又称 Bolton-Hunter 法，是预先用氯胺 T 法将放射性碘标在 3-(4-羟基)苯丙酸琥珀酰亚胺酯上，然后将多肽类化合物和标记的酯混合，经一定时间反应后，多肽便和碘标记的酯连接在一起。这种方法特别适用于无酪氨酸残基或酪氨酸残基未暴露在肽链表面的多肽类化合物的标记。由于在标记化合物的制备过程中未引入氧化剂，故能使标记分子保持原有的生物活性。例如肌红蛋白的碘标记化合物，就采用这种方法制得，其反应过程如下：

$$(8.15)$$

为了避免蛋白质在氧化过程中变性，可以使用酶促反应释放低浓度（但仍足以将 I$^-$氧化）的双氧水，实现蛋白质的放射性碘标记。常用的酶有两种：乳酸过氧化物酶（LPO）和葡萄糖氧化酶（GO）。

在放射免疫分析中。常使用碘精标记法。碘精（iodogen）的学名为 1,3,4,6-四氯-3$\alpha$,6$\alpha$-二苯甘脲（1,3,4,6-tetrachloro-3$\alpha$,6$\alpha$-diphenyl glycoluril），其结构式为：

使用时将碘精溶于二氯甲烷，加到试管中，待溶剂挥发后，在试管壁上出现一层碘精薄膜。将待标记的化合物及 Na$^*$I 加入试管中，保温数分钟后，将内容物倾倒出来，碘化反应即可终止，未反应的碘精留在试管内，无须分离。因为碘精的水溶性很小，因此氧化条件很温和。敷涂碘精的试管经干燥后于低温下保存数月仍然有效。

（2）短寿命标记化合物的化学合成

尽管短寿命标记化合物的制备，要求有快速和高效的反应步骤及分离方法，但化学合成法仍是目前制备$^{11}$C、$^{18}$F、$^{13}$N 等短寿命标记化合物的重要途径。

① $^{11}$C 标记化合物的合成。$^{11}$C 核素常用小型回旋加速器通过 $^{11}$B(p，n)、$^{10}$B(d，n) 等核反应产生。生成的 $^{11}$CO 以及 $^{11}$CO$_2$ 以混合物形式存在。用惰性气体氪等将它们从靶室引至反应体系中。因此，$^{11}$C 标记化合物制备的初始原料一般是 $^{11}$CO 及 $^{11}$CO$_2$。若用 NaCN 或 N$_2$-H$_2$ 的混合气体作靶，经 $^{14}$N(p，α) 反应，则可得到 Na$^{11}$CN 或 H$^{11}$CN。它们是合成 $^{11}$C 标记化合物的另一种原料。

② $^{13}$N 标记化合物的合成。用 7～16 MeV 质子束轰击 $^{16}$O，通过 $^{16}$O(p，α)$^{13}$N 反应获得 $t_{1/2}=9.965$ min 的 $^{13}$N。$^{13}$NH$_3$ 是经美国 FDA 批准用于临床的 PET 显像剂，其合成步骤为：将 1 mmol/L 甲醇的水溶液装入铝制带夹套的样品筒中，通水冷却并维持照射筒中的压强为 1.033 MPa，用质子束照射，照射结束后用 9 mL 1 mmol/L 的乙醇冲洗。将所得溶液通过阴离子交换柱，流出液通过 0.22 $\mu$m 的 Millipore 滤膜除菌，滤入盛有 1 mL 生理盐水的 10 mL 无菌小瓶中，提供给 PET 中心使用。

③ $^{15}$O 标记化合物的合成。$^{15}$O 通常用 $^{14}$N(d，n)$^{15}$O 反应制备。因其半衰期只有 122.24 s，$^{15}$O 标记的药物需用自动化合成仪制备。以 H$_2$$^{15}$O 的合成为例，靶为 0.1% O$_2$＋99.9%N$_2$，用 10～20 $\mu$A 的束照射 3～15 min，靶气体开始时在由靶室和电炉组成的小闭合回路中循环，然后在由靶室→电炉→滤器→生理盐水袋→滤器→靶室（在此处接受束照射）组成的大闭合回路中循环，最后，样品被收集到灭菌注射器，并通过气动传输线送到 PET 中心，经剂量测量后，用于患者 PET 显像。$^{15}$O 标记药物在临床使用时，有时要采用连续吸入或由静脉连续注入的给药方式，此时生产过程也采用流水线方式，边照射，边纯化，边使用，在照射的同时将纯化后的药物快速而连续地通过管道送到患者身上。

④ $^{18}$F 标记化合物的合成。$^{18}$F 标记化合物是最重要的 PET 显像药物。$^{18}$F 目前主要利用 $^{20}$Ne(d，α)$^{18}$F 和 $^{18}$O(p，n)$^{18}$F 两种核反应制备。前一种反应须用能量较高的氘束，靶气为混有 0.2% 氟气的气氛。照射时产生的 $^{18}$F 与存在的 F$_2$ 共同作用生成 [$^{18}$F]-F$_2$，性质活泼，被 Ne 带出后，可用于亲电子的氟化反应，例如用于苯环上的氟化反应制备 L-6-[$^{18}$F] 氟多巴。

利用另一种反应 $^{18}$O(p，n)$^{18}$F 制备 $^{18}$F，在能量较低的小型回旋加速器中即可进行，反应产率高。制备时不必额外加入稳定的氟，对医用有利，近年来已得到更为广泛的应用。但反应需用价格比较昂贵的 $^{18}$O 富集的水，产生的 $^{18}$F 以 F$^-$ 的形式存在于靶水中，因此适合于给电子的（即亲核的）氧化反应，最主要的用途是合成高纯度的氟代脱氧葡萄糖。

图 8.2 为 PET 核医学脑部显像图。

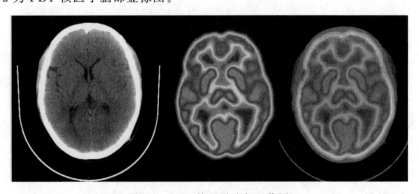

图 8.2　PET 核医学脑部显像图

利用 $[^{18}F]$-F$_2$ 的亲电氟化反应制备 $[^{18}F]$-FDG 的反应如下，氟代三乙酰基脱氧葡萄糖和氟代三乙酰基脱氧甘露糖产率分别为 35％和 26％，经过硅胶柱分离后水解脱除乙酰基，得到 $[^{18}F]$-FDG。

$$(8.16)$$

目前公认的较好的合成 $[^{18}F]$-FDG 的方法是 Hamacher 法。

三氟甲基磺酸甘露糖酯

$$(8.17)$$

$$(8.18)$$

由于作为另一反应物的 $[^{18}F]$-KF 为无机物，只能溶于水溶液而不会溶于底物所处的有机溶剂乙腈中，如将它们直接混合，则由于两者难以接触，反应速率很慢。Hamacher 等加入了隐烷-2.2.2（简写为 K-2.2.2）作为将 $[^{18}F]$-KF 从水相转移到有机相的相转移催化剂，其原理是隐烷-2.2.2 能与 K$^+$ 牢固地配合形成大的亲有机溶剂的阳离子，可把 $[^{18}F]$-F$^-$ 一起带入极性有机溶剂 CH$_3$CN 中。两种反应物处于同一种溶剂中，反应速率就大大加快。反应在 85 ℃下进行。有人用四丁基铵阳离子或阴离子交换树脂代替 $[K/K$-2.2.2]$^+$ 作相转移催化剂，氟化后既可通过酸水解，也可以通过碱水解脱去乙酰基。整个合成在 28～52 min 内完成。

目前，$[^{18}F]$-FDG 的合成多采用自动合成仪（图 8.3），在计算机的控制下，合成反应和产物纯化按照预先编制的程序完成。

图 8.3　$[^{18}F]$-FDG 自动合成仪

## 8.3.2　同位素交换法

利用两种不同分子中同一元素的同位素交换过程，把示踪原子引入待标记的化合物分子上，是同位素交换法制备标记化合物的基本原理。同位素交换法是目前制备氚标记化合物的重要方法，它亦用于放射性碘、硫、磷标记化合物的合成。同位素交换法的优点是方法简便，对复杂的或难以用化学合成法制备的标记化合物具有实用意义。它的缺点是标记位置不易确定，产品的比活度低，副产品的种类和数量较多，造成产品分离和纯化困难。利用同位素交换法制备氚标记化合物的主要方法有氚气曝射法（Wilzbach 法）和液体内催化交换法。

（1）氚气曝射法

氚气曝射法是将需要标记的化合物，置于高比活度的氚气中，并保持密封放置几天或者几周，在充分实现了交换后，除去剩余的氚气，再将产品经过分离、纯化，即得到所需要的氚标记化合物。利用此方法曾标记了秋水仙碱-$^{3}$H、喜树碱-$^{3}$H 等重要草药中的有效成分。

氚气曝射法进行同位素交换的具体机制目前尚不清晰，可能是辐射诱导的交换过程，氚-氢之间的交换可能经历了以下的过程：

① 反冲氚原子和化合物分子发生反应；

② 被激活的或者是游离的氚原子和化合物分子发生反应；

③ 被激活或者离子化的化合物分子与氚气发生反应。

其中，反冲氚原子直接与化合物作用而得到标记的可能性较小。上述的②和③过程可能是最为主要的过程。

一般情况下，氚与化合物分子结合的速度，每天只占体系中总氚量的 1% 左右，因此需要长时间曝射，从而也产生了许多辐射分解产物。在曝射过程中，辐射还可产生多种副产品，这些副产品的放射性活度要比主产品高 10～100 倍。副产品的性质往往又与主产品相似，难以从主产品中分离。

为了提高同位素交换速度，缩短曝射时间，降低产品中由辐射引起的杂质含量，曾对氚气曝射法作了改进。例如借助微波、高频放电、超声波、紫外或 X 射线照射等方法，使化合物与氚受到诱导激发和电离，从而提高同位素交换的速度。如用充有氚气的放电管，并将欲标记的化合物置于放电管的阴极上，通过微波放电，使气形成$^3$H 等离子体，并得到加速，它与靶化合物作用生成$^3$H 标记化合物。用这种微波放电法曾制备了$^3$H 标记的苯、硬脂酸等一系列标记化合物。

改进后的曝射法目前用于多肽、蛋白质和一些结构复杂的有机化合物的标记。所得产品的比活度较原曝射法高，并可保持标记的生物产品有较高的生物活性。例如用高频放电法对胰液中的核酶进行了成功的标记。制备的时间仅 5~30 min，而产品的比活度可达到 10 GBq/mmol 数量级，标记产物还保持原有的生物活性。

另外，还通过加入 Pt/C、Pd/C 作催化剂，将欲标记的化合物分散在炭粉上，扩大反应接触面积等方法来提高气体曝射法的效率。

（2）液体内催化交换法

将醇、醛和酸等有机化合物溶于氚水中，这些分子中的某些氢原子即与水中的$^3$H 发生交换，并很快达到平衡。若化合物不溶于水，用适当溶剂（分子中无不稳定的氢原子）使之溶解，同样可达到交换的目的。曾报道，在 pH 为 7 的氚水中，经水浴加热即可获得标记的嘌呤核苷及含嘌呤基的抗生素等，而在相同的条件下却不能标记嘧啶核苷。

在上述无催化剂存在的条件下，获得标记不易脱落的产品，实际上并不多见。为了使氚原子进入化合物分子的稳定位置，必须通过催化交换反应。常用的催化剂是铂或钯。溶液内催化交换法是将需标记的化合物溶于含有催化剂铂（或钯）的水（或 70% 的氚化醋酸）中，将整个反应体系调节至中性或碱性。在 20~200 ℃ 的温度范围内，搅拌一定时间（一般为 1~24 h），使同位素交换反应得以进行。溶液内催化交换法常用于制备芳香族、甾类、杂环类及生物碱的$^3$H 标记化合物。近来，对上述方法作了改进。用氚气取代氚水，以 Pt/C 作催化剂，溶液 pH 控制在 7~10 范围内，在室温下即可获得$^3$H 标记的产品。改进后的方法常用于制备氨基酸、含嘌呤基的核苷和核苷酸及糖类标记化合物。例如，曾用改进后的方法制备 26 Ci/mmol 的环化腺嘌呤-5′-磷酸的$^3$H 标记化合物。

对单糖或多糖类化合物、含苄基化合物，催化交换法还可制得定位的标记化合物。凡属还原糖类化合物，$^3$H 都标记在醛基位置；含苄基的化合物，$^3$H 则标记在亚甲基上。

液体内催化交换法的优点是简便、快速；氚气及欲标记化合物的用量少，适用于标记稀有或昂贵的复杂化合物；产品的比活度高。但此法亦因以下原因而受到限制：欲标记化合物必须能溶解在溶剂中；反应必须在中性或碱性条件下进行；在欲标记的分子中，不能含有碘或硝基，否则就会阻碍同位素交换反应的进行。

## 8.3.3 生物合成法

生物合成法是利用动植物、藻类、微生物或菌类的生理代谢过程，将示踪原子引入需标记的化合物分子中。整个生物合成过程大体上分成四步：

① 把示踪原子或简单的标记化合物引入活的生物体内；

② 控制适宜生物体代谢的条件，在生理代谢过程中，示踪原子经一系列复杂的生物化学过程后，标记到所需的分子上；

③ 将上述生物体转化成某种需要的化学形式，以便进行分离、纯化，或用其他标记化合物制备的方法进一步合成；

④ 进行分离和纯化，将所需的标记化合物同生物体分开。

生物合成法能标记一些结构复杂、具有生物活性、难以用其他标记方法制备的化合物。但因生物活体对放射性有一定耐受量，在生理代谢过程中，放射性示踪原子会以各种途径代谢和排泄，生成不需要的副产品，因而使这一方法的产量及产率较低，产品的分离、纯化亦较复杂。生物合成法的另一缺点是标记的位置难以确定，生产的重复性较差。

用生物合成法可制备某些核苷酸、蛋白质、糖类及激素等 C、P、S、$^3$H 及 I 的标记化合物。例如，可用海绿藻合成 $^{14}$C 均匀标记的多种氨基酸。先将足够量的海绿藻避光 24 h，引起它的"光饥饿"，然后通入 $^{14}$CO$_2$，温度控制在 25～28 ℃，光照 36 h，使 CO$_2$ 随光合作用进入藻体细胞。从上述处理过的海绿藻中提取蛋白质，并将它水解。蛋白质的水解产物用阳离子交换柱或薄层色谱进行处理。将制得的 $^{14}$C 标记的氨基酸进行分离及纯化。最终得到了 $^{14}$C 标记的丙氨酸、精氨酸、谷氨酸、天冬氨酸、甘氨酸、组氨酸、亮氨酸、赖氨酸、蛋氨酸、脯氨酸、丝氨酸、酪氨酸、缬氨酸和苯丙氨酸。还报道了利用美人蕉叶、烟叶的光合作用合成右旋葡萄糖-1,6-$^{14}$C 标记化合物。利用洋地黄的叶，将孕烯醇酮-7-$^3$H 转化成地高辛-$^3$H 和毛地黄毒苷-$^3$H 等。

利用酶的催化作用，曾将胸腺嘧啶-$^{14}$C 标记化合物与从大白鼠肝中分出的脱氧核苷酸转移酶混合在一起，可制得胸腺嘧啶核苷-$^{14}$C。从啤酒酵母中提取出的酶液，能使氚标记尿嘧啶核苷单磷酸-$^3$H 转化成尿嘧啶核苷三磷酸。

还将生物合成法和化学合成法结合在一起，制备了碘标记化合物。如常用的乳过氧化物酶法就是其中之一。乳过氧化物酶法的基本原理是将牛乳中提取的乳过氧化物酶与 H$_2$O$_2$ 形成复合物，然后使碘氧化，再加入蛋白质，生成碘标记的蛋白质分子。

## 8.3.4　热原子标记法

有关热原子标记法的原理和制备标记化合物的实例在第 7 章中已有阐述，这里不再赘述。

近些年来，有人在热原子反冲法的基础上研发出离子-分子束反应法。用这种方法已经制备了一些 $^{14}$C 或 $^3$H 的标记化合物。离子-分子束反应法是用一种特殊的化学加速器，产生含有放射性核素的高速离子束，去轰击欲标记的化合物或中间体，发生离子-分子反应，制备出所需的标记化合物。

## 8.4　标记化合物的质量鉴定

对标记化合物进行严格的质量鉴定和控制，是保证示踪实验得到正确结果的先决条件。标记化合物的质量鉴定可概括为物理鉴定和化学鉴定。如果是对生物示踪剂，则还需加生物鉴定的项目（图 8.4）。

图 8.4　标记化合物鉴定主要项目

## 8.4.1　物理鉴定

外观和性状的鉴定主要是观察标记化合物晶体的形状、粒度、色泽或标记化合物在溶剂中的分散程度以及溶液的颜色是否正常。在储存过程中应注意它是否潮解、结团、变色、混浊或出现沉淀等现象。对生物标记化合物，还应观察是否霉变等。外观鉴定虽较简单，但它对衡量标记化合物的质量往往是既直观又重要。

## 8.4.2　化学鉴定

物理化学稳定性的鉴定指判断标记化合物在使用或储存过程中，因受光、热、空气或周围环境等因素影响是否会造成标记化合物性质的改变。例如：胶态标记化合物的凝聚，含碘标记化合物在光照下加速氧化分解，使示踪原子脱落等。根据标记化合物物理化学稳定性鉴定的结果，可确定使用时的条件和使用期限，亦由此来确定储存的最佳方案。

化学纯度和放射化学纯度鉴定，常用色谱法、电泳法、同位素稀释法，并结合放射性测量、红外光谱或核磁共振谱来确定化学杂质和放射化学杂质的种类和含量。

## 8.4.3　生物鉴定

用于生物示踪，特别是用于医学方面的标记化合物，不仅关系到疗效，还会影响人的安危，故在使用前，必须进行生物鉴定。

生物稳定性的鉴定指在储存过程中，标记化合物是否因细菌等微生物、化学物质等因素的影响，减弱或失去某些生物特性。因此，在使用前需经生物稳定性的鉴定，判断该标记化合物是否还有示踪效能。

无菌无热原鉴定指标记化合物的灭菌是否完全，有无热原。热原是指某些微生物的尸体或微生物的代谢产物。若将它和标记化合物一起引入体内，则会出现发热（或发冷）、恶心、呕吐、关节痛等症状。热原检查方法是将一定剂量的标记化合物注入家兔的耳缘静脉，在规定时间内观察其体温变化情况，以判断有无热原存在。

根据示踪的目的和对象来确定需做哪些生物学项目的检查。这一检查的目的主要是确定标记化合物的一些生物特性（如旋光性、生物活性等）与原化合物有无差别。

一个新的标记化合物用于人体前，必须在动物体内做下列检查：

① 安全试验：了解并确定标记化合物的安全使用剂量，包括标记化合物引起的化学毒性和放射性损伤这两方面的因素。

② 体内分布试验：观察标记化合物进入人体后的输送途径、在体内的分布或积累的部位、代谢及排泄的情况，从而判断该标记化合物是否具备使用价值。

③ 临床模拟试验：与临床应用完全相同的条件下，用大动物进行模拟试验，为临床使用提供依据。

## 参考文献

［1］王世真. 分子核医学［M］. 北京：中国协和医科大学出版社，2001.

［2］范国平. 标记化合物［M］. 北京：原子能出版社，1979.

## 思考题

8-1 在肿瘤诊断治疗时，放射性标记化合物能够发挥怎样的优势？

8-2 同位素标记过程中的质量守恒如何控制？

8-3 生物合成法获得的标记化合物具有哪些特点？

8-4 思考选择标记元素时应该考虑哪些问题，是否所有的元素都可以用于制备标记化合物。

8-5 思考放射性标记化合物应用于核医学中将克服哪些挑战。

# 第 9 章

# 环境放射化学

## 导言：

学习目标：了解环境的相关概念和发展方向，理解放射性物质在环境中的行为和处理处置。

重点：放射性物质在大气、水体和土壤中的行为，放射性物质的深层地质处置。

## 9.1 环境的相关基本概念

（1）环境

不同研究领域对环境的理解有所差异。广义上，环境是相对于中心事物而言的背景。在本章中，环境主要指地球表面与人类发生相互作用的各个自然要素及其总体，它包括地球表层的陆地、海洋和大气层。环境具有整体性、区域性、不断变化和修复性四个基本特性。

（2）环境物质

环境物质是指环境中存在的具有一定环境活性，并对生命物质可能产生各种直接或间接影响的物质。例如，水体及其所含的各种化学物质，大气及其所含的各种组分等。

环境物质可由自然因素或人类活动而进入环境，并在环境中发生迁移、转化和积聚，从而对人类健康、生态平衡或环境质量产生影响。通常，按存在形态的不同，可把环境物质分为大气、水、岩石、土壤和生物等几个大类；还可按对人类、生态和环境影响的不同，分为有害物质和无害物质两大类。

环境有害物质是指对人类健康、生态平衡或环境质量产生有害影响的各种环境物质。但是，有害与无害之间是相对的和变化的，随着数量和存在状态的改变，有害物质和无害物质之间可能发生相互转化。例如，硒是人体必需的一种微量元素，但环境硒含量过低或过高均对人体健康有害；汞是一种有毒的物质，但在土壤中的无机汞不易被植物吸收，因此对人体危害相对较小，而有机汞则易被植物吸收，对人体危害较大。

环境有害物质剂量与人体健康效应之间的关系呈现三种类型：

① 直线型，即人体健康效应与剂量呈正比关系。

② 饱和型，即人体健康效应随剂量增加而增大，达到一定程度后，基本上不再随剂

量而变化。

③ S 曲线型，即人体健康效应随剂量增加开始变化不明显，当剂量增加到一定程度后变化显著，而后随剂量增加又基本不变。大多数环境有害物质的剂量-效应关系呈 S 曲线型。

当两种或两种以上的环境有害物质共同作用时，可出现四种不同的综合效应，分别是：①协同效应，即总的环境效应大于单个有害物质的环境效应之和；②叠加效应，即总的环境效应等于单个有害物质的环境效应之和；③独立效应，即各个有害物质的环境效应互不影响；④拮抗效应，即总的环境效应小于任何单个有害物质单独的环境效应。环境有害物质的剂量-效应关系和综合效应对环境质量评价有着重要的意义。

## 9.2 放射性物质在大气中的行为

地球大气层厚度在 $2000 \sim 3000$ km 之间，$1 \sim 2$ km 内的低层大气称为大气边界层，这部分大气的运动主要受地面环境的影响。人为产生的放射性气载污染物一般都排入大气边界层。

放射性物质释入大气后发生的物理、化学行为与自身的理化性质和大气的性质有关。放射性物质进入大气后沿着风向输运，导致污染物分布不均匀形成浓度梯度，使污染物在水平和垂直方向上扩散。

放射性核素在输运过程中会逐渐衰变，因此，子体核素不断积累；雨雪使放射性核素沉积，粒径较大（$>20 \mu m$）的固体颗粒因重力作用而沉降，粒径较小的组分则会因碰撞先被地面附着物截留，后因风的作用再悬浮，造成空气的二次污染。

放射性物质在空气中对人造成外照射和内照射。沉积到地面造成的放射性污染会产生外照射；通过吸入污染的空气受到内照射；被污染的农作物会经食物链途径对人造成内照射。

### 9.2.1 放射性物质在大气中的化学行为

大气又称大气圈，是维持和保护地球上生命所必需的组分。大气的组成极其复杂，主要成分是氮和氧，还含有许多其他物质，如 $CO_2$、水蒸气、稀有气体和飘尘等。此外，大气中还因太空辐射含有离子和电子激活的物质。流星、火山爆发、城市空气污染、核爆炸等产生的气体使大气组成及其化学行为发生更为复杂的变化。

大气中的放射性物质会发生的化学变化主要有氧化反应、光化学反应和同位素交换反应。放射性气溶胶的形成和吸附以及云雾、雨滴对放射性物质的溶解、吸收也会发生。液态或固态放射性核素绝大部分被大气气溶胶捕集而形成放射性气溶胶，飘浮在大气中。大气气溶胶主要包括微尘、有机碳化合物微粒和液态的雾。大气的分层结构见图 9.1。

核武器爆炸时生成的大量放射性物质首先上升到对流层顶部，然后逐渐下降形成放射性气溶胶；由大地散逸到大气中的氡，衰变形成的放射性子体，通过扩散或静电吸附而被大气气溶胶捕集，也能形成放射性气溶胶。此外，核设施会向大气中释放放射性气溶胶，对切尔诺贝利核电站事故释放的放射性核素[103]Ru、[106]Rh、[131]I、[132]Te、[132]I、[134]Cs、[137]Cs、

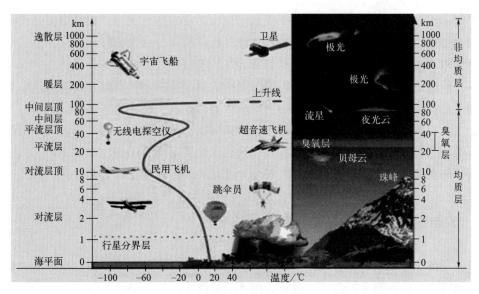

图 9.1 大气的分层结构

$^{99}$Mo-$^{99}$Tc$^{\text{m}}$、$^{140}$Ba-$^{140}$La 气溶胶进行的粒度分布测定发现，其中 50％～80％的气溶胶粒径小于 1.1 μm。放射性气溶胶在大气中随气流而迁移，随雨、雪降落到地面。沉降到地面的放射性物质又因为水的蒸发、风的作用而重新进入大气，再次形成放射性气溶胶。

大气中的放射性物质在迁移、扩散过程中，因其本身的化学活性或大气中其他物质的化学活性而发生多种化学反应。其中，与 $O_2$ 和 $CO_2$ 的反应是大气中最容易发生的化学反应。核爆炸生成的许多放射性核素就经历了由氧化生成氧化物，再与 $CO_2$ 反应生成碳酸盐的过程。例如，放射性元素锶（Sr）就有如下反应过程：

$$Sr \longrightarrow SrO \longrightarrow Sr(OH)_2 \longrightarrow SrCO_3 \text{ 或 } Sr(HCO_3)_2 \tag{9.1}$$

氚在自身 β 射线的激发下，也能与 $O_2$ 发生氧化反应，生成氚水：

$$T_2 \longrightarrow T_2^* \longrightarrow 2T \tag{9.2}$$

$$2T + O_2 \longrightarrow T_2O \tag{9.3}$$

此外，大气发生的化学过程与太阳辐射引起的光化学过程密切相关。例如，气态氚在太阳光的作用下与大气中形成的·OH 反应可生成氚水。此反应的速率与·OH 的浓度成正比。此外，$^3$H 与 $^1$H、$^{14}$C 与稳定碳之间还可发生同位素交换反应：

$$T_2 + H_2O \longrightarrow HTO + HT \tag{9.4}$$

$$HT + H_2O \longrightarrow HTO + H_2 \tag{9.5}$$

$$^{14}CO + CO_2 \longrightarrow {}^{14}CO_2 + CO \tag{9.6}$$

$$^{14}CO + CH_4 \longrightarrow {}^{14}CH_4 + CO_2 \tag{9.7}$$

## 9.2.2 放射性物质在大气中的输运和弥散

在低层大气中，大气运动的速度与方向随时变化，呈现极端不规则的湍流运动。大气湍流是导致烟羽扩散（又称烟流扩散，是污染物由源持续进入大气后的扩散）的主要原因，其扩散速率比分子扩散大 $10^5 \sim 10^6$ 倍。

　　大气湍流的形成和发展取决于两个因素：机械湍流和热力湍流。机械湍流是指机械或动力因素形成的湍流，例如：空气流经地面障碍物时风向、风速的突然改变而形成的局地湍流；热力湍流主要是由地面受热不均匀或大气的不稳定气温层结造成的。

　　大气湍流是由无数个尺度大小不同的湍涡构成的，每一个湍涡都有不同的运动速度和方向，大湍涡中包含许多大小不同的小湍涡。烟羽的扩散正是在这些湍涡的运动过程中完成的。气象观测中瞬时的风速脉动（涨落）和风向摆动是大气湍流的结果，其数值的大小间接反映了大气湍流的强度。湍流强度及相对湍流强度不随时间和空间改变时，为平稳湍流场；不随空间位置改变时，为均匀湍流场，这是湍流扩散理论的基本假设条件。

## 9.3　放射性物质在地面水体中的行为

　　地面水体主要包括海洋、江河、湖泊、沼泽等，与地下水一起构成地球上的天然水系统。天然水系统经过蒸发、凝结、降水、渗透和径流等多种途径，在空中、地面和地下形成水循环；又与空气、土壤、生物、岩石等环境物质发生多种化学反应。因此，天然水中还含有大量不同的环境物质。此外，水体中还生长着各种水生生物。水生态系统就是指水、水中悬浮物、溶解物、底质和水生生物构成的完整体系。

　　地面水体放射性物质的主要来源是放射性废水的排放。此外，气载放射性物质的沉降也导致地面水的污染。放射性物质进入水体后，发生一系列复杂的物理、化学及生物过程：物理过程是指放射性物质在水中的弥散及固体颗粒状污染物在水中的沉积与再悬浮；化学过程是指放射性物质在水中的水解、配位、氧化还原、沉淀、溶解、吸附、解吸等化学反应；生物过程是指水生生物对放射性物质的吸附、吸收、代谢及转化等。由此可见，放射性物质在水体中的物理化学行为比其在大气中的行为复杂得多。

　　地面水的污染对人的影响同样分为内照射和外照射。通过饮用水对人造成内照射；水生生物的污染和灌溉农田导致放射性物质经由生物链对人造成内照射。水和水体底质还会对人造成外照射。

### 9.3.1　放射性物质在地面水体中的化学行为

　　环境水可分为降水（雨、雪、雹）、地面水（江河、湖泊、沼泽、海洋）和地下水三大类，其分布如表9.1所示。它们一方面通过蒸发、凝结、降水、渗透和径流等过程不断地循环；另一方面与周围大气、土壤、岩石等环境物质接触，溶入或夹带了许多物质。其组成极其复杂（图9.2）。

表 9.1　自然界中水的分布　　　　　　　　　单位：$10^6 \, \text{m}^3$

| | |
|---|---|
| 淡水湖泊 | $1.3 \times 10^8$ |
| 咸水湖和内海 | $1.0 \times 10^8$ |
| 河流 | $1.3 \times 10^6$ |
| 浅层地下水 | $6.7 \times 10^7$ |

续表

| 深层地下水 | $8.4 \times 10^9$ |
|---|---|
| 冰川和高山积雪 | $2.9 \times 10^{10}$ |
| 大气水 | $1.3 \times 10^7$ |
| 海洋 | $1.3 \times 10^{12}$ |
| 生物体 | $6 \times 10^5$ |
| 总水量 | $1.36 \times 10^{12}$ |

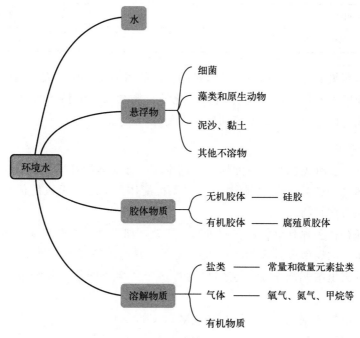

图 9.2　环境水的组成

　　放射性物质在水体中的存在状态与其来源有关，例如：通过核爆炸进入环境的钚多为难溶的氧化物，而通过核工厂废水排放的钚多为离子型。水体不同，放射性物质的状态也不同，放射性核素进入不同的水体之后，会发生水解、氧化、还原、配位等不同的化学变化，其存在状态也必然发生变化。概括起来，放射性物质在水体中的存在状态可能有如下几种形式：溶存状态、胶体状态、微粒状态。

　　放射性核素在海水中存在状态与海水的垂直分布有关。例如，$^{137}$Cs、$^{90}$Sr 在海水表层呈溶存状态，其迁移、扩散速率很快；而在 $50 \sim 2000$ m 的深层海水中 $^{137}$Cs 和 $^{90}$Sr 的浓度大大降低，仅为表层的 $1/10 \sim 1/100$。这是因为大部分核素转变为微粒状态而迅速沉降，沉积中的微粒状态的核素又有部分重新溶解于水中。

　　放射性物质在地面水体中会发生如下化学反应：

　　（1）氧化还原反应

　　由于地面水的组成很复杂，含有多种氧化性或还原性物质，因此水体中的核素常常会发生氧化还原反应，这对其存在形态和迁移行为有重要影响。

水体中的氧化还原反应主要取决于水中的氧化还原电势 $E$ 和 pH（表 9.2），而氧化还原电势又主要依赖于含氧量。

表 9.2 各种水体的 pH 和氧化还原电势 $E$ 值

| 水体 | pH | $E/V$ |
|------|-----|-------|
| 雨水 | 4.5～7 | ＋0.7～＋0.4 |
| 淡水 | 6～8 | ＋0.5 |
| 海水表层 | 8.1～8.3 | ＋0.4 |
| 地下水表层 | 6～8 | ＋0.4～＋0.2 |
| 淡水沉积物 | 6～7 | ＋0.4～－0.2 |
| 海底沉积物 | 7～8 | ＋0.5～－0.25 |

环境水中溶解氧的分布不均匀，其含量随深度的增加而减少，表层的氧化还原电势值高，而深层水及底泥的氧化还原电势值低。此外，氧在水中的溶解度还与温度有关，因此，水体的氧化还原电势值会随季节和气候而变化。

（2）配位反应

地面水中含有多种无机和有机配体，不同水体所含配体的种类和含量也不同。淡水中的主要无机配体是 $HCO_3^-$，而海水中的主要无机配体是 $Cl^-$。无机配体可与水体中的放射性核素形成无机配合物。

环境水中还存在多种有机物，它们可来自陆地，如土壤中的腐殖质，也可来自水中的生物。通常河水中的腐殖质含量为 $10～50$ mg/L。腐殖质是环境中最主要的天然螯合剂。腐殖质中含有的富里酸和胡敏酸，它们可与许多金属离子配位，其配位能力大致有如下顺序：

对富里酸（pH＝5 时）：Cu＞Fe＞Ni＞Mn＞Co＞Zn

对胡敏酸（pH＝5 时）：Cu＞Zn＞Fe＞Ni＞Co＞Mn

海水中含有大约 1mg/L 的含碳有机物，组成十分复杂，除腐殖质外，还含有氨基酸类和羟基酸类，与金属形成配合物，其配位能力大致有如下顺序：

$$Cu＞Co＞Zn＞Fe＞Mn＞Mg \tag{9.8}$$

金属离子的水解实际上可看成是与 $OH^-$ 配体生成配合物的过程。除了碱金属和碱土金属外，大多数放射性核素在近中性的条件下均易水解，生成难溶的水合物或胶体。锕系元素的水解能力如下：

$$Pu(IV)＞Th(IV)＞Am(III)≈Cm(III)≈U(VI)＞Pu(VI)＞Np(V) \tag{9.9}$$

（3）吸附

水体中存在一定量的悬浮物微粒及胶粒，它们具有较高的比表面积，含有离子交换基团或带有电荷，可吸附水体中的放射性物质。这种吸附作用与微粒的粒度、组分、表面电荷状况以及水体的性质有关。

通常，环境水中的悬浮物组分大都含有不同种类的天然阳离子交换剂，其交换容量各不相同，表 9.3 为水体中常见悬浮物的阳离子交换容量。

**表 9.3  水体中常见悬浮物的阳离子交换容量**  单位：meq/mg

| 名称 | 交换容量 | 名称 | 交换容量 |
|---|---|---|---|
| 有机物质 | 130～350 | 绿泥土 | 4～47 |
| 锰的水合物 | 260 | 各种黏土 | 4～25 |
| 蛭石 | 100～150 | 高岭土 | 3～15 |
| 蒙脱土 | 70～100 | 长石、石英 | 1 |

环境水中的大部分胶体带负电荷，只有少数胶体带正电荷（表 9.4）。在不同的水体中，放射性核素被悬浮物吸附的行为是不同的，这主要与水体 pH、溶解物质的种类及含量、悬浮物的特性等因素有关。

**表 9.4  胶体带电性质**

| 带正电荷胶体 | $Al(OH)_3$、$Ti(OH)_4$、$Fe(OH)_3$（少部分） |
|---|---|
| 带负电荷胶体 | $SiO_2 \cdot nH_2O$、$Mn(OH)_2$、$Fe(OH)_3$（大部分）<br>腐殖质、黏土矿物、各种硫化物胶体 |

悬浮物和胶体吸附的放射性物质将随水扩散，除少数被水生生物摄取外，大部分会沉降，蓄积在水底沉积物中。水体中的浮游生物及微生物的寿命大都较短，死亡后变为有机悬浮粒子和生物残骸，逐渐沉降至水底。因此，放射性核素在水体中的吸附与沉降是自净作用的主要途径。悬浮物含量愈高，水体的这种自净作用愈显著。由于江河入海口及近海水体中存在大量的悬浮物，它们能有效地吸附各种放射性核素特别是锕系元素和稀土裂片核素，形成阻隔这些核素进入远海的屏障。但某些溶解性高的离子吸附后容易解吸，其在水体中的迁移距离要比易被吸附的核素远得多。

## 9.3.2  放射性物质在地面水体中的输运、弥散和迁移

放射性物质在地面水体中的输运、弥散和迁移行为涉及水力学、水文学、化学及生物学等多种因素，其中包括水的流速、深度，水底类型和坡度，水体构型，水温，潮汐因素，风力，核素本身的物理化学性质，水生物的种类和分布特点等。江河、湖泊、海洋等各类水体中污染物的输运、弥散机制是相似的，但因水体大小、形状、边界条件及水力学性质各不相同，不可能采用单一的模式作概括性的描述，只能根据各类水体的具体条件，对基本弥散方程作相对合理的简化与假设，从而得出各种适合不同水体条件的污染物浓度计算公式。

污染物在河流中的输运和弥散涉及其随水流向下游方向的平流输运和在水流、河宽及水深方向上的扩散，其中扩散过程又与分子扩散、湍流扩散、剪切流弥散和对流扩散等多种机制有关。

（1）分子扩散

放射性物质在水中不规则地随机运动（布朗运动）导致的物质迁移或分散现象称为分子扩散。当水中污染物浓度分布不均匀时，分子扩散将导致其从高浓度区向低浓度区迁移，从而使之进一步混合均匀，这一过程同样可用浓度稀释度扩散理论加以阐述，即以分

子扩散方式通过单位截面积的物质质量通量与其浓度稀释度成正比，两者之间的比值为分子扩散系数。在河流中，分子扩散引起污染物弥散混合的作用比其他因素小得多，相应的分子扩散系数很小，因此，弥散计算中一般不予考虑。

（2）湍流扩散

河水及水中污染物质的流动迁移大多呈湍流状态，由此导致污染物的扩散即为湍流扩散。这一过程同样可用浓度梯度扩散理论加以阐述，因此，在水流、河宽及水深方向上存在着三个相应的湍流扩散系数，其数值比分子扩散系数大 7～8 个数量级。

（3）剪切流弥散

当河宽方向横断面上水流速度分布不均匀（存在流速梯度）时，水的流动状态称为剪切流。河流断面上不同点处湍流强度的时间平均值与其空间平均值之间存在着明显的系统差异，这将导致污染物的进一步分散，一般称为剪切流弥散。

（4）对流扩散

水体不同深度处水温与密度往往呈层状分布，不同深度水层之间温度与密度的差异形成铅直方向上的对流运动，由此导致的污染物扩散迁移称为对流扩散。

自然水体中同时存在着上述各种扩散过程，除分子扩散之外，其他几种过程均与水的流动特性有着密切的联系。因此，研究污染物在水体中的弥散混合过程必须具体考虑不同水体中水的流动特征。

污染物质在河流中的弥散混合过程包括随水流运动的平流输运及在水流、河宽及水深三个方向上的扩散，根据浓度梯度扩散理论及质量平衡原理，污染物在流动水体中的浓度分布同样可采用与大气湍流扩散相似的连续性方程描述。

废水经由排放口释入河流中以后，污染物随即在河水中输运和弥散，在宽浅河流中，污染物在随水流向下游方向输运的过程中，一般先在水深方向上混合均匀，垂向混合快慢和河流与废水之间流速及密度的差异、堆放口的形式（水面或水下排放口，射流或非流式排放口）有关。在无浮力效应及非射流排放的情况下，达到垂向混合均匀所需的距离与水深成正比，一般为排放口处水深的几十倍到 100 倍。

## 9.4 放射性物质在岩石、土壤和地下水中的行为及其地质处置

岩石在地球形成时已含有大量的各种原生放射性核素，在某些情况下，岩石受到人工放射性核素的污染。放射性核素会经由水循环而进入地下水、地面水和土壤中。无论是气载放射性核素的沉积（重力沉降、干沉积、湿沉积），固体放射性废物的近地表埋藏处置，污染的灌溉农田，都会造成土壤的放射性污染。表层土壤的放射性污染将对人造成外照射，经食物链途径吸收对人造成内照射，土壤表层颗粒被风扬起则会经呼吸途径对人造成内照射。

放射性物质在地下水中的弥散迁移是导致放射性核素向人转移的重要途径。固体放射性废物和核设施正常运行及事故情况下的液态流出物，随地下水的运动而弥散迁移。放射性物质同时会因机械过滤，物理、化学或物理-化学吸附，沉淀，氧化还原等作用而被截留。放射性物质在地下水中的迁移比在大气中扩散慢得多；当有补给水进入地下水系统

时，沉淀、吸附的放射性物质会被溶解、淋滤解吸及某些微生物的作用重新进入水中，成为地下水的二次污染源。因此，就放射性核素在环境中的迁移，应把岩石、土壤和地下水看成一个统一的系统。

## 9.4.1 放射性物质在岩石的行为

岩石主要有岩浆岩、变质岩和沉积岩三大类。按岩石中 $SiO_2$ 含量的不同，岩浆岩又可分为基性岩、中性岩和酸性岩等几种类型。地壳构造循环中产生的热量、压力及化学活性流体可改变原有岩石的矿物成分和结构。

岩石中含有天然的铀矿、钍矿，其含量较稳定。放射性物质也存在于其他矿物中，有的被吸附在矿物表面，易进入矿物晶体网格中；有的以溶解状态存在于矿物及晶体裂隙的水分中。钾也是岩石中主要元素之一，大部分存在于碱性长石中，形成钾长石（KAlSiO）、白榴石（$KAlSi_2O_6$）、高岭石及钾盐等含钾矿物。

人工放射性核素随地下水进入岩石裂隙中，以离子状态被岩石表面吸附，也可能以氧化物或氢氧化物形式沉积在岩石表面上。岩石风化过程中铀从岩石矿物中释放的程度取决于矿物的溶解度及氧化还原环境。钾极易从矿物中释放而转入水中，也具有很强的迁移能力。水中的钾极易被生物吸收并参与次生矿物（如水云母等）的形成，因此，地下水中钾的含量一般较低。钍在表生带中以机械风化迁移为主，并富集于残积物、冲积物和滨海沉积物中，有时以配合物或胶体形式迁移。

固体放射性废物处置主要是通过地表埋藏和地质处置，因此，放射性物质在地质层中的迁移行为已成为放射性废物安全中一项重要的研究课题，将在 9.4.4 节进行详细描述。

放射性核素在地质层中的迁移涉及化学、放射化学、地球物理、地球化学及水文学等多门学科领域。影响核素在地层介质中迁移行为的主要因素有水力输送作用和介质对核素的吸附作用。

吸附作用是核素与岩土介质间离子交换、胶体吸附、过滤、化学反应及沉淀等多种作用。从处置库中泄漏的核素在岩石裂隙中的吸附迁移，是决定其返回生物圈的可能性及返回速率大小的重要因素。

当核素在岩土介质中随水沿孔隙表面流动时，其吸附行为以表面吸附为主。此时，核素在岩土表面与水流之间的分配特性可用固液相分配系数 $K_d$ 表示：

$$K_d = S/C \tag{9.10}$$

式中，$K_d$ 为分配系数，L/kg，测量值常用单位为 mL/g；$S$ 为吸附平衡时污染物在固相中的浓度，即吸附量，Bq/kg 或 mg/kg；$C$ 为吸附平衡时污染物在液相中的浓度，Bq/L 或 mg/L。分配系数的影响因素与污染物的化学形态和浓度、水温及 pH 值，以及地下水的组成有关。

## 9.4.2 放射性物质在土壤中的行为

土壤的组成成分包括矿物质、水、空气和有机质，各组分之间的相对比例则与气候、土壤类型、土层深度等因素有关。表层土中有机质和空气含量较低，矿物质和水的比例较高；矿物质的体积比约为 45%，有机质约占 5%，空气和水各占 20%～30%。

　　土壤中的矿物质包括原生矿物和次生矿物，化学组分主要以 $SiO_2$、$Al_2O_3$、$Fe_2O_3$、$FeO$、$CaO$、$MgO$ 为主。有机质包括：①各种有机化合物，约占有机质总量的 30%～40%；②胡敏酸和富里酸，约占有机质总量的 60%～70%。

　　土壤辐射是陆地辐射的重要来源，决定了环境本底辐射水平的高低。地质环境对土壤中天然放射性核素的含量起着决定性的影响。土壤中氡的含量与季节及温度有较大关系，夏季氡由大气流入土壤，土壤中氡的浓度明显增高。冬季气温低于土壤温度，氡析出率增大，土壤中氡的浓度明显降低。此外，土壤深度和通气性对氡含量影响也很大，氡的浓度随着土壤深度增加而增加。土壤透气性越好，氡的浓度越低，远比黏土中要低。

　　$^{40}K$ 在土壤中呈均匀分布，天然放射性核素 $^{238}U$ 及 $^{232}Th$ 容易富集在黏土类组分中。由于土壤中的物理化学作用，天然放射系之间的衰变平衡往往已被破坏。

　　除了天然放射性核素外，土壤中还存在其他人工放射性核素（如 $^{137}Cs$、$^{134}Cs$、$^{90}Sr$、$^{106}Ru$ 和 $^{240}Pu$ 等）。其中，$^{90}Sr$ 和 $^{137}Cs$ 对土壤长期污染的贡献份额最大。放射性物质在土壤中迁移发生的最主要的物理化学行为是离子交换反应，这是因为土壤中含有的次生矿物、腐殖质多以胶体颗粒的形态存在，具有较大的表面能和吸附性能。黏粒的主要成分次生硅铝酸盐是一种片状结构颗粒，其表面具有丰富的负电荷，因此，阳离子交换容量较高。以溶液形式进入土壤中的放射性核素，形成沉淀吸附在土壤颗粒表面。放射性核素在土壤中的状态，决定了其在土壤中迁移能力的大小及其被农作物吸收摄取的程度。一般来说，阳离子在土壤中的迁移能力与其价态有关，多价离子与黏粒矿物的结合比较牢固，其穿透及迁移能力较小。研究结果表明，土壤中的金属阳离子都进入植物体内。影响散射性核素在土壤中物理化学行为的主要因素包括：①气候与地形地貌；②放射性核素的形态和性质；③土壤的性质（土壤的种类、酸度和颗粒大小、配体、含水量、氧化还原物质等）；④放射性物质的水迁移。

## 9.4.3　放射性物质在地下水中的行为

　　地下水是指埋藏于地面以下的天然水流。地下水分为包气带水和饱水带水两种类型。包气带是指地面以下、潜水面以上与大气相通的地带。包气带土壤的孔隙并未被水完全饱和，同时存在着空气，这部分地下水称为包气带水或土壤水，按其在孔隙中的存在状态，可分为固态水、气态水、吸附水、薄膜水和毛细水等几类。岩土孔隙完全被水充满的地带称为饱水带，这部分地下水不受岩土的束缚而处于自由状态，其流动导致污染物在地下水中的迁移。

　　地下水被污染的方式有两种：直接污染和间接污染。直接污染是指污染源在迁移过程中化学性质保持不变，这是地下水污染的主要方式。在地表或地下以任何方式排放污染物，都会发生此种形式的污染。间接污染的特点是污染物组分与污染源组分不一致，主要是指污染源在迁移过程中发生了复杂的物理、化学或生物反应。地下水的污染途径分为四类，分别是间歇入渗型、连续入渗型、越流型（污染物通过层间越流的形式转入其他含水层）和径流型。

　　地下水流动过程中，水位、流速、流向等要素不随时间改变时，称为稳定流。反之，则称为非稳定流。但是，为便于分析和计算，有时也可近似地将某些运动要素随时间变化很小的渗流作为稳定流处理。包气带中水的迁移规律十分复杂，对重力地下水，可按达西定律描述其宏观运动。

放射性物质在地下水中会发生一系列的化学反应：①氧化还原反应，地下水中含有多种氧化性或还原性物质，因此，放射性核素进入地下水后，常会发生氧化还原反应，使其离子价态改变，这对其在地下水中的存在形式及水迁移均有重要的影响。②酸碱反应，一般地下水的 pH 在 5～8.5 之间，除碱金属和碱土金属外，放射性元素在近中性条件的地下水中均易水解，其水解产物有单核的，也有复合型的。③离子交换和吸附，地层介质对地下水中放射性物质的离子交换和吸附，对放射性核素的水迁移能力有很大的影响，这与地下水的 pH 值及化学组成、介质的性质及成分有很大的关系。④配位作用，地下水中含有多种不同的无机（$CO_3^{2-}$、$SO_4^{2-}$、$NO_3^-$、$Cl^-$、$F^-$、$OH^-$、$PO_4^{3-}$、$SiO_4^{4-}$ 等）和有机配位体（腐殖酸），能与放射性核素形成配合物。⑤核素的衰变，在自然条件下，地下水流速很小，短寿命的核素随水流迁移很短距离即已衰变，其可能造成的污染范围极小。当地层存在裂隙时，地下水的实际流速较大（每天几十米），短寿命核素也可能造成相当大范围的污染。

植物的根可深扎于土壤或地下水的裂缝中，可富集大量的放射性核素，动植物和微生物的代谢产物可与地下水中多种核素形成络合物，增强其水迁移能力。

## 9.4.4　放射性物质的地质处置

含有放射性核素或被放射性核素污染后其放射性浓度超过国家规定限值的废弃物称为放射性废物。放射性浓度低于或等于国家规定限值的废物，称作豁免废物，可以实行清洁解控，按非放射性废物进行管理。然而，国际上尚无统一的清洁解控水平，也无一致的标准解控程序。根据放射性活度大小将放射性废物分为低放废物、中放废物和高放废物（见表 9.5）。核工业生产的各个环节会产生各种放射性废物。其中，核燃料后处理过程产生废物体积仅占各种来源废物总体积的 3%，但其放射性活度占全部废物放射性活度总和的 95% 左右。按其物理形态可分成气体废物、液体废物和固体废物三类。由于核废物的放射性对人体和环境有较大危害，所以必须对核废物进行严格管理。

表 9.5　各类放射性废物的大致构成

| 废物类型 | 所占体积/% | 所占放射性活度/% |
| --- | --- | --- |
| 低放废物 | 90 | 1 |
| 中放废物 | 7 | 4 |
| 高放废物 | 3 | 95 |

### 9.4.4.1　放射性物质的地质处置类型

根据废物中所包含的放射性物质的种类及其放射能水平，必须采用安全且合理的方法对放射性废物进行妥善处置。至今为止，地质处置被认为是最合理的处理方法。例如，图 9.3 为日本放射性废物处置方法的概念图。在地下 300 m 以下的稳定地层中设置人工屏障来处置放射性浓度较高、半衰期较长的放射性核素的废物的方式就是地质处置。一方面，地质处置对象外的放射性废物被填埋在较浅的地层中。因为在管理期间能够等待其放射能的衰减，所以被称为管理（型）处置。根据废物的发热量不同，地质处置的处置形态不同。发热量高的放射性废物须按照一定的间隔进行填埋。另一方面，相对高放废物，废弃体的发热量较低的 TRU 废物，可以累积埋没。当前根据放射性废物的放射性强度来进行处置，低放废物的处置是近地表处置、坑穴处置和壕沟处置，高放废物为深层地质处置。

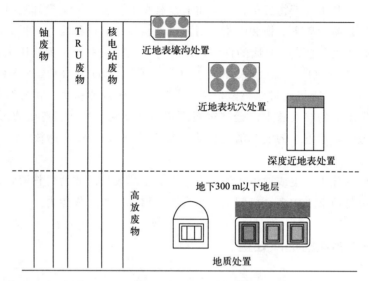

图 9.3　日本放射性废物处置方法的概念图

**（1）近地表处置**

轻水堆的堆内构造物和控制棒、使用后的树脂等，即使在低放废物中，也属于放射性水平较高的物质，为了避免人类与此类处置废物接触，一般考虑利用地下的空间，采取近地表处置的方式。处置孔洞设置在距地表 50～100 m 左右的深度，以保证放射性物质难迁移。在空洞中修筑混凝土坑道，将放射性废物放置在其内部，同时用水泥等材料填充坑道内部各废弃体间的空隙。另外，在混凝土坑道的外侧设置灰浆作为防扩散层，并在该层的外侧设置膨润土作为防透水层。因此，废弃体、水泥填充材料、混凝土坑道、防扩散层和防透水层作为人工屏障。地层、岩石等则作为天然屏障发挥着各自的功能。

近地表处置的管理时间假定为数百年。在管理期结束后，对 4 个假定的情况进行安全评价，以建立满足各种情况的"基准（被照射计量）"。其中，"基本情况"发生的可能性高。例如，假定即使发生放射性核素通过地下水进行迁移的情况（"基本地下水情况"），必须最大限度地抑制此情况下所受的辐射剂量，这个限度的基准为 10 $\mu Sv/a$。

**（2）坑穴处置**

图 9.4 为坑穴处置图，低放废物的处置方式是在较浅的地层中建造钢筋混凝土构造物（坑穴），将容纳废物的桶罐埋设在坑穴中。在构造物的上部以及侧部放入透水性强的膨润土的混合土，桶罐的间隙采用水泥材料充填。另外，在坑穴的内侧设置高透水性多孔质混凝土层。一方面，坑穴外的水很难进入内部；另一方面，即使发生地下水浸入的情况，利

用多孔混凝土层就可容易地将水排出，以避免废物和水的接触。

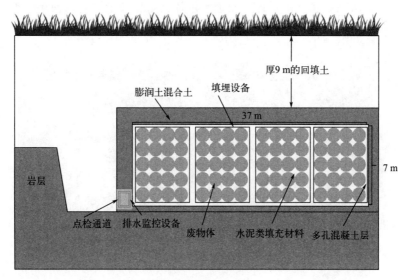

图 9.4　坑穴处置

坑穴处置的方式中废物的放射活度衰减到安全水平约需要 300 年，在这期间必须进行阶段性的持续管理。填埋开始后最初的 30 年为第 1 阶段，通过填埋设备，切实可靠地封住放射性核素，实施环境监视、排水监视以及地下水中的放射性核素监视，同时还需进行填土以及填埋设备的修复工作等。第 1 阶段结束后的 30 年为第 2 阶段，通过填埋设备及其周围的土壤等抑制放射性核素的迁移，监视其泄漏状况，虽然不进行填埋设备的修复，但填土的修复和环境的检测等继续进行。第 2 阶段结束后的 300 年间为第 3 阶段，通过周边的土壤等抑制放射性核素的迁移，在继续进行填土修复和环境监测的同时，对挖掘等进行限制。例如 1992 年，日本原燃（股份）公司在青森县六所村实施了坑穴处置，设立了两个填埋设施（1 号和 2 号），约 20 万个 200 L 金属罐的容纳能力（处置场规模约 4 万立方米），并已接收了核电站运行所产生的 24.1 万个金属罐的废物（2012 年 5 月至今）。将来还计划建造相当于 300 万个金属罐的废物处置设施（处置库规模约为 60 万立方米）。其他国家的相同设施有法国的 Aube 处置库（规模约 100 万立方米），于 1991 年开始运行；西班牙的 EICabril 处置库（规模约 4.5 万立方米），于 1992 年开始运行。

（3）壕沟处置

壕沟处置指的是不设置混凝土坑穴等人工建筑物，直接把低放废物中放射活度水平极低的混凝土和金属等稳定物质填埋在浅地层中的处置方法，必要的管理时间是 50 年左右。在此期间，通过天然屏障的功能来确保安全。

壕沟处置的安全评价和坑穴处置相同，要求所受的计量要低于公众的最小计量值（1 mSv/a）。另外，在管理期结束后，处置库地皮再利用、处置设施的核素向地下水泄漏的情况使河水等所受的辐照计量不能超过 10 $\mu$Sv/a。

日本原子能研究开发机构东海研究所的动力试验堆 JPDR 的解体过程中所产生的极低放射性水平的混凝土等废物（1670 t），采取在该研究所的地基内进行处置的方式。图 9.5 为处置设施的剖面图。该处置库的地下水位距地表 7 m，壕沟挖掘到距地表 6 m，其内部的废物填埋至距地表 3.5 m。另外，处置库的上部设置了透水性低的填土，进行回填。设施中还设置了地下水观察孔、雨量计、浸透水量计、累积计量计，以便于管理。

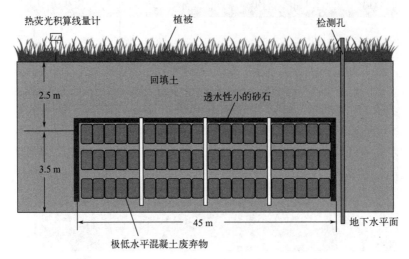

图 9.5　日本原子力研究开发机构壕沟处置示意图

在国外，壕沟处置的设施有美国的 Barnwell 处置库（规模约为 88 万立方米）、法国的 Morvilliers 处置库（规模约为 65 万立方米）等。

（4）深层地质处置

目前，高放废物处置有两种思路，一是海洋处置，即将其投入选定海域 4000 米以下的海底；二是陆地处置，即深埋于建在地下岩石层里的核废物处置库中，后者是研究建设的重点。为保证地质处置库的安全性和有效性，需要设置多重安全屏障，分别是废物体、废物包装容器、缓冲回填材料、工程构筑物和地质体，如图 9.6 所示。

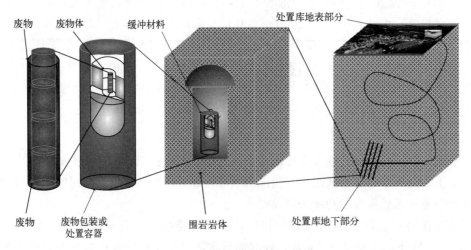

图 9.6　深层地质处置概念设计

废物体是由水泥、水、添加剂和放射性废物按一定比例依次混合，在常温下硬化成的放射性废物固化体，克服了放射性废物的散在性，使之便于处置。废物包装容器是由混凝土、黏土、沸石、铅金属等材料（衬填料）制成的，是保护废物体不过早被侵蚀、破坏的强有力机械屏障，也是阻滞放射性核素迁移的化学屏障和物理屏障。缓冲回填材料是在废物包装容器之间和在废物包装容器与工程构筑物之间等剩余空间内放置的某些矿物、岩石碎料等，具有较强的抗风化能力、吸附能力等，可作为机械支撑物以稳定废物包装容器，而且也是阻滞放射性核素迁移的化学屏障和物理屏障。工程构筑物是钢筋混凝土结构的，其作用与废物包装容器相似，但它具有足够的抗震能力。地质体是指放射性废物处置场周围的土壤、岩石及有关沉积物等，它对阻滞废物中放射性核素向生物圈迁移和屏蔽废物的辐射线等起决定性作用，是放射性废物处置体系中最重要的一道屏障（天然屏障）。

　　深层地质处置法被公认为是更安全的处置方法之一。目前，美国、芬兰、瑞典、比利时等国都开展了处置库场地评价筛选的研究工作。例如，美国是世界上最早开展放射性废物地质处置研究的国家之一，并在 1999 年建立了第一个 α 废物地质处置库，尽管不是高放废物地质处置库，但对建设高放废物地质处置库具有一定的示范意义。2002 年，美国内华达州的尤卡山场址被选为民用高放废物的处置场地，美国根据高放废物的处置计划进行了地质资料的收集与调查，通过多年的研究，投入了近 50 亿美元，在即将投入使用时，由于当地公众和政府的反对，于 2010 年撤销建造尤卡山处置库的计划。尽管停止了尤卡山项目，2012 年 NRC 仍颁发了四个核反应堆的许可证，这是 30 年来首次颁发的新反应堆许可证。美国分别在 2018、2019、2020 年将尤卡山项目的资金重新纳入了预算，但该计划一直受到国会的阻止，于 2020 年 2 月取消了对该项目的支持。2001 年，奥尔基洛托被选为芬兰的核废物处置库场址，2016 年下半年，波西瓦公司开始进行最终处置库的建设，计划于 2023 年建成投运。芬兰核电应用和核废料处理研究起步并不早，却成为世界上第一个真正开始对乏燃料进行终极处理的国家，这主要得益于芬兰高效的决策体系和透明的社会沟通模式。瑞典在 20 世纪 70 年代开始处置库的选址工作，随后制定了 KBS 计划，以此解决乏燃料的处置工作。同时，比利时的核研究中心也开展了长寿命放射性核素在黏土中的研究，在代瑟尔市建设一个永久性中、低放射性核废料处理场。这个项目建成后将是一个地面处理场，配备完善的防辐射工程屏障，比利时所有的中、低放射性核废料将在此掩埋长达 300 年。他们将进一步开展核素迁移、处置容器与地质间的相互作用以及地下设施的实验等工作。另外，美国、瑞典和加拿大等国家对膨润土的性能进行了大量的室内实验与现场测试。

　　我国于 1985 年开始研究高放废物地质处置的工作，并设定了中国高放废物深地质处置研究发展计划（DGD 计划）。该计划包括 4 个阶段，分别是技术准备、地质研究、现场试验和处置库建造。原核工业部已制定高放废物地质处置初步方案。高放废物处置场地分别选定了华东、华南、西南、内蒙古和西北 5 个预选片区，并且重点研究了甘肃北山。结合国外的处置库经验和我国的实际情况，经过 1000 年以后，高放废物深地质处置的工程屏障将会失效，高放废物的隔离最终要依靠于天然屏障，因此，选择一个有利的处置库场址是非常重要的，我国选择北山花岗岩作为天然屏障。为了延长工程屏障的有效时间，选取一种合适的黏土也非常重要，我国初步选择内蒙古高庙子膨润土作为缓冲回填材料，并计划在 2050 年左右建造一座国家级的高放废物处置库。目前，全球各国都认识到安全地处置高放废物是核能事业发展和环境保护的前提，各个国家将大量的人力、物力、财力投入到地质处置研究工作，如场址评价、核素迁移及工程屏障等一系列研究。虽然取得了一定的成绩，但还不能满足需求。

放射性核素的迁移研究方法很多，如实验室研究、现场研究、天然类比研究和数值模拟研究等。其中实验室研究具有实验条件容易设定、过程可控以及投入经费少等特点，应用较为普遍。实验室研究方法模拟放射性核素从核废物处置库往外迁移，测量核素以地下水为介质在各种地质材料中的分配系数、迁移系数、孔隙率等物理量，从而了解放射性核素在这些地质材料中的吸附和迁移性质。目前，最常用的方法主要有扩散池法、毛细管法和土柱实验法。

扩散池法是模拟水平方向上，核素从固定体积黏土块的一侧向另一侧迁移的过程。该法实验再现性好、操作简单，可开展压实黏土和高密度花岗岩的核素迁移实验，应用最为广泛。有代表性的扩散装置如瑞士 Paul Shererr 研究所、瑞典皇家理工学院、日本原子能机构、北京大学等。扩散池研究装置示意图如图 9.7。

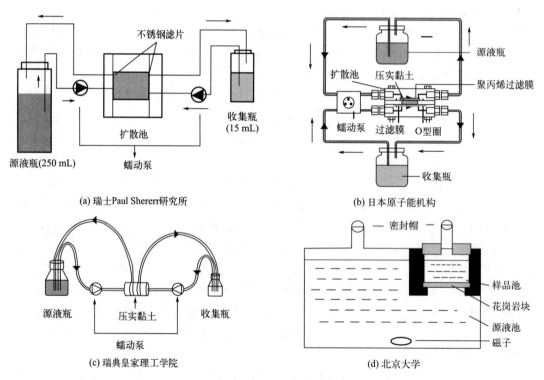

图 9.7　扩散池研究装置示意图

毛细管法是模拟垂直方向上核素从固定体积黏土块的底部向上迁移的过程。该装置简单，所需放射性核素总活度低，可同时大批量开展实验，但是装填技术要求较高，并且仅能开展低密度的压实黏土实验。近年来，瑞典核燃料及废料管理公司、东华理工大学、北京大学、中国科学院等研究机构采用该法开展了迁移实验，主要测定了不同条件下 $^{125}I$、$Eu(III)$、$^{99}Tc$、$^{137}Cs$、$^{90}Sr$ 等在花岗岩、膨润土、皂土中的扩散系数，毛细管法的示意图如图 9.8。

土柱实验法是模拟垂直方向上核素从固定体积黏土块的顶部向下迁移的过程。该方法可以通过加压等措施来缩短实验周期，可开展压实黏土和高密度花岗岩/黏土实验。西南科技大学、中国辐射防护研究院、南华大学等研究机构采用该法开展了大量的核素迁移实验，主要研究了 $U(VI)$、$^{88}Sr$、$^{133}Cs$、$As(III)$ 和 $As(V)$ 等在土壤或尾矿中的扩散行为。

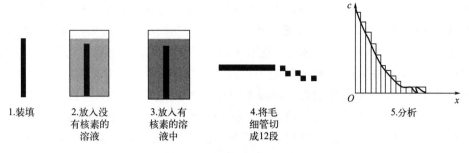

图 9.8　毛细管法研究示意图

与扩散池法和毛细管法相比，该法的重现性较差。土柱
实验法研究示意图如图 9.9 所示。

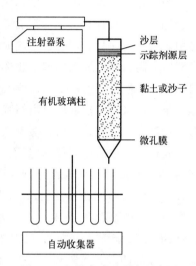

图 9.9　土柱实验法研究示意图

综上所述，毛细管法和土柱实验法填土密度较小，
不能满足现场围岩要求的密度，并且这 2 种方法的重现
性能较差；对于扩散池法来说，土块密度选择范围大
（800～2 760 kg/m³），重现性好，是国际、国内认可的
实验方法，是扩散实验的最佳选择之一。

多年的研究表明，核素在黏土中的迁移扩散符合
Fick 定律，通过确定扩散的边界条件，采用 Fick 定律
的解析表达式对实验数据进行拟合，获得 $D_e/D_a$、$K_d$
等扩散系数。由于涉及大量实验数据，拟合公式也比较
复杂，通常采用相应的模拟软件处理实验数据。如瑞士
Paul Shererr 研究所采用 COMSOL Multiphysics 3.5a
商业软件进行数据处理，但是该商业软件价格非常昂
贵。国内，北京大学针对他们采用的实验装置，编写了 DKANAL 程序处理土柱实验法实
验数据，CAPILL 处理内迁移法实验数据。湖州师范学院针对瑞士 Paul Shererr 研究所的
迁移装置，编写了 FDP 迁移参数拟合程序处理贯穿扩散、内扩散和外扩散实验。该程序
能够达到商业软件 COMSOL Multiphysics 3.5a 的数据处理能力，与北京大学的程序相
比，增加了验证迁移参数的功能。此外，为了提高实验的成功率和准确性，该程序还增加
了实验设计模块。

我国已经启动乏燃料后处理重大专项的研究工作，会有大量高放废物亟待处理，这是
核燃料循环体系中的重要环节，如何安全处置高放废物是目前已知的最复杂和最具挑战性
的研究课题，是制约核能迅速发展的瓶颈之一。随着核电的迅猛发展，产生的乏燃料大量
增加。在 2050 年前后，将产生第一批等待深地质处置的高放玻璃固化体。如何将高放废
物与环境长期安全地隔离，是保护环境的关键问题，同时，也是公众能否接受核电的关键
问题。

### 9.4.4.2　分离-嬗变

高放废物深地质处置要求安全隔离上万年乃至数十万年，代价是很大的，高标准的场

址也是很难找到的。加上人们心理接受和社会因素等影响，对高放废物的安全处置，人们期望有更多的好办法可以选择。分离-嬗变就是适应这种需要而正在开发研究的技术。

分离-嬗变是把高放废物中次锕系元素及长寿命裂变产物分离出来，做成靶件或元件，送到加速器或反应堆中去轰击或辐照，把长寿命核素转变成短寿命核素或稳定同位素，这就是"P-T"技术。分离-嬗变概念的提出已经有许多年了，近年来进展较快。分离-嬗变方法有以下优点：使核废物中的长寿命裂变产物和次锕系元素（MA，指乏燃料中除铀和钚之外的锕系元素，包括镎、镅、锔、锫、锎、锿和镄）嬗变成短寿命核素，大大降低放射性毒性，大大减轻地质处置的负担，得到清洁能源，促进核能可持续发展，提高铀资源的利用率。

当前，后处理设施在许多国家有了长足的发展，主要是通过 PUREX 工艺从乏燃料中回收铀和钚，将钚和贫化铀混合，得到铀钚混合氧化物（MOX）燃料，这主要在热堆中使用。乏燃料在后处理过程中同时产生次锕系和裂变产物（FA 或 FP），如果将其从高放废液中分离出来，那么玻璃固化体在一千年后的放射性毒性降至天然铀水平。将分离出来的次锕系和裂变产物嬗变成短寿命或稳定核素，放射废物对环境的危害性将降到最低。因此，很多国家都对核素的分离嬗变进行研究。美国、欧盟、日本等主要核能国家和地区大力支持这方面研究，先后开展湿法和干法后处理技术研究。

先进的湿法后处理技术包括：①PUREX 流程的改进研究（如美国的 UREX 流程、法国的 COEX 流程、日本的 NEXT 流程）；②新型萃取剂的萃取技术（如日本的 ARTIST流程、法国的 GANEX 流程）；③其他湿法后处理新技术（如阴离子交换分离技术、沉淀分离技术、ORIENT 循环、超临界萃取分离技术；④MA 分离技术（如美国的 TRUEX-TALSPEAK 流程、中国的 TRPO-Cyanex301 流程、法国的 DIAMEX-SANEX 流程、日本 JAEA 的四群分离流程、SETFICS-TRUEX 流程和萃取色层分离流程）；⑤FP 分离技术（如 CCD/PEG 流程）等。

干法后处理作为快堆乏燃料尤其是金属燃料的后处理以及次锕系核素嬗变技术，近年也普遍受到重视。干法后处理技术是通过熔盐或者液态金属作为介质在数百摄氏度的高温下进行分离。多个国家已将干法定位为未来先进后体系的重要选择技术，加速从基础到工程应用的研发力度。

美国是最早开展干法后处理研究的国家之一，Argonne（ANL）、Los Alamos（LANL）、Oak Ridge（ORNL）和 Idaho（INL）等国家实验室都开展过干法后处理流程的研究。早期开展的研究方向主要有：①氟化挥发法，利用 U、Pu 的氟化物与裂变产物的挥发性不同来实现分离；②熔盐金属萃取法，利用 U 和裂变产物在熔融氯化盐和液态金属 Bi 体系中的分配比差异来实现分离。1980 年，美国提出了一体化快堆研究计划，采用高温冶金和电化学技术对乏燃料进行干法后处理。到 2007 年，INL 使用熔盐电精制流程成功处理了 3.4 t 的 EBR-Ⅱ乏燃料，其中 830 kg 为驱动燃料，其余为增殖层燃料。俄罗斯从 20 世纪 50 年代至今从未间断对干法后处理技术的研究，在氟化挥发法和电化学氧化物沉积法的研究方面取得了很多成果，所提出的 DDP（dimitrovgrad dry process）流程可对氧化物乏燃料进行干法后处理。其后处理产品可以是纯 $UO_2$ 和 $PuO_2$，也可以是（U，Pu）$O_2$。目前，DDP 流程是唯一列入俄罗斯半工业项目的干法后处理流程。日本的电力中央工业研究所（CRIEPI），日本原子能研究开发机构（JAEA）和东京大学，京都大学和株式会社日立制作所等都开展了干法后处理的研究，所选择的研究方向很多，包括对氟化挥发法、熔盐电精制法、氧化物电沉积、电化学还原萃取等方法的跟踪和创新性研究等。目前该流程已经完成含有 MA 的 U-Pu-Zr 合金燃料的干法后处理实验，以及小规模含 MA 的铀钚氧化物的干法后处理实验。我国清华大学在 20 世纪 70 年代进行了金属还原萃取方面的基础研究，测定了三元氯化物熔盐体系中 U 和主要裂变产物在熔盐和液态金属相的分配比，绘制了稀土元素的相图。同一时期，中国原子能科学研究院也对氟化挥发技术开展了研究。这些工作初步验证了金属熔盐萃取和氟化挥发过程的原理可行性，但是因为设备腐蚀严重、工程放大方面存在较多问题，研究工作未能继续。20 世纪 90 年代初期，中国原子能科学研究院叶玉星、高源等针对一体化快堆的 U-Pu-Zr 合金燃料开展了电精制方法的基础研究，获得了铀、锆在液态镉中的熔解数据。干法后处理技术经过了 50 多年的发展，曾经提出过多种后处理流程。目前比较活跃的研究方向是熔盐电精制过程、氧化物电沉积过程、氟化挥发过程。

干法后处理基本上不存在材料辐照分解问题，临界安全性高，可以适用于金属燃料、氮化物燃料及氧化物燃料等多种形态的燃料处理。具有代表性的干法分离技术有电解精炼、金属还原萃取、沉淀分离和挥发分离等。然而，干法由于操作温度高，且使用强腐蚀性的卤化物以及熔融状态金属，存在材料耐用性以及操作信赖性低等问题，需要进一步研究及实践。

此外，还有干法-湿法相结合的后处理流程。如日立的 FLUOREX 流程、上海交通大学的 FluoMato 流程和日本东芝的 AquaPyro 流程。

嬗变是通过中子照射使长寿命核素转变成短寿命和稳定核素，从而消除长期放射性危险，并释放能量。热中子堆、快中子堆和 ADS（加速器驱动次临界系统）等设施可以嬗变核素。研究嬗变的国家主要包括法国、日本、俄罗斯和美国。

（1）快中子堆嬗变

快堆的中子平均能量为 300 keV，对 MA 的嬗变效率较高。中子注量率较高，能有效地嬗变在快堆增殖层的 $^{99}$Tc 和 $^{129}$I。快堆中 Am 的净消耗量为 33～74 kg/GWa，而 LWR-UO 燃料中 Am 的产生量为 16 kg/GWa。所以快堆消耗的 Am 量相当于 2～4 座 LWR 所产生的量。

当燃耗为 10 GWd/t 时，Np 在快堆中的嬗变率达 60%，但其中的裂变率为 27% 左右，中子俘获率达 30% 以上；燃耗提高至 150～250 GWd/t 时，嬗变率可进一步提高。但要显著提高嬗变率，则必须进行 Np 的多次循环。据估计，经过 5 次循环后，Np 的嬗变率可达 90%。当燃耗为 120GWd/t 时，Am 在快堆中嬗变率达 45%，其中裂变率仅为 18%。如果将 Am-Cm 靶件置于 $ZrH_2$ 或 $CaH_2$ 慢化的堆芯外围，则可以一直辐照到包壳所能承受的极限，经 10～15 a 辐照，Am 的嬗变可达 90%～98%。由于 Am 的嬗变产物中有显著量的 Cm，所以，分离流程中 Am/Cm 分离似无必要。

（2）利用 ADS 进行嬗变

ADS 是带有散裂靶的高能质子加速器与次临界堆芯的接合系统，能量为 1 GeV 左右，电流为几十毫安的高强度连续波（或脉冲）质子束流滴注入一个重金属靶（如 Pb/Bi 共熔体），导致散裂反应。一个入射质子能轰击出 20～30 个散裂中子，中子进入次临界装置，诱发进一步的核反应。

在快堆中嬗变 MA 时，因堆芯反应性的提高而使堆安全性下降。所以，快堆中加入 MA 的量一般不能超过燃料总量的 2.5%。由加速器所驱动的次临界装置确保了良好的安全性。如前所述，在快堆嬗变过程中，因新的 MA 的产生而导致长期的 An（锕系元素）消长平衡，而在 ADS 嬗变 MA 时，由于裂变份额极高，几乎不产生新的更重的 MA。研究表明，ADS 的嬗变能力比快堆高一个数量级。ADS 在安全和长期稳定运行方面尚存在许多问题，该技术通向实用的道路仍然很长，开发 ADS 耗资巨大。

但是不论是快堆还是 ADS，都不能消灭而只能减少 MA 和长寿命裂变产物（LLFP）。所以，地质处置库仍然是不可缺少的，只是待处置的高放废物量将大大减少。在分离嬗变中，由于操作所用的材料放射性毒性高，辐射强，所以必须进行远距离操作。

## 参考文献

[1] 宋秒发、强亦忠、陈式，等. 核环境学基础 [M]. 北京：中国原子能出版社，2006.

[2] 韦悦周，吴艳，李辉波. 最新核燃料循环 [M]. 上海：上海交通大学出版社，2016.

## 思考题

9-1　环境有害物质剂量与人体健康效应之间的关系是什么？

9-2　放射性物质在大气中的化学行为是什么？

9-3　影响核素在地层介质中迁移行为的主要因素有哪些？

9-4　乏燃料在后处理过程产生哪些物质？我们采用哪些方法进行处置？

9-5　深层地质处置的实验室方法有哪些？优缺点分别有哪些？